地质工程与灾害防治

黄德国　徐念望　秦其智　主编

吉林科学技术出版社

图书在版编目（CIP）数据

地质工程与灾害防治 / 黄德国，徐念望，秦其智主编 . -- 长春：吉林科学技术出版社，2024.5
ISBN 978-7-5744-1297-2

Ⅰ . ①地… Ⅱ . ①黄… ②徐… ③秦… Ⅲ . ①工程地质②地质灾害—灾害防治 Ⅳ . ① P64 ② P694

中国国家版本馆 CIP 数据核字 (2024) 第 088994 号

地质工程与灾害防治

主　　编　黄德国　徐念望　秦其智
出 版 人　宛　霞
责任编辑　宋　超
封面设计　周书意
制　　版　周书意
幅面尺寸　185mm × 260mm
开　　本　16
字　　数　365 千字
印　　张　18.125
印　　数　1~1500 册
版　　次　2024 年 5 月第 1 版
印　　次　2024 年10月第 1 次印刷

出　　版　吉林科学技术出版社
发　　行　吉林科学技术出版社
地　　址　长春市福祉大路5788 号出版大厦A 座
邮　　编　130118
发行部电话/传真　0431-81629529 81629530 81629531
81629532 81629533 81629534
储运部电话　0431-86059116
编辑部电话　0431-81629510
印　　刷　廊坊市印艺阁数字科技有限公司

书　　号　ISBN 978-7-5744-1297-2
定　　价　98.00元

编委会

主　编　黄德国　徐念望　秦其智

副主编　张彬彬　王晓峰　何溪德

徐　谦　李从安　郭　淋

曾海彬

编　委　马海云

前　言

PREFACE

矿产资源开发不仅为经济建设提供了大量的能源和原材料，还提供了重要的财政收入来源，推动了区域经济特别是少数民族地区、边远地区经济的发展，促进了以矿产资源开发为支柱产业的矿业城市(镇)的兴起与发展，解决了大量社会劳动力就业问题，为国民经济和社会发展作出了重要贡献。矿山地质学是地质学与采矿学相结合而产生的一门应用地质学，是运用地质学理论和方法，研究在矿山建设、生产直至开采结束的不同阶段遇到的地质问题，能够直接为矿山的生产进行服务，是一门具有鲜明实践特征的学科。

矿山地质学因采矿生产的需要而产生，伴随采掘工业的发展而发展，特别是进入21世纪以来，由于采掘事业的迅速发展，现代科学技术的突飞猛进，矿山地质学研究领域不断扩大，使其由原有的以一般常规工作方法为主要内容的阶段，开始走向矿体变化性规律的分析及预测，矿区水文及工程地质、矿山环境地质、矿山资源经济、矿产补充资源、矿山资源保护、工艺矿物研究和储量计算方法的改进等为主要内容的新阶段。

总之，矿山开发的目的是获取资源，提高人类的生存质量。我国国土辽阔，矿产类型齐全，地质条件复杂多变，长期的无序不合理开发，实际上是以牺牲人类生存环境为代价，造成了难以弥补的资源浪费和生态环境破坏，导致了一系列严重的矿山环境问题。因此，科学地提出我国矿山开发过程中所存在的矿山环境问题类型，应用现代新技术、新方法对矿山环境现状实施全面调查，在查清背景、获取可靠数据基础上，对矿山环境现状、演变过程和发展趋势作出科学预测与评价，提出矿山环境修复与复垦治理的具体措施方法和规划方案，研发矿山环境信息系统，对保护我国矿山环境、全面实现我国矿业开发可持续发展均具有重要的理论指导意义和实用价值。

地质灾害是指由于自然、人为或综合地质作用，使地质环境产生突发的或渐进的破坏，并对人类生命财产造成危害的地质作用或事件。作为工程地质的研究对象，地质灾害往往会对人类工程活动造成严重影响。因此，作为工程建设一线人员，必须对工程地质学及地质灾害问题有所了解。

本书以“地质工程与灾害防治”为主题进行深入研究，阐释了地质工程的理论，包括矿山工程地质、矿山水文地质工作、采煤方法与采煤工艺等，着重探讨了智能化无人综采生产工艺、智能化无人综采关键设备，介绍了矿山生态环境恢复与治理、地质灾害防治工程勘察的技术，分析岩石边坡地质灾害及其基本防治、勘查方法及技术要求等内容。本书结构完整，覆盖范围广泛，层次清晰，在内容布局、逻辑结构、理论创新诸方面均有独到之处。

由于时间仓促及作者的水平所限，书中难免存在不足之处，敬请读者批评指正。

目　录

CONTENTS

第一章　矿山工程地质

第一节　矿山工程地质的主要内容

一、已有矿山工程地质资料分析

我国矿山工程地质尚未引起人们的足够重视。在矿床地质勘探报告中，至今未见到有工程地质的专门论述。仅大、中型矿山在规划、设计阶段，对矿区内重要的地表工程，如选厂、尾矿坝、大型建筑群的地基，做过一些工程地质勘察。因此，一般矿山可直接利用的工程地质资料很少。但在地质勘探报告书中，对矿区地层岩性、地质构造、地貌、水文地质等有详尽的描述，对岩石物理力学性质、物理地质现象等也有不同程度的描述。这些资料正是矿区工程地质的基础资料，对研究工程地质条件，以及在不同工程地质条件下可能出现的工程地质问题很有裨益。

在综合分析已有地质资料的基础上，应编写出工程地质综合评价和有关图件。

(一) 区域工程地质评价

影响区域地质环境的基本因素包括：区域地壳稳定性、岩性地层及其组合、区域水文地质结构及水动力特征、地形切割及坡度、易变地质单元、地表物质移动等。区域地壳稳定性应着重研究区域内大断裂的基本特征。

(1) 大断裂的空间分布，是指沿断裂纵向发育、横向变化以及相互交接关系，特别是断裂的端点、拐点和交接点。

(2) 大断裂的形成与发展。由于构造运动的多期性，断裂形成后又经多次活动，构造应力场交替变化，其断裂的力学性质具有多样性。

(3) 大断裂近期活动性，活断层控制区域稳定性，不良地质现象的区域性展布规律。活断层的存在可以通过地貌、第四系沉积物类型和厚度变化、近代火山活动、地热异常以及地形变化和地应力测量等予以论证。近期地壳运动往往导致古老构造的再活动，近期构造应力场对矿山地下工程的总体布局有决定性的影响。

区域性大断裂不同程度地影响着区域内地质发展历史及其地质构造特征。区域地质结构既限定了不同地质构造单元的地貌景观及其形成和发展过程，又决定了区域水文地质结构和水动力特征，控制着地质资源及易变性地质单元的类别和空间分布。这些因素综合决定着各种物理地质现象的发生及发展的时间、空间和强度。因此，区域地质结构是区域工程地质评价的基础。评价中要充分考虑岩性地层及组合特征，并且要进行工程地质岩组划分、区域性断裂构造特征及其空间分布的研究。区域地质结构的研究深度决定区域工程地质评价的可靠程度。

（二）矿区工程地质评价

1. 山体稳定性评价

矿山工程的合理布局，应在矿山所辖较大范围内，根据已有矿区地质资料，对山体地质结构作初步分析，并对山体稳定性作初步评价。山体稳定性评价的重点应抓住组成山体的不同工程地质岩组的空间分布，尤其是软弱岩层、软弱夹层、风化岩组、构造岩组和岩溶地段的工程地质特征和空间组合状态，以及断裂结构面的空间展布和断裂带特征。软弱夹层、断裂结构面不仅是山体失稳的边界，而且控制着山体变形破坏的形式和规律。

地下水的运动规律受山体水文地质结构和区域水文地质条件控制。对山体稳定性进行评价时，应论证含水层和隔水层的空间分布及地下水运动特征。其不仅对软弱岩组、软弱结构面的软化和泥化研究具有重要意义，而且对涌渗流和渗透压力所引起的渗透稳定性研究也是十分重要的。

山体稳定性评价，除上述因素外，还要综合考虑其他影响因素，结合矿山工程特点，确定工程合理布局。

2. 工程岩体稳定性评价

工程岩体稳定性关系到矿山正常运营。一般根据岩体结构类型，结构面的规模、形态、结合状况、延展性、贯通性、组数、产状，以及地下水、地应力、地热所产生的力学效应等方面来进行工程岩体稳定性评价。

3. 矿区内物理地质现象的分析

根据已有地质资料分析矿区内是否会发生斜坡滑移、崩塌、泥石流、岩溶、潜蚀、流沙等物理地质现象，并找出其可能发生的规模、危害程度，提出进一步研究的途径、方法，为有效控制和治理奠定基础。

（三）工程地质草图的编制

国内外工程地质图编图原则、方法还不统一，所以编制出的图件各不相同。目前国内编制的工程地质图，按其内容和用途有如下主要图件。

（1）按图的内容：可分为工程地质分析图、综合工程地质图、工程地质分区图、工程地质综合分区图。

(2) 按图的用途：可分为通用工程地质图、专用工程地质图。

矿山工程地质图和矿山地质图件相对应，有反映地表工程地质条件和分区的矿区综合工程地质分区图、反映阶段平面工程地质条件和分区的阶段平面工程地质分区图、反映剖面工程地质条件和分区的横剖面或纵剖面工程地质分区图。根据实际需要，可以编制专用的矿山工程地质图。例如，矿区地下水赋存状态图、矿区岩溶分布图、自然斜坡变形图等。

工程地质草图的编制，一般是根据矿区地形地质图、勘探线剖面图等进行必要的补充和删改，绘制成矿区工程地质草图，并在后期工程地质勘察中不断补充和修改，成为矿区最终的工程地质图件。

二、矿山工程地质条件和主要工程地质问题

(一) 矿山工程地质条件

矿山工程地质条件是指与矿山工程有关的地质要素的综合，即矿区内地形地貌条件、岩土类型及其工程地质性质、地质结构、水文地质条件、物理地质现象等地质要素的综合。

矿山工程地质的基本任务是查清矿区内工程地质条件，为分析和处理可能出现的工程地质问题提供基础地质资料。

(二) 矿山工程地质问题

矿山工程地质问题有区域稳定性问题、矿区岩（土）体稳定问题、与地下水渗流有关的工程地质问题、常见矿山地质灾害问题等。

1. 区域稳定性问题

区域稳定性问题是在区域内特定的地质条件下产生的，包括活断层、地震、诱发地震、地震砂土液化、地表变形和沉降，以及区域构造应力场强度、主应力方向等。它直接影响到矿区岩（土）体稳定。研究区域稳定性条件问题，对矿山规划设计中重要地表建筑工程的选址、采矿方式和方法的选择具有重要意义。

2. 矿区岩（土）体稳定问题

露天矿边坡、地下坑道和采场、天然斜坡、重要地面建筑地基等岩（土）体产生严重变形破坏，称为失稳。若不发生显著变形破坏则为稳定的。失稳和稳定是相对的，有些矿山工程允许发生一定程度的变形破坏以及一些小规模的岩（土）体崩塌和滑移；但有些矿山工程不允许发生明显的变形及岩（土）体崩塌和滑移。矿区岩（土）体稳定问题关系到矿山能否正常运营，也是矿山最重要的工程地质问题。

3. 与地下水渗流有关的工程地质问题

此类问题主要是在岩溶发育的矿山所产生的岩溶渗透，以及渗流作用下的土体失稳。这类工程地质问题给矿山正常生产造成危害。

4. 常见矿山地质灾害问题

由物理地质现象或由人类活动使地质环境改变而产生的地质灾害，如天然泥石流、人为泥石流、岩爆、岩堆移动、流沙等。

第二节　岩土工程地质性质

一、不同类型土的工程地质特征

自然界的土，由于形成的年代、作用和环境不同，以及形成后经历的变化过程不同，因此各具有不同的物质组成、结构特征和工程地质性质。

(一) 土的物质组成

土的固体颗粒（土粒）大小通常以其直径表示，称为粒径。根据土粒特性与其粒径变化的关系，按粒径大小划分为若干组，称为粒组或粒级。在同一粒组中，土的性质大致相同，不同粒组则性质有差异。

(二) 土样采取和试验

凡建筑物的天然地基、露天边坡、天然地层均应采取原状土做土样；凡路堤、桥头、地基基础回填均应采取扰动土做土样；若工程对象既属天然斜坡稳定，又做土方调配为填料，除采取所需原状土外，还需满足扰动土要求取样数量。如果只要求进行土的分类，可只采取扰动土。

土样可在试坑、平洞、导坑、竖井、天然地面及钻孔中采取。取原状土样时，应使其受扰动程度最小，保持其原状结构及天然湿度。

为便于分析土的物理力学性质与地质时代、成因、地层的相互关系以及资料整理时的土样划分，送样单必须认真准确填明有关地质资料的符号及说明。

土样采取数量应满足所要进行的试验项目和试验方法的需要。

(三) 一般土的工程地质特征

一般土均按照土的粒度划分类型，根据土与水的相互作用所表现的联结力，可分为黏性土和无黏性土两大类。

(1) 砾石类土引起的主要工程地质问题，是由其透水性极强而发生渗漏和涌水。例如，坝基、渠道、水库的渗漏，基坑及地下坑道的涌水等。

(2) 砂类土作为坝基或渠道会产生较严重的渗漏问题。粗、中砂土可作为优良的混凝土骨料。细、极细砂土在渗透压力作用下易于流动，形成流沙，给工程带来危害。在震动作用下，会发生突然液化，对建筑物造成极大破坏。

(3) 黏性土的工程地质性质主要取决于联结力和密实度。作为地基土时，必须根据其黏粒含量、稠度、孔隙比等予以评价。其微弱透水性或隔水性常被用于防渗，也可作为土料，如修建土石坝的心墙或斜墙及防渗齿墙、坝前水平铺盖等。

(四) 特殊土的工程地质特征

特殊土是指具有某些特殊性质的土体，如黄土具有湿陷性、膨胀土具有胀缩性等。某些特殊土则显示了地域分布特征，如华南的红土、黄河中游的黄土、高纬度及高山区的冻土等。

(1) 黄土：为第四纪特殊的陆相疏松堆积物。黄土在一定压力作用下受水浸蚀后，结构迅速破坏，产生显著附加沉陷的性能，称湿陷性，其为黄土独特的工程地质性质。具此特性的黄土称为湿陷性黄土；反之，则为非湿陷性黄土。前者又可分为自重湿陷性和非自重湿陷性两类。

(2) 盐渍土：埋藏在地表以下 115 m 内，平均易溶盐含量大于 0.5% 的土层，称为盐渍土。主要分布于我国苏、冀、豫、鲁及松辽平原。按所含盐类可分为氯盐、硫酸盐、碳酸盐等盐渍土。其工程地质性质取决于盐的种类和数量。土中含盐越高，其液塑限越低，夯实最佳密度越小。强度和变形与含水量有关，通常干燥状态的盐渍土具有较高的强度和较小的变形。水浸后，因盐分溶解、土被溶蚀，致使土的强度降低，压缩变形增大。

(3) 冻土：系温度低于零度并含有固态水的土。可分为永久冻土、多年冻土和季节冻土。冻土由土粒、冰、水和气体四相构成复杂的综合体。比三相土具有更复杂的工程地质性质。冻结时，土体增大，土层隆起；融化时，土体缩小，土层沉降。其隆起和沉降均会引起建筑物的变形和破坏。

(4) 软土：又称湖泥土或有机土。指静水或缓慢流水环境中有微生物参与作用的条件下沉积形成的，含有较多的有机质，天然含水量大于液限，天然孔隙比大于 l，结构疏松软弱，黏手、味臭的淤泥质和腐殖质的黏性土。因其形成环境、物质组成和结构特殊，故而具有独特的工程地质性质，如含水量高、孔隙比大、透水性弱、压缩性好、抗剪强度低等。

软土因其强度低，过于软弱，作为地基容许承载能力一般低于 1.0 kg/cm^3，房建规模稍大，就会发生过大沉陷，甚至地基土挤出。作为铁路路堤，不仅高度受限，而且易于产生侧向滑移和在机车振动下产生结构力学强度破坏。因此，工程上遇到软土时，必须进行人工处理。

(5) 膨胀土：又称胀缩土，指因含水量增加而膨胀，含水量减少而收缩的黏性土。

二、岩石的工程地质性质

岩石的工程地质性质包括物理性质、水理性质等。

(一) 岩石的物理性质

(1) 岩石的比重：指单位体积岩石固体部分的重量与同体积水 (4℃) 的重量之比。

(2) 岩石的容重：指单位体积岩石的重量。

(3) 岩石的孔隙性：孔隙性是岩石孔隙性和裂隙性的统称，常用孔隙率表示，即岩石孔隙体积与岩石总体积的百分比。

岩石孔隙率变化很大，可以从小于 1% 到 10% 。新鲜结晶岩石孔隙率较低，很少大于 3%；沉积岩孔隙率较高，一般小于 10%，但部分砾岩和充填胶结较差的岩石，孔隙率可达 10% ~ 20%；风化程度加剧，空隙率相应增加，可达 30%。

(二) 岩石的水理性质

岩石的水理性质是指岩石在水的作用下所表现出来的性质，包括岩石的吸水性、透水性、软化性和抗冻性等。

(1) 吸水性：指岩石在一定试验条件下的吸水性能，它取决于岩石孔隙大小、数量、开闭程度和分布状况。表征岩石吸水性的指标有吸水率、饱水率和饱水系数。

(2) 透水性：指岩石能被水透过的性能。岩石透水性大小可用渗透系数衡量。它主要取决于岩石孔隙的大小、数量及其连通情况。

(3) 软化性：指岩石浸水后强度降低的性能。岩石软化性与岩石孔隙性、矿物成分、胶结物质有关。

(4) 抗冻性：指岩石抵抗冻融破坏的性能。岩石抗冻性常用抗冻系数作为直接定量指标。

(三) 岩石的力学性质

1. 强度指标

(1) 抗压强度。岩石在单向压力作用下，抵抗压碎破坏的能力。

(2) 抗拉强度。岩石单向拉伸时，抵抗拉断破坏的能力。

(3) 抗剪强度。岩石抵抗剪切破坏的能力。可分为抗剪断强度、抗剪强度和抗切强度。

2. 变形指标

(1) 弹性模量。应力与弹性应变的比值。

(2) 变形模量。应力与总应变的比值。

(3) 泊松比。轴向压力作用下的横向应变和纵向应变的比值。

第三节　岩体工程地质性质

一、岩体结构

由一定岩石组成的、具有一定结构、附存于一定地质和物理环境中的地质体，当其作为力学研究对象时，称为岩体。岩体在漫长的地质历史中形成，且在内外力地质作用下变形、破坏并部分裸露于地表面进一步改造，形成极为复杂的岩体结构。岩体结构是岩体在长期成岩和形变过程中的产物，它包括结构面和结构体两个基本要素。

(一) 结构面

结构面是地质发展历史中，尤其是构造变形过程中，在岩体内形成具有一定方向，延展较大、厚度较小的两维面状地质界面。其包括物质分界面和不连续面，如层面、片理、节理、断层面等。

(1) 结构面类型及特征：结构面对岩体的变形、强度、渗透、各向异性、力学连续性和应力分布等具有显著影响。按结构面的成因，可将其划分为原生结构面、构造结构面和次生结构面三大类型。

(2) 结构面分级。结构面的发育程度、规模大小、组合形式等是决定结构体的形状、方位和大小，控制岩体稳定性的重要因素。尤以结构面的规模为最重要的控制因素。按结构面发育程度和规模可将结构面分为五级：

①Ⅰ级结构面——区域构造起控制作用的断裂带。

②Ⅱ级结构面——延展性强而宽度有限的地质界面。

③Ⅲ级结构面——局部性的断裂构造。

④Ⅳ级结构面——节理面。

⑤Ⅴ级结构面——细小的结构面。

(3) 软弱夹层：结构面内充填有软弱物质者称软弱结构面，无充填物质者称硬性结构面。当结构面成为具有一定厚度的相对软弱的层状地质体时，便构成软弱夹层。软弱夹层实际上是具有一定厚度的结构面，是结构面的一种特殊类型。按软弱夹层的成因，可划分为原生软弱夹层、构造软弱夹层和次生软弱夹层。

在软弱夹层中，危害较大的是泥化夹层。泥化夹层对工程岩体影响较大。主要特征是：原岩结构改变，形成泥质散状结构或泥质定向结构；黏泥含量较原岩增多；含水量接近或超过塑限，干容重比原岩小；具有一定的膨胀性；力学强度大为降低，压缩性增大，结构松散，抗压强度低，在渗透水流作用下可产生渗透变形。

（二）结构体

岩体中被各类各级结构面切割并包围的岩石块体及岩块集合体，统称为结构体。结构体大小不同、形状各异，所具有的力学性质也不同。

(1) 结构体基本形态：结构体形态复杂，可归纳为五种基本形态——锥形、楔形、菱形、方形和聚合形。由于岩体遭受强烈变形破坏及次生演化，也可形成片状、碎块状和碎屑状。岩体的力学特性和应力状态，与结构体的形态和排列组合密切相关。

(2) 结构体分级：结构面规模不同，其空间展布和组合关系的差异及其切割包围的结构体大小也不同。这些大小悬殊的结构体，对工程岩体稳定性所起的作用差别很大。对应于各级结构面的组合关系，结构体分为四级：Ⅰ级结构体——断块体，Ⅱ级结构体——山体，Ⅲ级结构体——块体，Ⅳ级结构体——岩块。

（三）岩体结构类型

岩体结构包括结构面和结构体两个基本要素，以结构面、结构体的性状及其组合特征进行岩体结构类型的划分，能反映出岩体的力学本质。

二、工程岩体分级

工程岩体是指受工程影响的岩体，包括地下工程岩体、工业和民用建筑地基、大坝基岩、边坡岩体等。针对不同类型岩石工程的特点，根据影响岩体稳定性的各种地质条件和岩石物理力学特性，将工程岩体分成稳定程度不同的若干级别，以此为标尺作为评价岩体稳定性的依据，这是岩体稳定性评价的一种简易快速方法。所谓稳定性，是指在工程服务期间，工程岩体不发生破坏或无有碍使用的大变形。

（一）岩体基本质量的分级因素和确定方法

(1) 分级因素。岩体基本质量分级因素为岩石坚硬程度和岩体完整程度。

(2) 确定方法。岩石坚硬程度和岩体完整程度，采用定性划分和定量指标两种方法来确定。

(二) 工程岩体级别的确定

1. 初步定级

矿山地下工程岩体以及露天边坡岩体，初步定级时，可采用岩体基本质量级别。

(1) 初步定级一般是在可行性研究和初步设计阶段，勘察资料不全，工作还不够深入，各项修正因素尚难以确定时可暂用基本质量的级别作为工程岩体的级别。

(2) 对于小型或不太重要的工程，可直接采用基本质量的级别作为工程岩体的级别。

2. 详细定级

矿山地下工程岩体以及露天边坡岩体，其影响工程岩体稳定性的诸因素中，岩石坚硬程度和岩体完整程度是岩体的基本属性，独立于各种岩石工程类型，反映了岩体质量的基本特征，但它们远不是影响岩体稳定性的全部重要因素。地下水状态、初始应力状态、工程轴线或走向线的方位与主要软弱结构面产状的组合关系等，也都是影响岩体稳定性的重要因素。这些因素对不同类型的岩石工程，其影响程度往往是不一样的。因此，在详细定级时，应结合不同类型工程的特点，综合考虑这些因素。对于矿山边坡岩体，还应考虑地表水的影响。

在矿山工程地质勘察中，随着工作的深入，资料不断丰富，应结合不同类型工程的特点、边界条件、所受荷载（含初始应力）情况和应用条件等，引入影响岩体稳定性的主要修正因素，对矿山工程岩体作详细定级。

3. 岩体初始应力场评估

岩体初始应力或称地应力，是指在天然状态下，存在于岩体内部的应力，既是客观存在的确定的物理量，又是岩石工程的基本外荷载之一。岩体初始应力是三维应力状态，一般为压应力。初始应力场受多种因素的影响，主要影响因素依次为埋深、构造运动、地形地貌、地壳剥蚀程度等。但在不同地方这个主次关系可能有改变。

第四节　矿山工程地质测绘及工程地质图的编制

工程地质测绘是工程地质勘察中一项基础工作。它是运用地质、工程地质理论对矿山工程建设有关的各种地质现象进行详细观察和描述，以查明矿区内工程地质条件的空间分布和各要素之间的内在联系，并按照精度要求反映在一定比例尺的地形底图上。配合工程地质勘探、试验等所取得的资料编制成工程地质图，作为工程地质勘察的重要成果，提供给矿山规划、设计和施工时使用。

一、工程地质测绘内容

工程地质测绘内容包括研究与矿山工程规划、设计和施工有关的各种地质条件，分析其性质和规律、预测矿山工程活动与地质环境之间的相互作用。

（一）基岩地层、岩性的研究

地层、岩性是研究各种地质现象的基础。应查明各类岩层的岩性、岩相、厚度、层序、接触关系及其分布变化规律，测定岩石的工程地质特征，确定地层时代和填图单位。

(1) 沉积岩地区：应着重查明泥质岩类的成分、结构、层面构造、泥化和崩解特性等，尤其是应弄清软弱夹层的厚度、层位、接触关系、分布情况和工程地质特征；碳酸盐类岩石发育的矿山要注意查明岩溶分布及发育情况。

(2) 岩浆岩地区：应查明侵入岩的接触面、侵入体产状（岩床、岩墙、岩株、岩脉）、原生节理，以及风化壳的发育、分布、分带情况；易风化软弱矿物富集带；查明喷出岩的喷发间断面、凝灰岩及其泥化情况、玄武岩中的熔渣和气孔等。

(3) 变质岩地区：应查明各类变质岩的变质程度，特别是软弱带、夹层（云母片麻岩、云母片岩、绿泥石片岩、石墨片岩、滑石片岩等）及穿插的岩脉特征；弄清泥质片岩的风化、泥化和失水崩裂现象，以及千枚岩、板岩、片岩等软弱夹层的特性和软化、泥化情况。

工程地质测绘中地层单元的划分，随比例尺不同而异，一般和同比例尺的地质图相同。

（二）地质构造的研究

地质构造的发育情况是评价矿山工程岩体及区域稳定性的首要因素。在工程地质测绘中应结合矿区地质条件与工程的关系，注意研究以下内容。

(1) 褶曲发育或软硬岩层互层地区，应注意层间错动、层间破碎带、小褶曲和岩层塑流现象。在紧闭倒转褶皱地区，应注意缓倾角迭瓦式断裂存在的可能性。

(2) 脆性岩层应注意局部地段断裂的变化（变窄、变宽、尖灭、再现等）。

(3) 塑性岩层中，应区别岩体蠕动与构造形成的褶曲。

(4) 研究结构面的组合形式与各矿山工程轴线的关系，查明不稳定岩体的边界条件，分析对工程岩体稳定性的影响。

(5) 对晚近构造应着重调查其活动性质、展布规律、延伸范围和破坏特征。注意矿区内的反常地貌现象（如阶地异常等）、明显差异性地形（如瀑布、山地和平原突然接邻等)，分析其是否与活断层有关。

(6) 矿区小构造研究，尤其是与矿山工程地质问题有关的节理要进行系统的研究。在矿区内选择具有代表性的地点(视地形、岩性、构造复杂程度、矿山工程要求而定)，详细地统计节理。节理裂隙统计的内容为组数、产状、延展情况、在不同岩性中变化情况、发育程度、节理面形态特征、宽度、充填物性质，并要求鉴定各组节理的力学性质、成因以及各节理组的切割关系和组合形式。

(三) 地貌的研究

矿山工程地质测绘中查明地貌特征有重要意义。地貌是岩性、地质构造、新构造运动和外动力地质作用的综合结果。相同地貌单元不仅地形特征相似，其表层地质结构、水文地质条件也常一致。因此，地貌可作为工程地质分区的基础。

工程地质测绘中应主要研究地貌形态特征、成因类型、展布情况，地貌与第四纪地质、岩性、构造的关系；地貌与地表水、地下水的关系，以及矿区内河谷地貌和岩溶地貌发育史等。若进行大比例尺工程地质测绘，应着重进行矿区内微地貌的研究，这与矿山工程的布局及防治矿山常见的物理地质灾害有密切关系。

(四) 第四纪地质的研究

工程地质测绘中第四纪地质研究对矿山工程具有重要意义，尤其是露天开采矿山。研究的主要内容有：

(1) 第四系沉积层年代的确定。必须确定第四系沉积层的相对年代或绝对年代，分析沉积层在空间、时间上的分布规律。一般情况下，较老的沉积层压密固结程度较高，其工程地质性质要优于较新的沉积层。

(2) 成因类型和相的研究。成因类型研究包括第四纪沉积层成因类型的划分、不同成因类型的工程地质性质。大比例尺工程地质测绘中还必须注意相的变化及其工程地质性质的研究，如冲积层必须划出河床相、河漫滩相和牛轭湖相等。

(3) 工程地质单元的划分。大比例尺工程地质测绘还要求将第四纪沉积层划分为若干工程地质单元，一般是先以沉积层中不同粒度成分划分土的类型，再依据同一类型土的不同物理力学指标，进一步划分单元。

(五) 水文地质条件的研究

应着重从岩性特征和地下水的分布、埋藏、类型、运动、水质、水量等入手，必须与物理地质现象对矿山工程的影响联系起来。研究地下水与地表水的活动规律，便于判断滑坡的成因；研究岩溶水的循环交替条件，便于判断岩溶的发育程度；研究地下水的埋深、赋存条件、类型等，以便判断对露天边坡、地下井巷和采空场围岩稳定性的影响。

(六) 物理地质现象的研究

对物理地质现象着重研究其空间分布、形态、规模、类型和发育规律。根据矿山地层岩性、地质构造、地貌水文地质和气候等因素，分析物理地质现象的成因、规律和发展趋势；评价物理地质现象对各种矿山工程的影响程度。

二、工程地质测绘范围、比例尺和精度

(一) 工程地质测绘范围的确定

工程地质测绘范围的确定原则是既能满足分析工程地质问题和设计的需要，又不浪费工作量。因此，应根据矿山规划、设计的工程需要以及矿区内工程地质条件的复杂程度和研究程度进行确定。

矿山工程类型、规模大小不同，则它与物理地质环境相互作用的影响范围、规模和强度也不同；矿山开发不同阶段工程地质测绘范围不同，早期用的小比例尺范围大，随着比例尺增大，测绘阶段提高，范围则逐渐缩小。

(二) 工程地质测绘比例尺的确定

比例尺的确定主要取决于设计阶段、地质条件的复杂程度和工程的重要性。常采用的比例尺有以下几种。

(1) 踏勘及路线测绘：比例尺一般为 1∶20 万～1∶10 万，目的是查明区域工程地质概况，初步估计对矿山工程及地表建筑可能产生的影响。研究区域内已有测绘、地质资料及航卫照片，以这种比例尺进行路线测绘、检查验证。

(2) 小比例尺测绘：比例尺为 1∶10 万～1∶5 万，查明规划区内的工程地质条件，初步分析区域稳定性等主要工程地质问题，为合理选择建筑、工程区提供地质依据。

(3) 中比例尺测绘：比例尺为 1∶2.5 万～1∶1 万，目的是查明矿山工程、建筑区的工程地质条件，初步分析存在的工程地质问题，为工业场地的初步确定提供地质资料。

(4) 大比例尺测绘：比例尺为 1∶5000～1∶1000，一般是在工业场地选定后才进行这种大比例尺的工程地质测绘或矿山在生产中进行某项专门工程地质研究时需进行的工程地质测绘，以便详细查明场地内的工程地质条件，提供准确的地质资料。在矿山施工中地质编录和对专门性问题研究，常采用更大比例尺。

（三）工程地质测绘精度

工程地质测绘精度是指测绘中观察、描绘工程地质条件的详细程度和精确程度，即工程地质条件在工程地质图上标示的详细程度和精确程度。

（1）观察、描绘的详细程度：是以单位面积上的观察点数目、观察线长度来控制。但点不应是均布的，复杂地段多些，尽可能布置在关键地点，如各地质单元的界线点、泉点、物理地质现象或工程地质现象点等。

（2）工程地质图件的详细程度：要求工程地质条件单元的划分与图件比例尺相适应，比例尺越大，划分的单元越小，每单元内的均一性越高。为了保证精度，要求任何比例尺的图上界线误差不得超过0.5mm。例如，1∶2000比例尺图上实地界线误差不得超过1m。

三、工程地质测绘的方法和程序

（一）工程地质测绘的方法

工程地质测绘和地质填图的方法相同，即沿一定的观察路线沿途观察，关键点要进行详细观察和描述。观察线的布置应能以最短的路线观察到最多的工程地质现象，一般以穿越岩层走向、地貌和物理地质现象单元来布置观察路线，必要时应与追索地质界线的方法相结合进行布置。在工程地质测绘过程中，最重要的是把点与点、线与线之间所观察到的现象联系起来，同时还要将工程地质条件和拟进行的矿山工程活动的特点联系起来，以便能准确地预测工程地质问题的性质和规模。

（二）工程地质测绘的程序

工程地质测绘的程序和地质填图相同，先收集已有的地质资料，进行航卫片的解译，对区域工程地质条件作出初步的总体评价，判明工程地质条件各因素的一些标志，制定出需要研究的重点问题和工作计划；进而进行现场踏勘选定测制标准剖面的位置；测制地质剖面，掌握岩层层序、岩性特征、接触关系以及各类岩土的工程地质特征，确定分层原则、单位、标准层；测定地貌剖面划分出地貌单元和各单元的特征；最后才能进行矿区内的工程地质测绘工作。

四、工程地质图的编绘

矿区工程地质图是综合反映矿区工程地质条件并给予综合评价的图面资料。由于一般矿区缺乏系统的工程地质勘察工作，往往是在矿山运营中出现工程地质问题时，补做一些专门性的研究工作，主要是通过工程地质测绘和少量的勘探、试验得到的资料进行编图。

目前，工程地质图的编绘内容、形式、原则、方法等国内外还很不统一。

(一) 工程地质图类型

1. 按图的内容

(1) 工程地质分析图：一般是指对矿山地表重要建筑有决定意义的工程地质条件的某一因素或岩土的某一指标变化规律等进行分析的图件。只有高级勘察阶段才能编制出该图件，是工程地质图的主要附图。

(2) 综合工程地质图：表示矿区内各种工程地质条件，如地形地貌、地层岩性、地质构造、水文地质、物理地质现象等，并提出工程地质条件总评价，但不分区。当分区有困难时，常采用这种图件。实际生产中，这种图编制较多。

(3) 工程地质分区图：按照工程地质条件相似程度，把矿区分成若干个工程地质区。图上只有分区界线和各区的代号，没有表示工程地质条件的实际资料。常列表说明各区的工程地质特征，作出评价。一般与工程地质综合图并用，以便相互印证。

(4) 工程地质综合分区图：图上有说明工程地质条件的综合资料，又有分区，并对各区的工程建筑适宜性作出评价。通常所说的工程地质图即属此种，是矿山生产中最常见的图。

2. 按图的用途

(1) 通用工程地质图：这种图对矿山各工程都适用，内容上主要反映工程地质条件，也可以进行一般性的评价。它多属于规划应用的小比例尺图。

(2) 专用工程地质图：这种图专为某一种矿山工程使用，具有专门的工程性质。图上所反映的工程地质条件和作出的评价，都要求与该矿山工程密切结合。这种图的内容既要全面反映出工程地质条件，更要针对某一矿山工程的需要和存在的主要工程地质问题选择资料，突出重点。这种图按其表示的内容和比例尺又可分为三种：小比例尺专用工程地质图、中等比例尺专用工程地质图、大比例尺专用工程地质图。在矿山从事某项工程地质专门研究时，常编制大比例尺的专用工程地质图。

(二) 编制工程地质图的一般原则

编制工程地质图的基本原则：一要充分地、符合实际地反映工程地质条件；二要易于设计人员理解，清晰易读。

图上反映的工程地质条件，是产生动力地质作用的物质基础，分析这些作用的发育条件，并预测某类矿山工程产生这些作用的可能性及其性质、规模。可为采取防治措施提供必要的资料。

为使图清晰易读，应有选择地反映工程地质条件。图的比例尺越大。精度越高，反映的内容越多越具体。因此，在矿山从事某项专门研究，最好编制专用工程地质图，使图面不致过分复杂。图上符号过杂或物理力学性质指标数字过多，也不易阅读，应简化符号和只标综合性指标，以便使图面更为简明实用。

(三) 工程地质图表示的内容及其分区

不同类型的工程地质图所表示的内容有所差异，工程地质图都应有工程地质条件的综合表现，主要内容为：

(1) 地形地貌：对矿山工程方案比较、工业场地选址及合理配置、施工条件及工程造价都具有重要意义。图上应划分出地貌单元和地貌形态的等级，大比例尺图上应有小型地貌形态甚至微地貌单元的划分。

(2) 岩土类型单元的划分及其工程地质特征、厚度变化的表示：先划出基岩和疏松土。基岩应按时代相、岩性等划分，大比例尺图上可按岩体结构类型划分；疏松土按成因类型和工程地质类型划分。

(3) 地质构造：应把地层产状、褶曲和断层分别用产状符号、褶曲轴线、断层线表示，尤其是活动性断层应特别表示。小比例尺图上应划分出构造单元；大比例尺图上小断层及重要的大型裂隙应标明其实际位置和延伸长度、典型地点的裂隙率等。

(4) 水文地质条件：主要表示地下水位、井泉位置、岩石含水性及富水性、隔水层和透水层的分布情况、地下水的化学成分及侵蚀性等，可用符号或等值线表示。

(5) 物理地质现象：目前还没有统一成熟的表示方法。一般应根据其类型、形态、发育强度的等级及其活动性，按主次关系把各种物理地质现象，如滑坡、岩溶、特殊岩类、地震烈度等表示出来。

(6) 工程地质分区：在矿区范围内按其工程地质条件及其对矿山工程的适宜性，划分为不同的区段，表示在图上。但目前尚未有统一的分区标志，应根据实际经验以不同矿山的具体工程地质条件为基础，找出矿区内不同地段工程地质条件的变化规律。

(四) 工程地质图的附件及其编绘

工程地质图是由一套图组成的，除了上述的主图之外，还有附图。附图能使主图的内容更易理解，更能充分反映矿区工程地质条件，说明分区的特征。主要附图有如下几种。

(1) 岩土单元综合柱状图。该图与地质图上的地层综合柱状图基本相同，不同之处是其不按地层划分，而是按工程地质单元划分，各单元的物理力学性质指标应在图边列表说明。柱状图内单元体按时代依次排列，每一单元体给一代号和岩性符号，统一适用于各种图件的编绘。

（2）工程地质剖面图。该图绘制方法与地质剖面图基本相同，但按工程地质单元分层，还应将地下水、地貌单元和工程地质分区界线与代号标示在图上。工程地质剖面图能够反映沿勘探线方向的地下地质结构，与平面图配合使用可获得对矿区工程地质条件的深入了解，是主要的附图之一。

（3）水平切面图。用以表示地下某一高程的地质结构的平面图。地下开采矿山，这类图和中段地质平面图相一致；露天开采矿山和平台地质平面图相一致，只是工程地质水平切面图是以反映工程地质条件为主要内容。

（4）立体投影图。这种图能够清楚地表示矿山经济合理的防治工程措施，以保证矿山工程在运营期间不致发生灾害性变形破坏。

第五节　矿山边坡稳定性分析

斜坡包括天然斜坡和人工开挖的边坡，它具有一定的坡度和高度。例如，自然的山坡、谷壁、河岸等，矿山人工开挖的路堑边坡、房屋基坑边帮、露天矿坑的边坡等。

斜坡的形成，使岩土体内部原有应力状态发生变化，出现坡体应力重新分布，使斜坡岩土体发生不同形式程度的变形破坏。不稳定的天然斜坡和人工边坡，在岩土体重力、水和震动力以及其他因素的作用下，常常发生灾害性的变形破坏。因此，矿山斜坡稳定性分析，在于阐明矿山工程地段天然斜坡是否可能产生灾害性的变形破坏，论证其变形破坏的形式、方向、规模；设计稳定而又经济合理的人工边坡，提出维护并加大其稳定性而采取经济合理的防治工程措施，以保证矿山斜坡在工程运营期间不致发生灾害性的变形破坏。

一、斜坡稳定性分析

研究斜坡的稳定性应从发展变化的观点出发，把斜坡与周围自然环境联系起来，特别应与工程修建后的可能变化的环境联系起来，阐明其演变过程。既要论证它当前的“瞬时”稳定状况，又要预测它稳定性的发展趋势，还要判明促使它发生演变的主导因素。只有这样，才能正确地得出斜坡稳定性的结论，制定和设计出合理的措施来防止斜坡稳定性的降低。

斜坡稳定性分析的方法很多，目前仍处在研究探索阶段，基本思路是从三个方面入手：一是自然历史分析；二是力学分析；三是工程地质比拟。目前国内外对露天矿边坡稳定性分析做了大量的研究，最常用的分析方法有：岩体结构分析法、工程岩体分解法、图解法、图表法、工程地质比拟法等。

(一) 岩体结构分析法

岩体结构分析法是从岩体结构特征入手研究工程岩体的稳定性，分析工程岩体中结构体间相互依存、相互制约的关系。因此，应通过野外大量观察和岩石力学试验，按斜坡变形与破坏机制，确定坡体中控制结构面，进行岩体结构分类。

岩体结构分析包括以下几个步骤：

(1) 失稳边界的确定：坡体破坏必须有临空面、切割面、滑动面。关键是从岩体结构特征、地貌条件及工程部位进行分析，找出坡体失稳的切割面和滑动面。

(2) 岩体受力条件的确定：工程作用力可依据边坡设计资料选取，天然应力状况是以重力场为主还是以构造应力场为主，并考虑地下水的静水压力、扬压力、动水压力和浮托力。最后确定坡体的受力状况、合力的方向和相对大小。

(3) 基本力学参数的确定：根据岩体结构及变形破坏特征，结合工程部位及稳定性计算的要求，制定力学试验方案，进行现场和室内测试工作。既要取得岩石的基本力学参数，更重要的是获得岩体的力学参数，尤其是岩体中控制性结构面的力学参数。

(4) 岩体变形破坏方式的判断：在一定荷载下，岩体结构对岩体变形破坏起控制作用。因此，岩体结构类型不同，岩体变形破坏的方式亦不同；对于同一种变形破坏方式，因工程类型不同表现形式不一。一般情况下，是在岩体结构及其受力条件分析的基础上，结合模拟试验判断岩体变形破坏的可能方式。

(5) 建立工程地质力学模型：以工程岩体的结构特征、软弱结构面的组合关系、工程对岩体作用的荷载及外界环境的影响，建立符合实际的工程地质力学模型。

(6) 数值分析：当工程地质力学模型确定后，选择合适的计算方法，如刚体极限平衡法、应力平衡法、有限单元法等。

(7) 稳定性综合评价：若数值计算所得安全系数小于1，说明岩体受力后处于不稳定状态，需要改变设计或对岩体加以处理；若安全系数大于1，一般认为是稳定的。由于影响岩体稳定性的因素很多，数值计算虽然能得出定量结果，但有时也只能作为半定量甚至定性分析的依据。因此，对数值计算的结果的可靠性要作全面衡量，进行综合评价：一是要考虑工程的重要性；二是要考虑勘察和试验的精度；三是要考虑工程运营期间工程地质条件的变化，尤其是岩体结构的演化以及施工过程中岩体强度的降低等。

(二) 工程岩体分级法

国内外对岩石斜坡稳定性的研究，大多是侧重于对工程岩体变形破坏机制、破坏类型以及影响其稳定性的因素进行的。对工程岩体分级研究甚少。

工程岩体级别的确定应注意以下两个方面：

(1) 初步定级时，以岩体基本质量级别作为工程岩体的级别。

(2) 详细定级时，在岩体基本质量分级的基础上，应考虑地下水、地表水、初始应力场、结构面间的组合及结构面的产状与斜坡面间的关系等修正因素；而这些因素对斜坡工程岩体级别的影响，应另做专门研究。

(三) 图解法

在斜坡稳定性分析中，常使用各种图解法，它属于定性分析方法。其优点是简单、直观、快速；缺点是带有一定的经验性。目前常用的有斜坡稳定玫瑰图分析、极射赤平投影分析、用节理统计的极点图和等密度图分析、实体比例投影分析和平面投影分析。其中应用最广泛的是极射赤平投影、实体比例投影分析。

(四) 图表法

图表法实际上是以计算公式为依据，根据一定的条件将计算结果绘成图表，便于对照查阅。这样可以简化计算手续，避免了复杂烦琐的计算过程，因此是一种简便、快速的方法。目前根据用途不同，图表法分为圆弧图表法、摩擦圆图表法、对数螺旋线形滑面图表法、斜坡极限高度图表法、正应力图表法等。但目前已有的图表法，只适用均质土层和单一层状结构的岩石斜坡类型，而且只考虑重力因素。对于两组或两组以上结构面切割的岩质斜坡或其他复杂类型的斜坡，则因计算复杂，尚无合适的图表可查。而且地震、地下水等对斜坡稳定性的影响在图表上无法表示，只能在分析中加以考虑。

(五) 工程地质比拟法

工程地质比拟法又称工程地质类比法，是最常用的传统方法之一，属于定性分析法。其优点是综合考虑各种斜坡稳定性的影响因素，迅速地对斜坡稳定性及其发展趋势作出估计和预测；缺点是类比条件因地而异，经验性强，没有数量界限。工程地质比拟法可分为如下三种类型。

1. 斜坡稳定性的历史分析法

该法是通过地质、地貌调查或访问的方法，对斜坡发育历史进行全面的调查分析，从斜坡的演变历史推测未来的发展趋势，并与已有研究资料的斜坡相比较，得出有关斜坡稳定性的评价资料。

2. 类型比拟法

首先是对研究地区内已经发生过坍滑的天然斜坡进行调查，分析发生坍滑的因素和条件，并进行分类，据此对比建筑物涉及的斜坡主要因素和条件，对斜坡稳定性进行工程地质评价，这一方法可用于天然斜坡较多的山区矿山。

3. 因素比拟法

因素比拟法是在大量调查研究的基础上，对斜坡的地质条件进行充分分析，根据分析结果与其已有研究资料且类似的斜坡进行稳定性对比，并推测其发展趋势。因素比拟法的调查研究的内容包括：斜坡发展的历史情况、地貌类型、岩体结构特征、物理地质现象、地下水、地震、人类活动等。因素比拟法是目前较为常用的方法，一般被比拟的斜坡研究程度较高、资料较为完备，它可以是本矿区内的，也可以是其他地区的，工程地质条件需要类似才能比拟。

二、斜坡失稳的防治

矿山斜坡失稳造成事故时有发生，尤其是露天开采的边坡的治理是很重要的矿山地质工作。

(一) 斜坡失稳防治的原则

(1) 查清不利工程地质条件，找出影响斜坡稳定性的主要因素。

(2) 针对影响斜坡稳定的主要因素采取防治措施，但不能忽视次要因素，要全面综合考虑。

(3) 以预防为主，对将要产生破坏的斜坡及时进行处理。

(二) 斜坡失稳防治方法

斜坡失稳防治方法，一般应考虑三个方面：第一，排除不利外因，如地表水渗入等；第二，改善力学条件，如削坡减重、支撑、排水；第三，提高或保持滑动面的力学强度，如锚固等。

1. 地表水和地下水治理

对那些确因地表水大量渗入和地下水影响而不稳定的斜坡，采用疏干排水的方法。

(1) 地表排水：在斜坡岩体外面修筑排水沟，防止地表水流入斜坡体张裂隙中，排水沟要有一定的坡度，底部不能漏水。

(2) 水平疏干孔：钻入坡面的水平疏干孔对于降低裂隙底部或潜在结构面附近的积水是有效的。钻孔一般应垂直坡体中的结构面布置，孔径 10 ~ 15 cm，深度 30 ~ 60 m、间距 10 ~ 20 m 不等。

(3) 垂直疏干井：在坡顶部钻凿竖直小井，井中装配深井泵或排水泵，排除斜坡内裂隙中的地下积水。这一方法对于水力联系好的岩溶水地区很有效。

(4) 地下疏干坑道：是在斜坡后部或深部开挖永久性水平排水坑道。该法优点多、排水量大，一般是自流排水，便于长期使用，对地下水涌水量大的露天矿很适用。

2. 增大斜坡坡体强度和人工加固法

目前国内外较为普遍使用抗滑桩、锚杆（索）加固斜坡、注浆法加固等。

(1) 抗滑桩：一般多用钢筋混凝土桩加固斜坡，大断面混凝土桩多用于碎裂、散体结构的岩质斜坡的加固；小断面的混凝土桩多用于块状、层状结构岩质斜坡的加固。在露天开挖边坡加固是在平台上钻孔，在孔中放入钢轨、钢管和钢筋等，然后再浇灌混凝土将钻孔内的空隙填满或用压力灌浆。由于抗滑桩加固布置灵活、施工工艺简单、工效高、抗滑承受能力大，因此，该方法在国内外露天矿山被广泛应用。

(2) 锚杆（索）加固斜坡：这一方法在国内外使用时间不是很长，但在露天矿已得到广泛使用。用钢筋锚杆和钢绳索加固边坡，虽然施工比抗滑桩复杂，但可以锚固潜在滑动面很深的边坡，锚杆（索）的安装深度由几米到 100 米不等。若给锚杆和锚索施加一定的预应力，还能改善边坡的受力状态，增大其稳定程度。对于一个特定的滑坡体，其体积大小、潜在滑面的内摩擦角、凝聚力及倾角均为常数。

(3) 注浆法：使用注浆管在一定的压力作用下，使浆液进入斜坡岩体裂隙中。浆液材料主要是水泥浆（水和水泥配比 2∶1），也可选用化学浆液。该法能使裂隙和碎裂岩体固结，并能堵塞地下水的通道。注浆前必须准确了解斜坡失稳的潜在滑动面的形状和埋深，注浆管必须下到滑面以下一定深度；注浆管可安装在钻孔中，也可直接打入。

3. 控制爆破震动

在大型露天开采矿山控制爆破对维护边坡的稳定性很有效。

(1) 将每次延发爆破的炸药量减少到最小限度，使爆破冲击波的振幅保持在最小范围内。

(2) 保护最终边坡面，一般是在最终坡面附近采用预裂爆破，爆破后形成一条破碎槽，将爆破引起的冲击波发射出去，最终使坡面免遭破坏。

(3) 缓冲爆破，一般在预裂爆破与正常生产爆破之间采用缓冲爆破，形成一个爆破冲击波的吸收区，使之起缓冲作用，它减弱了通过预裂爆破带传至坡面的冲击波，使坡面岩石保持完好状态，维护了坡体的稳定性。

4. 支撑

对小型不稳定斜坡，在坡脚砌挡墙，起支撑作用，挡墙可采用钢筋混凝土或浆砌石。岩质斜坡一般采用钢性墙，必要时可加锚杆联合使用；松散坡体可用钢性墙，也可用堆石砌墙，挡墙墙基要求置于滑动面下的稳定岩体中。

第六节　地下开采矿山工程地质问题的研究

一、地下开采矿山主要岩体工程地质问题

地下开采矿山岩体工程地质问题可分为两类。

(一) 地表工程建筑地基稳定性问题

大、中型矿山地表有许多重要工程设施，如选厂、尾矿坝、水库、发电厂、变电站、仓库等。地基岩体的稳定性直接影响着这些设施的安全。例如，选厂一般建在山坡上，呈阶梯状排列，因此斜坡是否稳定直接影响着选厂的安全。由于斜坡变形、开裂、滑动造成选厂严重破坏的事例也时有发生。又如，尾矿坝基岩体不稳定，造成尾矿坝溃坝、倒塌等事故在我国也不少见。

(二) 地下工程岩体稳定性问题

矿山地下工程在开挖之前，岩体处于一定的应力平衡状态；开挖使井巷、采场周边围岩发生卸荷回弹和应力重新分布。如果围岩有足够的强度，不会因此而发生显著的变形和破坏；但有些围岩强度较低，适应不了卸荷回弹变形和应力重新分布的作用将失去其稳定性。

(1) 地下硐室围岩稳定性问题。地下开采矿山，各种巷道、竖井、斜井、材料库、变电房等都属于地下硐室。如果硐室室周边的围岩强度不足以承受作用在它上面的荷载，将向硐室室内发生变形和位移，以致失稳导致硐室内塌落、滑落、冒顶、片帮等。

(2) 采场周边围岩稳定性问题。采场空间形状复杂、空场体积大，其周边围岩变形破坏较复杂，变形程度比较地下硐室大。采场周边围岩稳定性问题又可分为：回采期（包括储矿、放矿过程）围岩稳定性问题、回采完毕后采区的围岩稳定性问题。

(3) 山体稳定性问题。地下开采的硐室室、采空区数量多，形状复杂，空区体积大，形成整个山体架空结构，在一定地应力和地下水环境中，由山体地质结构所控制产生整个山体变形破坏，如山体地表开裂、塌陷、下沉等。

二、地下开采矿山岩体变形破坏方式和类型

矿山地下工程开挖后，形成了许多地下自由空间，并破坏了原岩中应力平衡状态，原来处于挤压状态的岩，由于解除约束而向硐室和采空场回弹变形。当这种变形超过了围岩所能承受的能力时则发生破坏，如分离、脱落、坍塌、滑动、隆坡等。

（一）矿山地下工程岩体变形破坏方式

矿山地下工程岩体变形破坏方式主要有以下五种。

（1）脆性破裂：整体状结构及块状结构体，其岩性坚硬，在一般工程开挖条件下是稳定的，仅产生局部掉块；但在高应力地区，工程周边围岩应力集中可引起岩爆，属于脆性破裂。

（2）块体运动：当块状或层状结构岩体由软弱结构面所切割，形成数量有限的块体，其受自重力或围岩应力的作用有向临空面移动的趋势，块体运动包括块体塌落、滑动、转动和倾倒等。通常情况下，当块体产生一定位移后，逐渐脱离与母岩的联系，以自重力继续滑动或塌落。矿山地下工程有大量的采空场，为块体移动提供了自由空间。

（3）弯曲折断破坏：层状岩体由于层间结合力差，易于滑动；层状岩体抗弯能力差，在洞顶的岩层受重力作用下沉弯曲，进而张裂、折断，形成塌落体；在侧向水平应力作用下，岩层弯曲变形也可产生对坑道两边衬砌的压力；陡倾斜的层状岩体在边墙上则可能出现弯曲倾倒或弯曲鼓出变形。

（4）塑性变形和剪切破坏：松散结构岩体或碎裂结构岩体中含有较多的软弱结构面，在开挖中易产生塑性变形和剪切破坏。主要表现为塌方、底鼓、塑性挤入、洞壁围岩收缩等。

（5）松动解脱：碎裂结构岩体可视为碎块的组合，在张力、单轴压力及振动力作用下容易松动，解脱（溃散）成为碎块散开或脱落。例如，坑道顶板常见的碎块崩塌，两帮碎块滑塌、崩塌等。

（二）稳定性分析方法

由于不同结构类型的岩体变形和失稳的机制不同，不同类型的工程岩体对稳定性的要求不同，岩体稳定性分析和评价的方法多种多样。当前地下开采矿山围岩稳定性分析方法有下列几种。

1. 地质分析法

地质分析法是从影响岩体稳定性的工程地质因素着手，根据经验作出定性的评

价。地质分析法包括工程地质类比法和地质力学分析法。前者是研究待建矿区的工程地质条件、岩体特性和动态观测资料，与具有类似的已建矿山工程进行比较，其适用条件是两相比较矿山具有相似的工程地质特征。后者是地质力学分析方法在工程岩体稳定性评价中的应用，首先以破裂结构面的力学成因来评价结构面的工程地质特性；其次以构造体系的建立为确定结构面的空间组合、结构体类型等提供基础；最后以构造配套恢复区域构造应力场，为分析矿山工程区域内天然应力状态提供依据。

2. 岩体结构分析法

岩体结构对地下工程岩体的变形破坏起控制作用。岩体结构分析法是在岩体结构及其特性研究的基础上，考虑工程力作用方式，借助于极射赤平投影、实体比例投影和块体结构坐标投影等进行图解分析，初步判断岩体的稳定性，属于定性或半定量分析。随着计算技术的发展，在深入研究岩体结构特征的基础上建立地质力学模型，以有限单元法或边界元法计算，得出工程岩体稳定性的定量指标，是以计算围岩应力和位移值与围岩强度和允许值进行比较，判断岩体的稳定性。

3. 地下工程岩体分级法

地下工程岩体分级，以往多称为围岩分类。工程岩体质量明显体现了量的概念有好坏之分，是有序的。

地下工程岩体级别的确定以基本质量级别作为工程岩体级别初步定级的依据。详细确定地下工程岩体级别时应综合考虑另外几项主要影响因素，即地下水、主要软弱结构面与硐室轴线的组合关系，高初始应力作为修正因素。

(1) 地下水是影响地下工程岩体稳定的重要因素之一。水的作用主要表现为溶蚀岩石和结构面中易溶胶结物、潜蚀充填物中的细小颗粒，使岩石软化、疏松，充填物泥化，强度降低，增加动、静水压力等。这些作用对岩体质量的影响，有的可在基本质量中反映出来，如对岩石的软化作用，采用了单轴饱和抗压强度。水的其他作用在基本质量中得不到反映，需采用修正系数值。目前国内外在岩体分级中，考虑水的影响主要有修正法、降级法、限制法等。国家标准采用修正法，不仅考虑了出水状态，还考虑了岩体基本质量级别。这是由于水对岩石质量的影响，不仅与水的赋存状态有关，还与岩石性质和岩体完整程度有关。岩石越致密，强度越高，完整性越好，则水的影响越小；反之，水的不利影响越大。

(2) 软弱结构面是影响地下工程岩体稳定的另一个重要因素，起控制作用的软弱结构面，是指成层岩体的泥化层面、一组很发育的裂隙、次生泥化夹层、含断层泥、糜棱岩的小断层等。由于结构面产状不同，与硐室轴线的组合关系不同，对地下工程岩体稳定性的影响程度亦不同。如成层岩体，层面性状较差，为陡倾角且走向与硐室轴线夹角很大时，对岩体稳定性无不利影响；反之，倾角较缓且走向与硐室轴线夹角很小时，就容易发生沿层面的过大变形，甚至发生拱顶坍塌或侧壁滑移。

(3) 岩体初始应力对地下工程岩体稳定性的影响是明显的，尤其是高初始应力地区。岩石强度与初始应力比大于一定值时，对硐室岩体稳定不起控制作用；当这个比值小于一定值时，再加上硐室周边应力集中的结果，对岩体稳定性或变形破坏的影响就表现得显著，尤其是当岩石强度接近初始应力值时，这种现象更为突出。初始应力方向与硐室室轴线关系不同，对地下工程岩体稳定性的影响也不同。采用岩石强度与初始应力比来评价它的影响程度，并以此对岩体基本质量进行修正。高初始应力对工程岩体质量的影响，由于工程实践和资料所限，目前不能细分。为了使用方便，划分为极高应力和高应力两种应力情况。

(4) 力学计算分析法：工程岩体稳定性分析的力学计算方法有两类：一是以极限平衡理论为基础，计算破裂面上的破坏力与抗破坏力是否处于平衡状态；二是以应力应变理论为基础，利用有限单元法或边界元法将岩体中各部分的应力与位移值进行比较分析。

(5) 模拟试验法：是在岩体结构和岩体力学性质研究的基础上，考虑外力作用特点，通过物理模拟和数学模拟方法，研究岩体变形破坏的条件和过程，由此得出直观结果。模拟试验法有相似材料模拟和光弹性模拟。有限单元法和边界元法数值计算，是通过电子计算机来实施的，故可称计算机模拟。它不是实体模拟，而是数值模拟，通过调整各种力学参数来分析岩体可能失稳的条件。

(6) 图解分析法：利用各种投影方法求出不稳定体的几何特征，分析其在一定的工程作用力下的稳定情况。图解分析法最常用的有极射赤平投影、实体比例投影、坐标投影作图法和工程图解法。

(三) 稳定性分析步骤

由于影响围岩稳定性的因素很多，应根据具体矿山实际情况，抓住主要因素，进行综合分析。但各矿山工程地质条件不同，地下工程岩体稳定性分析步骤也各异，应根据实际情况而定。

三、地下开采矿山围岩失稳控制方法

地下开采矿山围岩失稳的控制，首先应从保护和改善岩体性质入手。为了保护原岩性质，要严格遵循三条原则：一是合理的开采顺序；二是合理的开采方法，三是及时支护衬砌。

(一) 地下硐室围岩失稳的控制

矿山地下开采各种巷道、竖井、斜井、材料库、变电房等都属于地下硐室，其周边围岩失稳的控制，主要是采取支护和加固措施。为了使支护能够有效地阻止硐室周边围岩过度变形，避免原岩性质恶化，一是支护必须要快速，二是支护必须能够阻止因开挖引起的局部过度变形的发生。目前广泛采用喷射混凝土、锚杆支护或喷锚支护的方法。

(二) 采场围岩失稳的控制

采场围岩失稳即所谓采场地压问题，所研究范围可归纳为：回采期间采场稳定问题；回采完毕后采空区的处理问题。目前采空区处理方法主要采用以下四种方法。

(1) 崩落法。用爆破（或其他手段）的方法把空区上方的岩体崩落下来充塞空区。其实质是将采空场顶板围岩崩落形成陷落区，以便消除支承压力区，属于卸载。

(2) 充填法。用充填物（如碎石、尾矿、水砂、混凝土等）将采空区充满，以消除和减少岩移的自由空间来减轻地压影响程度。充填体所选用的材料可分为：松散充填体，是用碎石、砂、尾砂、炉渣等作材料；胶结充填体，以低标号混凝土作为材料。

(3) 支撑法。利用矿柱或支架将空区撑起来，防止围岩发生危险变形。实践证明，此法效果差，但由于施工较简单，目前仍广泛使用。

(4) 封闭法。对于单独的孤立的小空区可采用封闭法。将它与其他采场的通道隔绝，防止该空区崩塌时对其他采场的影响。

上述空区处理的四种方法，常用的是充填法和崩落法。空区处理所要解决的主要问题有：研究空区围岩失稳的条件；研究充填体对维护空区稳定的作用，充填体的强度与工作性能的关系；研究围岩崩落和移动规律，松散体的压力等。

采场围岩失稳的控制除上述采空场处理方法外，在开挖中还要注意改善围岩的应力状态，其主要方式有：

(1) 合理的开采顺序。例如赣南钨矿（急倾斜薄矿脉群）合理的开采顺序是先上盘后下盘，贫富兼采。

(2) 合理的回采顺序。由于矿体赋存条件不同，采用前进式或后退式回采，其地压显现各异。要根据矿山实际情况，采用合理的回采顺序，使之采场地压显现不明显。

(3) 合理的断面形状。围岩应力分布与岩体中空间的几何形状有关，应遵循的原则仍然是使最大主应力方向与采场断面的长轴方向一致。

四、地下开采矿山围岩失稳的监测

地下开采矿山围岩失稳的监测方法很多，主要有岩体变形的监测、岩体中应力变化监测等。

(一) 岩体变形的监测

为监测岩体的变形或位移，当前国内广泛采用人工测点——裂隙张开速度及其上、下盘相对位移的测量；测量仪器——水准测量仪，观测岩体的垂直位移和水平位移。

(1) 裂隙人工观测点。当岩体发生破坏时，必然在其中产生裂缝，或沿原有结构面张开滑动，观察这些裂隙发展过程，便可圈定岩移范围和发展趋势。为此布设观测点，可用黄泥、铅油涂抹裂缝或用木楔插入缝中塞紧，或将玻璃条用水泥固定在裂缝上；也可在裂缝两侧标示测点，定时用钢卷尺测量其宽度、水平错距和高差，以便分析裂隙变化速度和移动趋势。

(2) 围岩相对位移的监测。观测围岩相对位移，可以了解顶板下沉量和下沉速度，这是判断采场和巷道稳定与否最直接、最有效的方法。目前矿山最常用的方法有：伸缩位移测杆、多点位移计、GDZ-Ⅱ高精度大位移测试仪、两点式位移计、电感式位移计等。在我国金属矿山广泛使用与伸缩式位移测杆具有相同作用的木滑尺。

(3) 应用声发射观测岩体的变形破坏程度。目前我国金属矿山广泛应用由人耳直接听取岩石在原位变形破坏所发出的声响来判断地压活动程度的监测方法，所应用的仪器为地音仪，他由探头、放大器及耳机组成。

(4) 声波法监测。弹性波在岩体中的传播速度，与岩体的岩质、孔隙率、密度、弹性常数及岩体的完整程度等有一定的关系；声速比与应力应变有关，即声速比变化与应力应变全过程曲线的变化特点是一致的。声波在岩体中遇到不同介质界面或裂隙面会发生反射、折射，同时改变其传播路线发生绕射，致使其传播速度及振幅均有所改变。利用声波这些特点可以监测岩体中裂隙分布情况，岩体所处应力状态等。

(5) 测量仪器量测。一般以精密水准仪为主，可辅以应用激光测距、测线偏距、偏角测量、精密导线边角交会、激光三角高程等方法，在岩移范围内，自地表到井下系统布置测线，定期进行观测，得出岩体垂直位移和水平位移变化规律。

(二) 岩体中应力变化监测

为了观测采空场围岩或矿柱中应力变化，我国金属矿山广泛利用光应力计进行测定，这是以光应力计中出现的光干涉条纹图案的形状及其变化来判断围岩中应力随时间变化的相对变化情况。尤其是围岩中应力集中部位，可对岩体变形破坏过程起监测作用。

第二章　矿山水文地质工作

第一节　矿山水文地质工作的任务

一、水文地质知识

（一）水文地质的调查内容

1. 水文地质的测绘

在水文地质的测绘中，地质的观察重点是该如何进行布置，要想解决这个问题，就需要掌握地质界线的各种地质体这个基本原则。地层、标志层、化石层之间的界线；具有明显差别的岩相、岩性和内部带有明显的分界线等，这些都可以作为定点进行使用。此外，还有部分地点能够作为定点来进行使用，如断层、褶皱枢纽等构造的转折位置；较为典型的地层裂隙、产状或壁立等；自然灾害出现的滑坡、塌方等。

2. 建议的水文地质观测和编录

钻孔简易水文地质观测是指在钻进的过程中对含水层及时探测，以此来对含水层中的富水性进行确定，对岩溶不同垂向的深度发展程度和发育的规模等水文地质的问题进行确定的一种手段。水文地质编录的工作与地质编录工作在同时进行的时候，钻孔芯水文地质就是其中主要的编录方法，其主要的目的是能对隔水层和含水层进行明确地划分，以此来确认破碎带和风化带的厚度，钻孔简易水文地质的观测成果与岩芯破碎的程度以及裂隙发育的程度是钻孔岩芯水文地质编录方法中的重要依据。

3. 长期观测与水样收集

长期观测的主要的目的是对矿区的水文地质情况进行测量，以此来掌握有关的数据，同时根据相应的资料和数据对供水源进行选择，对涌水量进行计算。在进行详查之后，选择有一定代表性的泉、井、钻孔、地表水等进行长期的观测。在勘探阶段，观测的内容中包含了水位、水温、水量、水质等，还必须及时地进行完善和充实。

(二) 水文地质的技术要求

水文地质的主要工作要求有很多，分别是：要严格地按照国家相关的规定进行物探安排工作和检查点的工作，其中包含测量误差的重复测量、检查点的具体数量以及与之有关的参数等；采用有效的方法来对所探测物体的有关数据进行具体的测量；水文测井的工作，如果条件允许的话可以采用井孔录像；要与钻探取芯进行配合，对隔水层和含水层进行划分，以此来取得相关的参数并提供有效的依据。在进行物探的过程中，对被探物也有相应的要求，比如：被掩埋冲洪积扇的具体位置、隐伏中的古河床以及覆盖层的实际厚度；地质的剖面；地下水中咸水、淡水的具体分布情况和可溶性的固形物；隐伏岩溶与暗河位置的分布；地下水的流向、渗透的速度以及水位；冻土层的下限掩埋深度，等等。

二、矿山水文地质工作的基本任务

矿山水文地质工作的基本任务主要有：

(1) 研究矿区水文地质条件，查明影响矿山正常生产和建设的水文地质因素；

(2) 分析矿区充水条件，预测核实矿坑涌水量，并提出矿山防治水方案预处理措施；

(3) 研究和解决矿区供水水源以及矿坑水的综合利用；

(4) 研究矿区地下水的动态并及时预报，保证矿山生产不受地下水害的威胁，实现安全生产；

(5) 加强矿区地下水水质动态观测，保护水资源环境；

(6) 通过采取有效的、合理的防治水方法，保护地下水资源，避免地下水开采的盲目性；

(7) 系统地搜集矿区水文地质资料，做到规范化、标准化；

(8) 提供矿山生产和建设所必需的水文地质及工程地质资料。

第二节　矿坑充水条件的分析

一、充水因素

影响矿坑充水的因素包括自然因素和人为因素。

(一) 自然因素

(1) 气候以降水为主时，降水量的多寡决定补给矿坑水动储量的多少。

（2）地形对地表水的汇集和渗入是否有利，矿体埋藏于侵蚀基准面以上或以下，地下水天然排泄和水动力条件不同，充水程度亦不同。

（3）矿体与围岩的组合形式，矿体充水与埋藏条件密切相关，其充水程度决定于含水层的赋存条件，含水层类型、水量、水压以及充水方式（顶板或底板来水）。

（4）地质构造形态与规模决定了地下水天然储量的大小。不同的构造部位富水性有差异，充水程度不同，断裂发育程度影响含水层之间、与地表水之间的水力联系，促使矿坑充水条件复杂化。

（5）地表水是充水的重要水源之一，矿坑距离地表水体远近不同（垂直与水平方向距离），影响充水程度，矿坑水与地表水发生水力联系时，一般充水条件复杂，动储量大。

（二）人为因素

（1）开拓方式：与揭露含水层的程度有关。

（2）采矿方法：采矿方法不同，对上覆岩层的破坏程度不同，矿坑充水程度也不同。

（3）疏干方法：合理的疏干方法能有效地减少水量，降低水压，保证安全生产；反之，可以改变地下水水动力条件，引进新水源，增加矿坑涌水量。

二、充水水源

（一）矿体围岩中的地下水

1. 孔隙水

含水层松散未经胶结，属孔隙潜水或承压水，水量的大小取决于含水层的成因类型、岩性结构、颗粒成分、厚度和分布面积。当井筒施工通过第四系松散含水层或开采接近含水层底板，出现涌水、涌砂、片帮；当第四系含水层与矿体上覆基岩含水层有水力联系时，成为矿坑充水的主要水源。

2. 裂隙水

（1）层状裂隙水：赋存于基岩裸露区和被第四纪沉积物覆盖的基岩风化壳中。多为潜水，局部为承压水。其呈层状（或似层状）分布，风化裂隙带厚度一般为30～60m。随深度增加裂隙发育减弱，含水性也相应减弱；富水性与岩性、风化程度、地貌条件等有关。揭露时经常涌水，但水量不大，雨季有显著增加，一般可以疏干。

（2）层间裂隙水：分布于沉积岩、喷出岩和变质岩的一定层位中，多数是承压水，局部为潜水。其呈层状分布，含水性与岩性、区域性裂隙、成岩裂隙的发育程度有关；不同构造部位富水性有明显的变化。揭露时一般水量不大（在无其他水源补给时），经过长期排水可以逐渐被疏干。水压往往较大，可能发生突水。

（3）带状裂隙水：赋存于各类脆性岩石的构造破碎带中，多为承压水，呈带状，沿一定方向分布。其含水性与构造破碎带的规模大小、力学性质、充填情况、补给条件等有关；断层破碎带的不同部位因裂隙发育不均一，富水性有很大差别。破碎带本身含水量有限，可以疏干。但当沟通上、下含水层或地表水体时会导致严重的突水事故。不仅瞬时涌水量大，动水量也十分充沛，甚至造成淹井。

3. 岩溶水

（1）浅埋型岩溶地下水

①裸露型岩溶区地下水：岩溶裂隙潜水赋存于弱岩溶的白云岩、薄层灰岩以及不纯的碳酸岩类地区。岩溶不发育，分布不均一，埋藏浅，属潜水。地下水运动一般无压，呈层流渗流运动，动态变化大。揭露时涌水量不大，但雨季显著增加。地下暗河水分布于气候湿润、均质厚层灰岩分布区，尤其是产状平缓、构造破碎的地段岩溶发育，分布极不均一。强烈的差异溶蚀形成地下岩溶通道，构成地下河。地下水流速大，一般做无压紊流运动，局部为有压流、层流，动态变化幅度很大。矿坑涌水量随季节不同变化悬殊，暴雨后涌水量猛增，对矿坑造成严重威胁，大幅度疏干可能引起排水暗河的河水倒灌。

②覆盖型岩溶地下水：脉状岩溶裂隙水，多赋存于第四纪沉积物和岩溶岩层接触面附近或断层带中。岩溶不发育，分布不均一，埋藏浅，属承压水，但水压不大。地下水一般为层流渗流运动，水位变化幅度不大。矿坑涌水量一般不大，季节性变化不如裸露区明显；强烈排水可引起漏斗范围内地面塌陷；强径流带地下水，赋存在不均一的碳酸岩岩层的断裂带及其两侧裂隙中，或均一厚层灰岩岩溶发育地段。岩溶发育段集中，不均一，埋藏较深，属承压水。地下水层流与紊流取决于通道情况，水位变化幅度小。地下径流带为富水性强的地段，涌水量大且稳定，不易疏干。在强径流带排水疏干也会引起地面塌陷，塌陷带沿径流带分布，尤其是雨季会增大矿坑涌水量。

（2）深埋型岩溶地下水

①层间裂隙岩溶水：分布在上覆或下伏非岩溶岩层所限制的岩溶岩层中，岩溶发育较均一，埋藏深，但有随深度减弱的趋势，属承压水，水压一般较大。地下水多作层流运动，动态稳定。揭露时有时突水量和水压较大（尤其是厚层灰岩），动水量也较稳定。

②脉状裂隙岩溶水：赋存于很厚的碳酸盐岩岩石的构造破碎带中，呈条带状分布。岩溶发育较均一，埋藏深，有时形成深部水循环，属承压水，地下水为层流渗

流运动，动态稳定，涌水量大小取决于补给源情况，来源充足时，涌水量大且稳定。

（二）地表水源

地表水源主要为河、湖、海、水库、水塘等。其充水的途径主要为：洪水冲毁井口围堤直接灌入；通过地表水体下松散岩层、基岩含水层露头再渗入矿坑；通过采后顶板冒落带，地面塌陷裂缝渗入；通过构造破碎带直接渗入。

（三）大气降水的渗入

大气降水作为充水水源主要指降雨和融雪，其充水方式分为直接渗入和经含水层渗入两种。

（1）直接渗入：充水途径为通过采后顶板冒落带贯通地表塌陷裂缝渗入；通过地表裂隙、溶洞渗入。

（2）经含水层渗入：作为被揭露的含水层补给源再渗入矿坑。

三、涌水通道

涌水通道分为自然通道和人为造成的通道。

（一）自然通道

（1）孔隙通道：多见于松散沉积层内，透水性取决于沉积物颗粒大小、形状、分选程度和排列方式等。粗粒、均匀者，透水性大，反之则小。在采掘工作面揭露时其涌水特征为：全面渗水、淋水或涌水；出水点多，水较小，流速慢，水流喷出时压力已显著下降；降压漏斗扩展较慢；突水威胁较小。

（2）裂隙通道：主要存在于坚硬脆性岩石、风化壳、构造破碎带内，岩体透水性取决于裂隙的成因、大密度、充填情况以及相互的连通性。裂隙发育，而又未充填者，透水性好。

（3）岩溶（溶隙）通道：只存在于可溶性岩层或被可溶性物质胶结的碎屑岩中，为地下水沿裂隙、节理溶隙扩展而成。岩体透水性取决于岩溶率及岩溶发育的均一性，就单个溶隙而言，则取决于溶隙大小、充填情况连通性。岩溶发育且充填率低者，透水性强。岩溶通道被采掘工作面揭露时，涌水、突水最为常见。突水时水压大，传递快，降压漏斗扩展迅速，瞬时涌水量大，对矿坑危害最严重。

（4）透水断裂带：透水断裂带属张性、张扭性断裂居多，当与一侧强含水层对接，或沟通上部强含水层、地表水体时，断层突水量大，水量稳定，不易疏干。

(二) 人为造成的通道

(1) 未封闭或封闭质量差的钻孔：这种钻孔可沟通上下几个含水层，坑道揭露时可以形成涌水通道。

(2) 回采后顶板冒落或底板鼓胀裂隙：冒落裂隙沟通地表，无地表水体时，矿坑涌水量增加与雨季、融雪期有关。冒落带裂隙沟通强含水层或地表水体，水压、水量与隔水层厚度和底板岩石的力学性质有关。水压大的强含水层突破底板，成为涌水通道，易发生淹井事故。

(3) 矿井排水后因潜蚀、掏空产生的疏通裂隙和地面塌陷：

①矿井长期排水后，使岩溶裂隙通道疏通，增加连通性，引起大量涌水、涌砂，造成淹井事故；

②岩溶含水层大量排水，引起覆盖岩溶区地面严重塌陷，大量地表水渗入矿坑，造成严重后果。

第三节 矿山水文地质补充勘探

一、水文地质钻探

(一) 水文地质钻孔的类型

水文地质钻孔的主要类型有地质—水文地质结合孔、抽水试验孔、水文地质观测孔、探采结合孔、探放水孔。

(二) 水文地质钻孔的结构与设计

1. 钻孔结构

钻孔结构包括孔深、开孔直径、终孔直径、井管内径、井管外的钻孔直径、开孔直径等项。

(1) 孔深。钻孔的深度应根据钻孔的目的并结合钻探技术条件而确定：地质－水文地质结合钻孔应贯穿当地主要含水层；探放水钻孔应钻入影响矿井生产的直接充水含水层的富水段；抽水试验孔应贯穿直接或间接充水含水层的富水段或富水构造带；水文地质观测孔应贯穿预定观测的含水层或含水构造带；探采结合孔的成孔（井）深度应根据水文地质资料，结合预计涌水量的大小、要求来确定；岩溶区的水文地质钻孔深度应超过当地地下水位以下的当地岩溶最发育的深度。

（2）终孔直径。应根据水文地质钻孔的类型、井管与滤水管的类型、外径、填砾厚度等来确定。不用沉淀管而直接由裸露孔壁段做沉淀的终孔直径较滤水管的外径小一级，用沉淀管则与工作管同径或小一级。

（3）井管内径。地质－水文地质结合孔、观测孔、井下探放水钻孔应大于70 mm；抽水试验孔及探采结合孔应根据预计的出水量大小，推算出排水泵泵体外径后确定，一般比排水泵外径大50 mm以上。

（4）井管外的钻孔直径。根据选用井管的材质、外径、接箍外径和滤水管的类型、外径及需要填砾的厚度等来确定。一般井管外直径应比下入孔内井管、滤水管中最大外径大一级。应考虑下管的深度，因钻孔歪斜、弯曲、孔壁垮落、缩径及井壁本身允许的扁度和弯曲等因素均随孔深加大而影响严重。为了使井管顺利下至设计深度，除采取探孔等措施外，应根据具体情况适当加大井壁管外的钻孔直径。

（5）开孔直径。孔口管应比井管外钻孔直径大一级以上；开孔直径应根据孔口管的材质、接箍外径并考虑止水物有足够的充填空间等来确定。

2. 水文地质钻孔的施工设计

钻孔施工设计书应由水文地质人员提出，其内容包括以下几个方面。

（1）孔号、位置、坐标、标高。

（2）钻孔目的，预计孔深及可能遇到的地层，并估计其埋深和层厚。

（3）开孔孔径、井管直径及连接、终孔直径。

（4）确定分层止水的层段位置、止水用井管直径及需要测定稳定水位的层段。

（5）提出钻进的关键性层段和遇到困难时的注意事项，对施工中可能遇到的水文地质问题应提出处理措施。

（6）除钻孔基本技术要求外，若有特殊要求必须提出。

（7）应准确标明孔位附近下面的巷道位置，避开巷道或因开采造成的岩层破碎地段。

（8）提出坑内钻孔孔口防水闸阀的安装要求和抗水压的强度要求。

（9）提出封孔方法或留作长期观测孔、探采结合孔的成井（孔）要求。

（10）附预想柱状图、钻孔结构图，必要时附地质剖面图。

（三）岩心编录与描述

1. 岩心编录程序

核对班报表的回次进尺和有关水文地质现象的记录，整理岩心，检查上下顺序，核对岩心长度和回次岩心票；核对钻探判层记录，鉴定岩性，确定分层位置，作鉴定记录；填写分层标签，按设计要求取分层手标本和分层岩样，岩心箱编号；与终孔测井对照后，按设计要求对岩心进行缩分保存；终孔丈量钻具后校正孔深，有关层位进行合理平差。

2. 岩心观察描述

水文地质钻孔岩心观察描述与地质孔基本一致，但应着重对地下水赋存、运动条件有关的内容，如裂隙、溶蚀现象、溶洞充填情况等，仔细观察并描述。

(1) 裂隙描述：主要区别裂隙性质 (开张或闭合、溶蚀或构造裂隙等) 和地下水活动的痕迹，记录裂隙出现的深度、数量、长度与岩心轴的夹角，裂隙面附着物的性质 (铁质、钙质、泥质等)，按不同深度统计岩心裂隙率。

(2) 溶蚀现象的描述：包括岩心中溶洞的各种形态 (如针孔状、蜂窝状、海绵状、小溶孔等)，溶蚀的规模和发育部位的岩性。若钻进遇溶洞时，应观察溶洞顶底板的溶蚀面，记录其出现的深度、溶洞位置。

(3) 溶洞充填情况描述：包括溶洞充填物成分、充填程度、结构、胶结程度以及起止深度和计算充填率。

(四) 简易水文地质观测

简易水文地质观测项目一般包括地下水水位、水温、冲洗液消耗量、钻孔涌水 (或漏水) 量和位置、岩心采取率以及钻进情况等。

(五) 含水层层位的判断

下列现象中的一项或几项可判断钻孔遇到含水层。

(1) 孔内发生涌水现象或泥浆冲洗液被严重破坏。

(2) 冲洗液大量漏失，水位突升或突降。

(3) 岩心破碎裂隙发育，采取率低，冲洗液漏失。

(4) 岩心有水蚀、氧化锈斑、溶蚀孔洞和次生矿物充填等现象。

(5) 扩散法测井出现井液电阻率升高。

(6) 根据分段压水的压力和水量判断含水层位置也是行之有效的。

(六) 成孔 (井)

成孔 (井) 主要包括下管、填砾、止水和洗孔 (井) 等项。

(七) 孔口保护装置

(1) 长期观测孔应设置孔口保护装置，即孔口混凝土座。

(2) 孔口管应设置孔口盖或专门的保护装置。

(3) 井下放水、探水孔应设置孔口闸阀或安装压力表。孔口管长 5 ~ 10m，用水泥固定在完整岩石上。

二、钻孔抽水试验

抽水试验可以获得含水层的水文地质参数，评价含水层的富水性，确定影响半径和了解地表水与地下水以及不同含水层之间的水力联系。这些资料是查明水文地质条件、评价地下水资源、预测矿坑涌水量和确定疏排水方案的重要依据。

(一) 试验类型

水文地质试验类型按抽水孔与观测孔的数量可分为单孔抽水试验、多孔抽水试验和群孔抽水试验。按试段含水层的多少可分为分层抽水试验、分段抽水试验和混合抽水试验。

(二) 试验设备

根据钻孔出水量的大小和地下水水位埋深不同选用适当的抽水设备。主要抽水设备有深井泵、深井潜水泵、空气压缩机。

(三) 抽水试验技术要求

1. 抽水试验段的划分原则

抽水试验段的划分应根据试验目的和精度的要求，结合钻孔揭露的含水层厚度而定。下列情况一般需进行分段抽水：

(1) 钻孔揭露的各主要含水层；

(2) 潜水和承压水；

(3) 第四系和基岩含水层；

(4) 淡水和咸水或水质类型差别较大的含水层；

(5) 厚度较大的岩溶裂隙含水层、垂直分带规律明显的和有可能分段疏干带水压采矿的。

2. 落程和降深值

(1) 当钻孔单位涌水量 $q>0.01$L/（s · m）时，一般进行三个落程观测。勘探精度不高的地区，也可用两个落程代替。

(2) 当钻孔单位涌水量 $q<0.01$L/（s · m）时，可做一个落程观测。降深值应达到最大降深的要求。

3. 水位、流量观测要求

（1）静水位观测要求：一般地区，每小时测定一次，三次测得的数据相同或 4 小时内水位差小于 2cm，可认为是静止水位；受潮汐影响地区，需测出两个潮汐日周期（不小于 25h）的最高、最低和平均水位资料。如高低水位变幅 <0.5m 时，取高低水位平均值为静止水位。

（2）动水位及流量观测要求：稳定流计算参数，抽水孔观测的间隔时间视水位、流量的波动情况而定，水位波动大，5 ~ 10min 观测一次，较稳定后改为 15 ~ 30min 测一次。非稳定流计算参数，应保持定流量（或定水位）。前后两次观测值差应小于 5%。观测间隔时间主要满足绘制各种曲线，特别是对竖曲线的要求。开始抽水时尽量增加观测次数，以后逐渐减少，如间隔时间为：1min，2min，2min，5min，5min，5min，5min，5min，10min，10min，10min，10min，10min，20min，20min，20min，30min，30min，30min。带有观测孔的多孔抽水试验，观测孔的水位观测应与主孔同时进行，较远的观测孔可在开泵后推迟适当时间开始观测。

（3）水温、气温的观测要求：一般每 2 ~ 4h 观测一次，同时记录地下水的其他物理性质的变化。在抽水试验过程中，分别在第一、第三落程各取水样一次，以了解水质的变化情况。

4. 试验稳定标准和延续时间

（1）稳定标准。抽水过程中水位和水量的过程曲线不能有逐渐增大或减小的趋势。在稳定时间内，当降深小于 10 m 时，水位波动值不应超过 3 ~ 5 cm（用空压机抽水时，水位波动值不应超过 10 ~ 20 cm）。观测孔水位波动值不应超过 2 ~ 3 cm。当降深超过 10 m 时，主孔水位波动值不应超过水位降低值的 1%；多孔抽水时，以矿区边界内最远的观测孔水位达到稳定为准。主孔、观测孔的水位虽然波动值较大，但与区域地下水水位变化趋势及幅度基本一致，亦可视为稳定；涌水量的波动值不超过正常流量的 5%，当涌水量很小时，可适当放宽。

（2）延续时间。抽水试验时间的延续，应根据勘探目的要求和水文地质条件复杂程度而定。

5. 观测孔布置原则

进行多孔抽水试验时，观测孔布置和使用取决于抽水试验的目的和要求。计算水地质参数，观测孔的布置应能同时适合多种公式的计算要求。了解边界条件，应在预定的边界两侧布置观测孔。确定含水层的水力联系，要在同一观测孔中能观测到两层以上含水层水位的变化。抽水试验的主要目的是确定水文地质参数时，观测孔的布置应考虑以下原则。

（1）观测孔的布置方向。对于均匀无限边界含水层，宜垂直或平行地下水流向布置，但以垂直布置为宜；对于水平方向非均质无限含水层，亦宜垂直或平行地下水流向布置，或沿含水层变化最大方向布置。

(2) 观测孔数量。按稳定流公式计算水文地质参数，至少布置一排观测孔，其数量不少于2个。

对于潜水含水层，在下降漏斗曲面坡度小于0.25的范围内，上述布置距离亦适用。观测孔的距离，离抽水孔由近而远、由密到疏。岩溶发育地区，需考虑岩溶发育方向和主要来水方向，最远观测孔应能控制主要来水方向上的扩展半径，距主孔的距离可远些，有的可在1 km之外。用非稳定流公式计算，观测孔的距离在数轴上需分配均匀(大致相等)。

三、钻孔压水试验

矿山生产中压水试验的主要目的在于测定矿层顶底板岩层及构造破碎带的透水性及变化，为矿山注浆堵水、帷幕截流及划分含水层与隔水层提供依据。

(一) 试验类型

按止水塞堵塞钻孔的情况分为分段压水和综合压水两类。

1. 分段压水

分段压水有两种方式：自上而下分段压水，随着钻孔的钻进分段进行；自下而上分段压水，则在钻孔结束后自下而上分段止水后进行。

2. 综合压水

在钻孔中进行统一压水，试验结果为全孔综合值。

(二) 试验要求

1. 试验段的长度

分段压水，一般规定试段长度为5 m，如岩心完好、岩石透水性很小时(单位吸水量<0.01 L/min)可适当加长试段，但不宜大于10 m；对于岩石破碎、裂隙密集地段，可根据具体情况确定试验长度。

2. 压力阶段和压力值

每一段的压水试验，一般按三个压力阶段进行。三个压力阶段的压力值可根据实际需要而定，当漏水量很大不能达到规定的压力时，可按水泵的最大供水能力所能达到的压力进行试验。

3. 试段的隔离

常用的试段隔离方法为橡胶塞止水法，当自上而下随钻进钻孔分段压水时，只在压水段上部止水；钻孔结束后由下而上分段压水时，则在试段的上部和下部均下入止水栓，这种止水栓操作比较复杂。止水栓下入预定孔段封闭后，采用试验最大的压力进行试验。同时测定管内外水位，检查止水效果。

4. 压力和流量观测

压力和流量应同时观测，一般每隔 10 min 记录一次。压力要保持不变，流量连续四次最大和最小之差小于平均值的 10% 时，即可结束。重要的试验，稳定延续时间要超过 2 h 以上。

5. 试验钻孔质量

试验的钻孔要求清水钻进（坍塌严重，亦可用泥浆），孔壁保持平直完整。试验前，必须清洗钻孔，达到回水清洁，孔底无沉淀。

6. 地下水位观测

试验前，观测孔段内的地下水位，以确定压力计算零点。每 10 min 观测一次，当连续 3 次的变幅小于 8 cm 时，即视为稳定。

四、坑道疏干放水试验

（一）试验目的

1. 水文地质勘探

已进行过水文地质勘探的矿床，在基建过程中发现新的问题，需要进行补充勘探。此时，水泵房已建成，可以把工程布置在坑内，以坑道放水试验代替地面水文地质勘探计算矿坑涌水量。

2. 生产疏干

以矿床地下水疏干为主要防治水方法，矿床水文地质条件比较复杂时，在疏干工程正式投产前，选择先期开采地段或具有代表性的地段，进行放水试验，了解疏干时间、疏干效果，核实矿坑涌水量。

（二）放水试验工作

1. 工程布置

（1）以水文地质勘探为目的的放水试验，主要根据勘探目的布置工程，选取具有代表性的地段，工程可布置在一个水平或两个以上的水平矿坑道中，规模较大的放水试验，地面要设置观测孔，坑内设置压力观测孔。

（2）以生产疏干为目的的放水试验，工程布置结合疏干进行，主要在先期开采地段，选取一个开采水平进行试验。坑内设压力观测孔，地面也要布置观测孔。

2. 放水孔的技术要求

(1) 孔径。孔径的大小与含水层含水性、孔深、井下排水能力、钻机性能、设计的放水量等有关系。一般终孔直径不小于 89 mm。开孔孔径可根据终孔直径扩大级数。

(2) 孔口止水与安全装置。坑内放水试验大都是在高压水头下进行的，因此一般都要下孔口套管和安装孔安全装置，以便有效地控制水量。孔口管的长度为 5 ~ 10 m。孔口管壁外要用水泥封固，必要时进行打压试水，如遇破碎岩石要在巷道迎头砌筑防水墙并注浆加固。

3. 试验工作

(1) 放水试验的落程。一般情况下进行三个落程，最大降深等于$\frac{1}{3}\sim\frac{3}{4}H$（$H$为放水孔孔口至放水前稳定水位的水柱高度)，或等于最大放水量时的降深。

(2) 稳定延续时间。稳定延续时间的确定，通常过程曲线都有规律的变化 (均趋于相对稳定) 时，作为终止放水试验的标准。大致需要 20 天的时间，在实际工作中应注意：小区域或局部放水试验时，稳定延续时间可以短些；矿山模拟疏干试验时，稳定时间应长一些；补给量充沛时，稳定时间可短些；受降水影响明显时，放水稳定时间应长些；岩溶通道随放水疏通时，放水稳定时间应长些。

4. 试验观测工作

(1) 放水试验前静止水位、水压的观测。在放水前，地面所有观测孔都应进行静止水位的观测。一般地区每小时观测一次，当三次观测数值相同或 4 小时内水位差小于 2 ~ 4 cm 时，可视为稳定。坑内压力观测孔水头压力要同地面观测孔水位一样作相应的观测，并将两者观测结果进行对比或校核。受潮汐影响的地区，需测出两个潮汐日周期 (不少于 25 h) 的最高、最低和平均水位资料。如高低水位变幅小于 0.5m 时，取两者平均值为稳定水位。

(2) 涌水量观测。流量的观测可以采用堰测法、流速仪法或水表记录水量。水量观测时间间隔由密到疏，开始每 5 ~ 10 min 测量一次，然后根据稳定程度改为 15 min 或 30 min 测量一次，基本稳定后，改为 1 h、2 h、4 h、8 h 测量一次。

(3) 动水位观测。放水中心孔动水位 (压) 和中心地段水位反应灵敏的观测孔水位的观测次数与涌水量同时观测。

(4) 水温观测。井下水温一般变化不大，放水开始时，每 2 h 观测一次，后期可与涌水量同时观测。

(5) 恢复水位观测。放水结束后，必须进行恢复水位、水压全过程观测。开始时，中心孔每 1 h，3 h，5 h，10 h，15 h，30 h，…（min）观测一次，待基本稳定后，每 1 h，2 h，4 h，8 h 观测一次，直至完全恢复为止。其他观测孔可根据放水时水位下降灵敏程度分别确定。

第四节　矿山日常水文地质工作

一、气象观测

矿山附近有气象站的可定期向气象站收集必要的气象资料。收集的主要内容有：年降水量，历年月降水量，历年的日、1 h 和 10 min 最大降水量，一次连续最大降雨量和一次连续最长的降雨时间及其降雨量；蒸发量、气压、气温、相对湿度和风向、风速。

矿区水文地质条件复杂，受气候影响较大，附近无气象站可以提供资料时，要建立简易气象站。气象站场地选择在四周空旷、平坦而不受局部地物影响的地方。仪器与四周障碍物的距离应大于仪器口与障碍物相对高差的两倍。观测场地面积以不少于 $4 \times 6\ m^2$ 为宜，避免建立于房顶、山顶、陡坡或洼地内。

观测项目的选择要考虑矿山发展的需要，常用的项目主要有降雨量与气温的观测；其次是蒸发量、相（绝）对湿度、气压和风速、风向等。

（一）降雨量观测

（1）降雨量观测尽可能采用自记雨量计，月降雨量计量以每日早 8 时为日分界。

（2）降雨量记录精度精确至 0.1 mm，不足 0.05 mm 的降水不作记载。

（3）资料整理：每月要统计、登记月降水量、降水日数、一日最大降水量，每年编制日降水量直方图、日降水量统计表，并提供有代表性的不同历时暴雨过程曲线、降雨强度、暴雨频率等资料。

（二）蒸发量观测

一般矿区不必开展这项工作，但在露采矿山或受气象条件影响较大的矿山要做蒸发量观测。为了采用水均衡场的方法校核涌水量，做水量均衡研究时，在矿山基建阶段矿区要进行蒸发强度的观测。

（1）观测仪器：矿山一般使用口径 80 cm 的蒸发器为宜，仪器安装时器口保持水平，安放位置高出地面 0.7 m，附近无遮挡物。

（2）观测方法：蒸发量测量可用容量法或称量法，测定工作通常在每日上午 8 时进行，蒸发用水要保持清洁。观测精度需测量至 0.1 mm 为宜。

(三) 气温观测

(1) 观测仪器：一般采用 DWJ 型双金属温度计较为方便。

(2) 观测要求：仪器要放在小型百叶箱内，以防止阳光直接照射；为了避免双金属温度计记录失真，需用标准温度计（精度达 0.2℃）定期进行校核。精度要求一般达到 ±1℃。

(3) 资料整理：记录每日最高、最低温度，求算日平均温度，并标记在“矿区水文地质动态变化曲线图”上。

(四) 相 (绝) 对湿度观测

一般配合矿区蒸发量进行测量，仪器以 DHJ1-1 型湿度计为宜，观测精度应达到 ±5%。

二、水文观测

(一) 水文观测站的建立及要求

(1) 对矿坑充水有密切补给关系，对矿山开采有直接影响或供水排水有关的山溪、河流、湖泊或水库，需建站进行长期水文观测工作。

(2) 测站的数量以满足控制矿区或塌陷渗漏区流入量和流出量的要求为原则。

(二) 测站位置的选择

(1) 需做径流流量观测的水流，对于小流域的矿区，测站应选择在地质构造有利于地下径流泄流的河段后，对于汇流面积广、流量大或地面积水多的矿区，测站可根据防渗的要求布置。

(2) 用河床断面流速法测量流量的河段，要求河道顺直，河床稳定，控制条件良好，无阻流杂物，水流集中而无回水现象，水位与流量关系稳定，有利于简化观测工作。在用水堰测定流量的河段，要求来水流速不大于 0.5 m/s，且有形成非淹没式自由流所需的落差条件。

(3) 需进行水位观测的湖泊、水库及河流，测站应选择在岸坡稳定、水位有代表性且便于观测的地方。

(4) 测站应埋设断面标志桩、断面桩、基线桩及固定水尺。水尺的零点或校核水位基准点的标高，应做不低于三等水准测量。

(三) 水文观测的方法和要求

1. 径流流量观测

(1) 测量方法有流速仪法、浮标法或水堰测量法等。

(2) 主要观测仪器有 LS25-1 型旋桨式流速仪及 LS68-2 型旋杯式低流速仪。前者适用于常年径流量较大的河段，后者适用于断面宽、流速小的河段。条件允许的测站尽可能构筑薄壁堰、实用堰或宽顶堰。

(3) 观测次数应根据控制水流历时变化特征的需要来确定。对水位与流量已有稳定函数关系的测站，每年观测不小于 15 次；对于每次较大的洪水过程，观测次数不少于 3 ~ 5 次。

(4) 测量成果包括：测站实测成果统计表、垂直流速分布曲线图、水道断面和流速横向分布图、年流量变化曲线图及渗漏对比测站流量变化曲线。

2. 水位观测

(1) 水位观测可用水尺或自记水位计观测。

(2) 观测精度要求达到 0.01m。用水尺测量时，每日要在同一时间观测，用自记水位计测量时，每周要检查一次。

(3) 整理观测结果时，对记录要进行订正，然后对全月没有代表性的日水位变化进行摘录。统计平均水位、推算流量工作，并编制年水位变化历时曲线图和计算测站间的水位比降。

3. 水质观测

地表水水质长期观测的目的在于监测矿区的生活和工业供水水源的水质变化情况，研究和处理矿山开采后的废水废渣对地表水系和环境的污染问题。

水质分析项目，应根据矿区实际需要确定。做水质背景调查时应采用全分析；正常观测时可在简分析的基础上结合矿区实际情况增加特殊项目。

三、泉动态观测

对矿区范围内或矿区附近分布的泉水出露，若与矿区地下水有水力联系，应进行泉动态观测。定期测量水位、水温、水量和取水样进行水化学分析。

水位观测可在泉边设置观测孔，采用电测水位计或自计水位计观测。

四、地下水位动态观测

地下水位观测点，应以水文地质观测孔为准，并尽量利用已淹没的废井筒、不常用的水井、与含水层有水力联系的岩溶落水洞和落水井等。

(一) 观测点的布置

观测点的分布须满足矿区观测网的设计要求，一般情况下其布置应满足如下要求。

(1) 组织矿区观测网的观测剖面一般呈放射状布置，观测网至少有 2 ~ 3 条剖面。每条剖面上的观测孔至少有 3 个。

(2) 剖面上的观测孔孔位可分为四类。

①采区边缘孔。钻孔布置于相距开采边界为 50m 的地段以内，分期开采或露采阶段下降时，可利用上部坑道或露采的台阶重新布孔，使边缘孔不致远离深部矿体的开采边界。当采区与不均匀含水层接触的边界较长时，除在观测剖面上设计边缘孔外，还需沿边界加密钻孔。

②中圈孔。孔位布置在勘探或设计所预测的疏干漏斗水力坡度发生转折的地段，以便掌握漏斗形态的变化情况和补给方向的改变情况。

③外围孔。分布于补给边界和影响边界附近，以掌握降落漏斗扩展方向及预测塌陷区的扩展范围。

④安全监测孔。孔位可根据塌陷区的安全问题，不稳定的补给区和起阻水作用的重要构造、岩脉、岩层等隔水边界的分布状况来确定。

(二) 观测孔和观测点的质量要求

(1) 孔内水位的水头压力传导应是灵敏的，通常可以利用抽水试验和压水实验检验。钻孔抽水单位涌水量大于 0.1 L（s · m)，注水单位吸水量大于 0.5 L（s · m）或注水水头提高 1 m 后，水位能在 2h 内完全恢复的孔 (井) 才能作为长期观测孔 (点)。

(2) 观测孔必须保证所揭露的漏水、涌水位置低于疏干期最大水位降深。靠近疏干钻孔泄水点的观测孔，必须保证在泄水点的标高以下，仍揭露出透水性良好的岩溶、裂隙等漏水段。

(3) 观测孔孔斜每 100 m 不大于 2°。

(三) 水位观测的装备和观测要求

(1) 有条件的矿山，对重要观测点尽量采用自记水位计进行观测；一般观测点采用电测水位计。测水导线宜采用伸缩性较小的钢铜绞合聚乙烯绝缘电线 (如 HWJV4/0.3 型野外通信线等)。

(2) 水位观测自记站每半个月实测水位和走时校核误差一次；人工观测可根据

实际情况安排观测次数。

（四）地下水位观测资料的整理

（1）原始记录资料的整理：分别建立每个测点的观测记录本，系统登记水位、埋深及标高、水位变化幅度及该站出现的各种事件。

（2）水位观测提交的资料：钻孔水位变化曲线图、矿区地下水等水位线图、疏干漏斗剖面图等。

（五）地下水流量动态观测

（1）涌水量较大的矿区或矿坑水对自然环境造成严重污染的矿区，应进行矿坑排水流量或矿坑总涌水量的长期观测。采用多组水泵排水，流量大于500m^3/h的矿井，尽量采用自动记录的测站进行连续观测。对于流量较小的矿井，可采用水泵排量法统计矿坑涌水量，对水泵的排量要定期测定。

（2）矿区采掘范围内的涌水，均须进行涌水点流量观测。流量小于0.5 L/s的涌水点，可在矿区汇流地段测量。根据涌水点流量的稳定情况，观测工作分为短期观测和长期观测两类。

①短期观测：各项采掘工程施工中新出现的突水点、雨季时涌水量剧增和重现的旧涌水点，以及地层岩性不稳固而未搞好安全处理的涌水点等，要进行短期观测，以便确定其补给状况和发展的趋向。观测期限一般为5～10天。对于严重威胁矿井安全的涌水点，在安全措施尚未生效以前，应加密观测。15天后涌水量无明显减少时，转为长期观测。短期观测要填写涌水点登记卡，详细记录出水点位置、出水原因、水量历时变化情况及处理措施等。

②长期观测：凡采掘和井下钻探工程中的重要涌水点，各中段水仓入口，水砂充填区的析水汇流点、全坑总排水出口，应设长期观测站。

（3）矿坑涌水量观测方法：长期观测站尽量采用固定的薄壁堰进行观测，短期观测点使用流动堰槽或容量法、射程法、浮标法等进行观测。

（4）流量观测站及主要出水点的位置需编号上图，并建立台账，登记其位置、层位、发生涌水的日期、涌水方式、初始流态特征、水量变化情况、测流方法、测量工具的规格和其他有关事项等。测站、涌水点干涸或废除，应说明原因，并做好记录。

五、地下水化学成分动态观测

（一）矿区地下水化学成分动态观测的任务

地下水化学成分动态观测是为了研究矿床开采时人为因素对地下水化学成分的影响。观测工作的项目和任务要根据矿山的水化学特征和生产的具体要求而定。其主要任务如下。

（1）研究各种水源对矿坑充水的补给关系，查明补给水源和补给途径的变化，为矿坑防治水提供设计依据。

（2）研究矿坑水的侵蚀作用，为井巷建筑物、机械设备等的防蚀工作提供资料。

（3）观测矿区供水水源水质变化，为保护水资源提供资料。

（4）研究地下水中有用组分和有害组分的含量变化情况，为矿坑水的综合利用或防止环境污染提供依据。

（二）水质观测网测点的选择

水质观测网测点的选择主要取决于井下涌水点的分布，地面钻孔、井、泉的位置，以及它们所代表的含水层的层位。构成观测网的水样采集点应包括下列位置。

（1）矿坑排水管的总出口。

（2）涌水量达到全矿坑涌水量5%以上的长期涌水点，采样布置力求均匀分布；若矿坑涌水点过于分散，所揭露的主要含水层内，至少布置3个取样点，次要含水层则可布1～2个取样点。

（3）水砂充填和水力采矿场的汇流水沟。

（4）有异常的涌水点和地热异常涌水点。

（5）位于矿坑充水主要径流方向上的地面钻孔。

（6）矿坑内疏干钻孔，矿内用于供水的专用水源。

（三）水样采取

（1）采取钻孔水样时，必须抽出或排放孔内积水，待含水层的水进入钻孔后再取。采取井水样时，要取当时开泵抽出的新鲜水。采取泉水样时，应在泉口外采集。

（2）一般情况下采集量为：简分析500～1000 mL；全分析2000～3000 mL；综合特殊项目分析5000 mL；细菌检验500 mL。

（3）盛水容器最好选用无色带磨口塞的硬质玻璃细口瓶；某些单项金属元素分析水样的盛水器皿可采用聚氯乙烯塑料桶；水中有多量油类或其他有机物时，选择玻璃瓶为宜；测定微量金属离子时，绝不可用金属瓶。细菌检验的盛水容器，应进行灭菌处理。

(4) 水样取好后，立即用石蜡封好瓶口，贴好标签。标签内容包括：取样单位，取样编号，取样地点，取样时间，取样种类，取样时的水温、气温、颜色、气味、口味，分析项目，取样人姓名。标签上涂一层石蜡，防止字迹褪色。

(四) 资料整理

(1) 将水样的分析结果填入水质分析报告书，每个观测站的报告书要按站点分类，按年装订成册。

(2) 每次分析结果应评定出它的水质物理化学类型，并编成卡片。

(3) 观测网的水质分析成果表示方法要统一，通常采用“库尔洛夫式”表示。

(4) 每次分析结果应按主要离子成分编绘出水化学玫瑰图。

(5) 每年按测点（站）分析结果编制测点水化学成分变化曲线图。

(6) 每个测点周期按长期观测网和观测剖面作 1：2000 ~ 1：10000 的矿区水化学特征分布图、水化学剖面图及标志元素含量等值线异常变化分布图。

(7) 每年度应提交矿区水化学观测报告书。

六、矿坑突水的预报和预防

(一) 矿坑水害的类型

常发生的矿井水害基本上有以下几种类型。

(1) 地表水溃入矿坑：位于矿区地表的江河、湖泊、水库、沟渠、坑塘、池沼等地表水体，一旦有通道渗漏补给矿体顶底板含水层或直接流入矿坑，会造成重大的危害矿井安全的水害事故。

(2) 冲积层水害：矿层被含水的流沙层、沙层、砾石层等第四纪松散层所覆盖。通过构造破碎带，钻孔等溃入矿坑，造成水害。

(3) 岩溶水水害：北方矽卡岩型磁铁矿床大都以奥陶系石灰岩为顶板，南方茅口灰岩也常为矿床顶底板，往往岩溶都很发育，含水丰富，一旦岩溶水突入井下，就会出现严重的矿坑水害。此外，南方还有破坏性很大的岩溶塌陷。

(4) 断层带水害：一般的断层带含水所造成的水害事故危害较小，但断层沟通地表水体或奥陶系灰岩、茅口灰岩等强含水层时，往往会造成淹井事故。

(5) 钻孔水害：因钻孔封孔质量不佳，钻孔穿过了数个含水层，当采矿工作面揭露这种钻孔时，会造成大量涌水，危害矿坑安全。

(二) 水害预报

所谓水害预报就是矿山水文地质专业人员树立以防为主的指导思想。根据年、季、月采掘计划，按地点进行水害因素的分析和研究，认真检查水害项目，按“及时、全面、可靠”六字标准，预先提出水害预报和处理措施报有关部门，并按时督促防治水害措施的实施。

(三) 水害预防

1. 防钻孔水害

查阅穿过强透水层、矿层的钻孔封孔报告、资料，判定钻孔封孔质量的可靠性。对封孔良好的钻孔，要建立台账，并在回采前采取措施进行处理。在地表重新套孔、扫封。井下揭露的钻孔要及时封堵。

2. 防断层水

查清断层产状、断层性质和破碎带的范围，分析断层带的充水条件。作地质剖面图，分析采掘工作面和断层带在空间上的相互关系。坚持有疑必探，先探后掘。当井巷穿过可能导水的断层时，要及时砌碹灌浆。

3. 超前探水放水

矿区范围内有含水断层、含水层以及封孔不良的充水钻孔等，当采掘工作接近这些水体时，可能发生地下水突然涌入矿坑的事故。为消除隐患，要求在采掘过程中采取超前探水放水的方法探明情况，根据水量大小有控制地将水放出，然后进行采掘以保证安全生产。以下情况下需要进行超前探水。

(1) 采掘工作面接近老空区或老采区积水时；

(2) 巷道接近含水断层时；

(3) 巷道掘进接近或需要穿过强含水层时；

(4) 采掘工作接近未封或封闭不良的导水钻孔时；

(5) 采掘工作面有明显的出水征兆情况等。

第五节 矿坑涌水量预测

一、预测方法概述

矿坑涌水量计算是矿山水文地质工作的重要任务之一。其计算方法很多，归纳起来大致可分为三类，即水动力学法、统计法和模型模拟法，而每一类还可以进一步细分为若干种方法。由于各种方法的适用条件不尽相同，因而在解决具体问题时，应当根据水文地质条件的复杂程度、实际资料情况以及经济合理性等因素综合考虑，选择一种较好的方法，也可以同时选用几种方法以便互相验证对比。目前常用的计算方法如下。

（一）水动力学法

（1）解析法：适用于边界条件简单的含水层；均匀各向同性介质；一维、二维稳定或非稳定问题；承压流动或满足裘布依假设的无压流动、承压与无压并存的流动。

（2）数值法：适用于边界条件简单或复杂的含水层；一维、二维、三维稳定或非稳定问题；承压流动、无压流动或承压与无压同时并存的流动；均质或非均质的各向同性介质或各向异性介质。

（二）统计法

（1）Q-S 曲线法：适用于具备三个或三个以上的稳定阶梯流量和与其对应的降深资料，一般只能在小范围内下推流量或降深。

（2）水文地质比拟法：只能用于水文地质条件相类似的矿区。

（3）相关分析法：需较多的相关变量数据。

（4）均衡法：只能用来粗略估算水量，一般作为辅助方法。

（三）模型模拟法

（1）砂槽模型：主要用于研究井流，观测流动现象，验证理论公式。

（2）水电模拟：适用于边界条件简单或复杂的含水层；主要是均质各向同性介质；一维承压稳定问题或无压非稳定问题；二维承压稳定问题。

（3）电力积分仪：适用于边界条件简单或复杂的含水层；均质或非均质各向同性或各向异性介质；一维、二维、三维稳定或非稳定问题；承压或无压流动。

（4）水力积分仪：适用于边界条件简单或复杂的含水层；均质或非均质的各向同性或各向异性介质；一维、二维稳定或非稳定问题；承压或无压流动。

二、解析法简述

（一）原理

解析法系根据地下水动力学原理，以数学解析方法求解描述地下水运动规律的偏微分方程，对各种特定模式（指一定的边值和初始条件下）的地下水运动模型建立其解析公式，达到在各种不同条件下预测矿坑涌水量的目的。

(1) 稳定井流解析法的基本原理：在矿床疏干过程中，当矿坑的涌水量，包括其周围的水位降低（仅随季节变化作一定范围的波动）呈现相对稳定状态时，即可以认为以矿坑为中心形成的地下水辐射流场，基本满足稳定井流的条件，从而可以近似地应用裘布依的稳定井流基本方程。

(2) 非稳定井流解析法的基本原理：在矿床疏干过程中，若矿坑涌水量及疏干漏斗不断扩展，则以矿坑为中心的地下水辐射流场是不稳定的。在已知初始条件和边界条件的前提下，流场内任何时间任一点的水头，均可按泰斯公式，用水头函数表示。

(二) 计算方法

使用解析法预测矿坑涌水量时，关键问题是如何在查清水文地质条件的前提下根据解析法计算模型的特点将复杂的水文地质条件理想化，这就是我们所称的矿床水文地质条件的概化，也就是把实际问题通过建立物理模型（水文地质模型）抽象成为数学问题的过程。它可概括为三个步骤：分析疏干流场的水力特征、确定边界类型和确定各项参数。

1. 分析疏干流场的水力特征

(1) 区分与确定非稳定流与（相对）稳定流。矿山开采初期（开拓阶段），坑道线的位置及边缘轮廓不断变化，疏干漏斗内外边界迅速向外扩展，矿坑涌水量以消耗含水层储存量为主，并随着开拓面积的扩大成比例地增长。因此，该阶段疏干流场主要受矿山开拓工程发展所控制，为非稳定流；矿山开采后期（回采阶段），由于矿山开拓工程已基本结束，坑道轮廓基本固定，此阶段疏干流量主要受流场外边界的补给条件所控制。在补给条件不充分的矿区，疏干流场以消耗含水层储存量为主，流场外边界随时间不断扩展，直至达到阻水边界为止，矿坑涌水量逐步变小，流场特征仍然为非稳定流。但是，在补给条件充足的矿区，即确定水头补给边界的矿区，流场外边界由于坑道轮廓的固定而迅速稳定，此时矿坑涌水量被流场定水头供水边界的补给量所平衡，流场特征除受气候的季节变化影响外，出现相对的稳定流。只有在这种条件下，矿坑涌水量预测才能以稳定井流理论为基础。

(2) 区分与确定层流和混合流。依据抽水试验资料，常用单位涌水量法判断流态。

(3) 区分与确定平面流和空间流。疏干流场的地下水运动形式，受坑道类型控制，在宏观上可简化为流向完整井巷的平面流和流向非完整井巷的空间流。

(4) 区分与确定潜水和承压水。

2. 确定边界类型

(1) 侧向边界类型的概化及其计算。

①边界进水类型的划分：根据解析法计算模型的要求，边界进水类型应简化为隔水和供水两类。

②边界形态的简化：解析法计算模型要求将不规则的边界形态简化为一些理想的几何图式，如半无限直线边界、直交边界、斜交边界和平行边界等。

③各种边界类型的计算方法，常用的有两种。

第一种是映射法，即在边界的另一边实际疏干区相对称的位置上，虚设一个与实际疏干强度等量的注水区（源点）或疏干区（汇点），用以代替定水头的补给作用或隔水作用。将两个区的势函数用代数方法叠加，以获得矿坑涌水量预测中描述各种特定条件下的解析解。

第二种是分区法（卡明斯基辐射法），即从研究流网入手，根据疏干渗流场的特点，沿流面和等水压面将其分割为若干条件不同的若干扇形分流区。每个扇形分流区内的地下水流都是呈辐射状的，其沿流面分割所得的扇形区新边界为阻水边界，而沿等水压面分割所得的扇形新边界为等水头边界，目前常用的是卡明斯基辐射流公式。

(2) 垂向越流补给边界类型的确定及其计算。当疏干含水层的顶底板为弱透水层时，其垂向相邻含水层就会通过弱透水层对疏干层产生越流补给，出现所谓的越流补给边界。越流补给边界分定水头和变水头两类，解析法主要用于解决前者。

3. 确定各项参数

(1) 岩层的渗透系数。解析法的公式大多是适用于均质含水层的，而我国的矿床多产于非均质的裂隙、岩溶岩层中，只能求得平均渗透系数后，视为均质层计算，常用的方法有两种。

①加权平均法。根据含水层的特点，加权平均法又可分为厚度平均法、面积平均法、方向平均法等。

②流场分析法。用一张根据抽（放）水试验资料绘制的较为可靠的等水位线图，或根据流场的总体特征，或将其分割为若干具有不同特点的区段。前者称闭合等值线法；后者称分区法。

(2) 含水层的给水度。

①根据裂隙、岩溶率求给水度。由于裂隙、岩溶化岩石持水性很弱，其给水度可近似用裂隙和岩溶率代替。因此，对钻孔和井巷的裂隙、岩溶率进行统计，是矿床水文地质计算中普遍采用的求给水度的方法。统计资料应以加权平均法处理。

②利用抽（放）水试验资料求给水度。

③根据动态观测资料求给水度，即利用无补给季节的动态资料，以有限差分方程计算。

(3) 含水层厚度值：正确确定含水层厚度，对矿坑涌水量预测关系重大，这是一项复杂而细致的工作，尤其是水文地质条件复杂的矿区，除了要依靠大量的岩心鉴定和地质钻探中水文地质观测资料外，还应配合水文物探测井、钻孔分段抽（注）水资料（有条件的矿区还进行分段压水试验）来确定含水层厚度。

(4) 大井的半径值：矿坑的形状不规则，尤其是坑道（井巷）系统，分布范围大，形状千变万化，在理论上可将形状复杂的坑道系统看成是一个理想的“大井”，用“大井”的引用半径计算坑道系统涌水量。

(5) 影响半径和影响带宽度值：用“大井”法预测矿坑涌水量时，其影响半径应从“大井”中心算起。由于矿区含水层的结构构造是非均质的，边界条件复杂，加上矿坑的形状又是不规则的，因此疏干漏斗的形状不可能是对称的。为了满足解析法计算模型的要求，用“引用半径”来表征它。同样，影响带的“引用宽度”对于狭长的水平坑道也适用。确定影响半径和影响带宽度的方法很多，如：①经验、半经验公式。常用的如库萨金公式和奚哈德公式等，矿坑涌水量预测的实践证明，这类公式一般精度不高，故不赘述。②塞罗瓦特科公式，对于复杂坑道系统的影响半径，应根据坑道边缘轮廓线与天然水文地质边界线之间距离的加权平均值计算。

(6) 最大水位降深值：关于矿坑涌水量预测的最大水位降深问题，至今在理论和实际上均未解决。一个是矿床疏干时最大可能水位降深问题。另一个是最大水位降深时的最大疏干量计算问题。据研究当降深超过含水层厚度的30%时，非稳定井流公式就要偏离实际情况，出现明显误差，更不用说作最大水位降深计算了。综上所述，不难看出矿坑涌水量预测时，作最大水位降深的最大疏干量计算，对解析法来说是不适宜的。

三、数值法简介

数值法是随着电子计算机的出现而迅速发展起来的一种近似计算方法。用它来求解描述疏干流场的数学模型时，有两种途径，即有限单元法和有限差方法。下面仅以有限单元法为例，对数值法预测矿坑涌水量作简介。

(一) 有限单元法的原理和应用条件

有限单元法是目前解地下水运动偏微分方程最常用的数值法中的一种。描述地下水运动的二维偏微分方程（泛定方程）的建立，应遵循两条基本原理，即质量守恒与能量守恒及转换定律，具体来讲就是水均衡原理和达西定律。这里仅仅是为了简化计算，以体积守恒代替质量守恒，因为地下水密度一般变化很小，且接近于1。

有限单元法和有限差分法一样，在分割近似原理的指导下，将一个反映实际疏干流场渗流运动的光滑连续曲面，用一个彼此衔接无缝不重叠的有限三角形拼凑起来的连续但不光滑的折面代替，从而可以使复杂的非线性问题简化为线性问题。根据质量守恒原理建立起来的上述偏微分方程加定解条件（一定的边值和初始条件），就可以离散为对应有限三角形单元体组成的网络状节点的数值公式（线性代数方程）。

（二）计算步骤与方法

1. 建立数学计算模型

（1）数学模型及其地质含义：数学模型实质上是一个在地质上反映疏干流场水量平衡关系的水均衡方法，由如下几部分组成。

①均衡基本项，系方程中带有水头函数的偏导项。它表征渗流场内各均衡单元内及其相互间水量分配与交换，构成均衡方程的基本均衡条件。它由两个基本项组成：一是含 T 值（导水系数）的水量渗透基本项——渗流场水量的侧向交换条件，反映了含水层的空间几何形态特征和渗透介质的渗透性（非均质性和各向异性），以及渗流运动状态；二是含 u' 值（贮水系数）的水量储存释放基本项——渗流场水量的储存与消耗。

②水量附加项，系数学模型中不带水头的已知水量函数，它在渗流场中属于源（或汇）的作用，在水文地质模型中，除抽（注）水量外，也可包括各种垂向的面状补给与排泄。其强度在求解水头函数的数学模型中，是一个给定的已知函数。因此，它可以作为水量附加项列入方程，也可作为二类边界条件。

③扩充项，是根据水文地质模型的特点和需要解决的问题，还可以把尚未包括的内容以扩充项形式列入数学模型中。

（2）水文地质模型的概化。

①含水层结构的概化。含水层空间形态，双重介质延迟滞后给水现象的影响可以不考虑，但在反演求参法，应给出剖分后，任一节点（数学模型的离散点）的空间位置上的含水层厚度值，潜水含水层以含水层水位减低界面标高，达到较细致地在地质模型上反映出含水层厚度变化规律。

在含水层的物理特征上，它根据主渗透方向在空间上的变化规律，达到非均质分区就能较真实地描述含水层的非均质性和各向异性特征。

由于构造的分割作用，造成含水层在平面分布上被抬起或深陷，使上述垂向分带规律转化为平面上的分区特征，这种特征就是赖以进行非均质分区的地质依据。

此外，根据抽水试验所暴露的渗流场长短轴的分布方向、区域裂隙、岩溶发育方向的统计；对抽水过程中出现的水位降深具有同方向同步等幅和不同方向同步异幅等现象的分析，表明其导水性具各向异性特征。它与区域构造特征相吻合，显示出构造控水作用。这就是进行各向异性概化的地质依据。

在处理计算层与相邻含水层存在的水力联系上，一般要求地质模型给出与相邻含水层的连接位置（坐标）、连接方式，是断层接触还是通过弱透水层的越流补给，属于哪一类的越流补给系统。

②地下水流态的概化。疏干流场的地下水流态比天然流场复杂得多，常常出现各种复杂的流态。但是这些复杂的流态仅仅出现在井巷的周围，对于大面积来说仍然保持与天然状态相似的特点。因此，水文地质模型必须根据疏干流场的具体情况作出概化，并阐述其依据。

③边界条件的概化。计算时要求：根据含水层空间形态的概化，确定侧向垂向边界，给出边界的坐标位置；确定边界性质，有无水量交换（隔水、供水或排泄）及交换方式；根据动态观测及抽（放）水资料，用数理统计的方法概化出边界水位或流量的变化规律，并按不同时段给出边界节点水位或单宽流量。

2. 反求参数与验证边界

(1) 数值法求参数的地质意义：数值法求参数能起到对地质模型（内部结构和边界条件）进行验证和判别的效果。因为求参数的数学模型是以勘探工程控制的地质模型为依据建立的。它反映的是在抽水试验条件下，地下水量的交换与均衡。因此，反求参数在数学上的含义是利用水头函数解算地下水均衡方程，而水头函数是一个多元函数，它是均衡场地质条件和均衡条件的表征。所以解算均衡方程，也就是在已知水头函数的条件下，对组成均衡场的各要素进行判别。这种判别在地质上的含义，可以理解为是对矿区水文地质条件（包括边界条件）的一次全面验证，其结果可以导致对条件的重新认识。

(2) 基本方法：有直接求参和间接求参两种。

①直接求参。将水头函数作为已知量，将模型中的方程参数 T · u′ (u) 等看作未知数直接解出。由于这种方法对观测数据和观测点数量要求很高，在观测点较少的情况下往往不能保证结果的合理性。因此，目前较少采用。

②间接求参，即试算法。计算时给出参数初值及范围，用正演计算求解水头函数，将计算结果和实测值作曲线进行拟合比较，通过不断调整参数初值，反复多次地正演计算，使计算曲线与实测曲线符合拟合要求，即拟合误差小于规定值。因此，反演计算问题实质是曲线的拟合问题。这种计算过程可由计算机自动执行，也可由人工和机器配合进行。

3. 预测矿坑涌水量

用数值法预测矿坑涌水量一般可以求得以下量:

(1) 有效疏干量：指在所选定的疏干时间内，将井巷边缘的地下水位降低至某一设计标高所需的最低限度的排水强度，它和矿坑涌水量是两个不同的概念，后者是客观存在的，而前者是人为的。因为有效疏干量是对应疏干时间而存在的。因此，需要通过对一组疏干时间及其相应的疏干水量的数据进行经济技术的对比后，才能作出最后的选择。

(2) 稳定流量：在求出有效疏干量后，将疏干坑道以定水头 I 类边界标定，求出稳定流场，计算进入坑道的稳定流量。

(3) 最大流量：根据地下水动态的分析，找出雨季地下水位回升速度。计算时，疏干坑道仍以 I 类定水头边界处理，在稳定流场的基础上，按雨季地下水位的回升速度标定边界及节点水头，求出雨季末期或水位回升速度最大时期疏干坑道的涌水量。

第六节　岩溶矿区塌陷问题

一、塌陷对矿床开采的危害

岩溶塌陷指岩溶矿区由于采矿活动破坏顶板岩层或疏干排水地下水位大幅度下降，导致岩溶盖层或岩溶本身发生突然的塌陷、塌裂和沉降的现象。岩溶塌陷对矿床开采造成以下几种严重危害。

(1) 破坏矿区及周围建筑物，毁坏农田、道路等。

(2) 引起地表水回灌，地下水位升高，增大矿坑涌水量，增加了排水费用，提高了采矿成本，甚至造成淹井事故。

(3) 吸收地表污水，使供水水源受到污染，破坏水资源环境。

(4) 导致地表严重缺水，破坏矿区自然环境等。

二、塌陷的防治

(一) 岩溶塌陷的成因

由于地下水运动发生潜蚀作用，造成岩溶塌陷。除此之外，近年来关于岩溶塌陷的成因理论还有浮力消失、渗透减阻、动水压力液化和真空吸蚀等。

(二) 岩溶塌陷的防治方法

治理由于地下水位下降引起的岩溶塌陷，较多采用“回填密封法”。近年来还有一种根据真空吸蚀作用提出的既能防塌也能治塌的新方法，即自然充气防塌。

1. 回填密封法

(1) 理论根据及作用：根据地下水潜蚀作用致塌理论，增强盖层阻力，防止地下水渗透作用。

(2) 应用条件：只能用于发生的塌陷防止再塌，不能用以预防新区的塌陷。

(3) 水文地质作用：再次密闭岩溶洞口，减少地表水渗入量。

(4) 施工方法：用大块石和水泥浆灌注密封基岩洞口，再用黏土回填压实；采用混凝土板密封基岩洞口，再用黏土回填。

2. 自然充气防塌法

(1) 理论根据与作用：此方法是根据真空吸蚀作用致塌理论，是以实验为基础提出来的；充气原理建立在伯努利的高气压向低气压自行运动的能量守恒原理基础上，缓慢释放真空其作用主要是消除水位下降时在岩溶盖层与岩溶腔内水面之间的岩溶真空，以防真空吸蚀造成塌陷。

(2) 应用条件：可以预防新区不塌陷，保持地面的完整性和稳定性；可以用于已陷地段防止其再塌。

(3) 水文地质作用：可以消除局部岩溶真空地质环境，以防真空吸蚀的机械扩容作用，有利于地下水自行升降运动；可以消除因岩溶水击作用造成塌陷。

(4) 充气防塌法简述：

①钻孔自然充气法，利用事先打入岩溶盖层底面的孔管消除真空吸盘，防止有压水转无压水形成真空腔。其适用于岩溶盖层透气性不良、密封程度较高的地带，溶洞、裂隙口朝天发育的地段。操作方法：充气管底部的充气口置于初始真空吸盘下 10 ~ 20 cm 深处，地表下 40 ~ 50 cm 处，埋设固定孔夹，充气孔地表留 0.6 ~ 1.5 m 高度。

②水位调压法：人为控制地下水位的下降速度，即当有压水头转无压时排水量要变小，防止水位突然下降或快速下降，目的是促使初始真空吸盘慢慢脱离盖层底面，即借助于水位逐渐下降时所形成的真空与来自盖层或岩溶内部的气体平衡。适用条件：岩溶盖层透气性较好密封程度不高的地带；岩溶地下水不丰富的地带；以裂隙为特点的地带。使用该方法应控制岩溶腔内水面下降形成真空的体积与岩溶裂隙盖层和地下水中释放出的气体体积总和达到平衡。

③充气—调压法：既充气又要结合一定的调压来消除岩溶真空。适用条件：溶

洞口或裂隙口不易确定；城建、民建、工业区密集地带；地下水不丰富的地带；岩溶盖层透气性良好，盖层土质较坚硬地带。施工时降落漏斗中部以水位调压为主，边缘地带以充气为主。

④回填—充气法：在回填密封塌陷坑的同时，在坑的中央放置一根充气管，消除密封后形成的岩溶真空。适用条件：塌陷体再次自行回填密封洞口以及多次复活的塌陷坑。施工时埋设无腿塔式进气口充气管、带腿眼式进气口充气管。

⑤洞口自然充气法：塌陷的基岩洞口既不回填密封，也不进行人工充气，使其暴露的洞口自然充气。适用条件：回填多次不易稳定的塌陷坑；溶洞、裂隙在近地表处连通性良好；旋吸作用造成的地表水体下的塌陷。施工措施：地表水体下的塌陷基岩洞口自然充气及围截地表水；无地表水体情况下洞口自然充气及围截地表流水措施。

3 .深层局部疏干

利用人工双层水位条件，深层局部疏干带水压采矿防止地面塌陷。改变全面疏干的方法，利用人工双层水位条件，只进行深层局部疏干。厚层灰岩裂隙岩溶含水层的渗透性具有各向异性的特点，在一定深度以局部疏干开采，使得原来具有统一水力联系的含水层在垂向上分为两段，上部水位降低幅度远远小于下部，形成上部水位高、下部水位低，水位相差悬殊，仅下层局部疏干，这样既保证了矿井正常生产，大大减少了排水量，同时避免了地面塌陷。这种方法已初步获得成功，为预防地面塌陷、保护水文地质环境开辟了一条新途径。

第三章　采煤方法与采煤工艺

第一节　采煤方法概述

我国长壁采煤方法已趋成熟，放顶煤采煤的应用在不断扩展，急倾斜、不稳定、地质构造复杂等难采煤层采煤方法和工艺的研究有很大空间，主要方向是改善作业条件，提高单产和机械化水平。采煤工艺的发展将带动煤炭开采各环节的变革，现代采煤工艺的发展方向是高产、高效、高安全性和高可靠性，基本途径是使采煤技术与现代高新技术相结合，研究开发强力、高效、安全、可靠、耐用、智能化的采煤设备和生产监控系统，改进和完善采煤工艺。

(1) 开发煤矿高效集约化生产技术。以提高工作面单产和生产集中化为核心，以提高效率和经济效益为目标，研究开发各种条件下的高效能、高可靠性的采煤装备和工艺，简单、高效、可靠的生产系统和开采布置，生产过程监控与科学管理等相互配套的成套开采技术，发展各种矿井煤层条件下的采煤机械化，进一步改进工艺和装备，提高应用水平和扩大应用范围，提高采煤机械化的程度和水平。

(2) 需重点解决的技术难题。①硬顶板控制技术：研究埋深浅、地压小的硬厚顶板控制技术，主要通过岩层定向水力压裂、倾斜深孔爆破等顶板快速处理技术，使直接顶能随采随冒，提高顶煤回收率，且基本顶能按一定步距垮落，既有利于顶煤破碎，又保证了工作面的安全生产。②硬厚顶煤控制技术：研究开发埋深浅、支承压力小的条件下硬厚顶煤的快速处理技术，包括高压注水压裂技术和顶煤深孔预爆破处理技术，使顶煤体能随采随冒，提高其回收率。③顶煤冒放性差、块度大的综放开采成套设备配套技术，研制既有利于顶煤破碎和顶板控制，又有利于放顶煤的新型液压支架，合理确定后部输送机能力。两硬条件下放顶煤开采快速推进技术，研究合适的综放开采回采工艺，优化工序，缩短放煤时间，提高工作面的推进度，实现高产高效。5～5.5m 宽煤巷锚杆支护技术，通过宽煤巷锚杆支护技术的研究开发和应用，有利于综采配套设备的大功率和重型化，有助于连续采煤机的应用，促进工作面的高产高效。

(3) 长壁开采技术研究。主要研究开发体积小、功率大、高可靠性的薄煤层采煤机、刨煤机；研制适合刨煤机综采的液压支架；研究开发薄煤层工作面的总体配套技术和高效开采技术。

(4)各种综采高产高效综采设备保障系统。要实现高产高效，就要提高开机率，对“支架－围岩”系统、采运设备进行监控。今后研究的重点是通过电液控制阀组操纵支架和改善“支架－围岩”系统控制，进一步完善液压信息、支架位态、顶板状态、支护质量信息的自动采集系统；乳化液泵站及液压系统运行状态的检测诊断；采煤机在线与离线相结合的“油—磨屑”监测和温度、电信号的监测；带式输送机、刮板输送机全面状态监控。

一、基本概念

(一)采煤工作面

煤矿开拓和掘进必需的巷道后，形成了进行采煤作业的场所，称为采煤工作面，又称为“回采工作面”。

(二)开切眼

沿采煤工作面始采线掘进用以安装采煤设备的巷道，称为开切眼。开切眼是连接区段运输平巷和区段回风平巷的巷道，其断面形状多为矩形。

(三)采空区

随着采煤工作面从开切眼开始向前推进，被采空的空间越来越大，而采煤工作面通常只需维护一定的工作空间进行采煤作业，多余的部分要依次废弃，采煤后废弃的空间称为采空区，又称“老塘”。

(四)采煤工艺

采煤工作面内各工序所用方法、设备及其在时间和空间上的配合方式称为采煤工艺或回采工艺。在一定时间内，按照一定顺序完成回采工作各项工序的过程称为回采工艺过程。回采工艺过程包括破煤、装煤、运煤、支护和采空区处理等主要工序。

(五)采煤系统

采煤系统是指采区内的巷道布置方式、掘进和回采工作的安排顺序，以及由此建立的采区运输、通风、供电、排水等生产系统。其中包括为形成完整采煤系统需要掘进的一系列的准备巷道和回采巷道，以及需要安装的设备和配置的设施等。

(六) 采煤方法

采煤方法是采煤工艺和巷道布置在时间、空间上的相互配合方式。根据不同的矿山地质及开采技术条件，可由不同的采煤工艺和巷道布置相配合，从而构成多种采煤方法。

二、采煤方法分类

我国煤炭资源分布广，赋存条件各异，开采地质条件复杂多样，形成了多样化的采煤方法。

煤炭开采方法总体上可分为露天开采和地下开采两种方式。

露天开采是煤层上覆岩层厚度不大，直接剥离煤层上覆岩层后进行煤炭开采的采煤方法；地下开采是从地面开掘井筒（硐）到地下，通过在地下煤岩层中开掘井巷，布置采场采出煤炭的开采方式。我国的煤炭资源主要采用地下开采的方法，然而地下开采的采煤方法种类也很多，通常按采场布置特征不同，将地下采煤方法分为壁式体系和柱式体系两大类。

(一) 按巷道系统构成情况分类

1. 壁式体系采煤法

壁式体系采煤法以具有较长的工作面长度为其基本特征，一般为 100 ~ 300 m。每个工作面两端必须有一个安全出口，一端出口为回风巷，用来回风及运送材料；另一端出口为运输巷，用来进风及运煤。在工作面内安设采煤机械设备和支架，随着煤炭被采出，工作面不断向前移动，并始终保持一条直线。

壁式体系采煤法可以保证新鲜风流畅通，机械操作方便，工作安全可靠，工作面生产能力高，工作面的煤炭采出率高。

壁式采煤法根据煤层厚度不同，可分为整层开采与分层开采。若一次开采煤层全厚时，称单一长壁式采煤法；将厚煤层划分为若干分层后依次开采时，称分层长壁式采煤法。根据采煤工作面长度以及矿压显现特征的不同，又分为长壁式采煤法和短壁式采煤法两种。若长壁工作面沿煤层倾向布置、沿走向推进的称为走向长壁采煤法；若长壁工作面沿煤层走向布置，沿倾斜方向推进的称为倾斜长壁采煤法。工作面向上推进时叫仰斜开采，工作面向下推进时叫俯斜开采，工作面还可以沿伪倾斜布置。

2. 柱式体系采煤法

柱式体系采煤法可分为房式、房柱式及巷柱式三种类型。房式及房柱式采煤的实质是在煤层中开掘一系列煤房，煤房之间以联络巷相通。回采在煤房中进行，煤柱可留下不采或等煤房采完后再采。如果先采煤房，后回收煤柱（或部分回收煤柱），称为房柱式采煤法；若只采煤房，不回收煤柱，则称为房式采煤法。

巷柱式采煤方法是在采区内开掘大量巷道，将煤层切割成6 m×6 m～20 m×20 m的方形煤柱，然后有计划地回采这些煤柱，采空处的顶板任其自行垮落。

柱式采煤方法需要掘进大量的煤巷，采煤工作面不支护或极少支护，与壁式采煤方法相比，巷道掘进率高、产煤量少、劳动生产率低、通风条件差、安全条件差、煤炭损失多。

（二）按采煤工艺方式分类

1. 炮采法

回采工作面采用爆破落煤、人工（或机械）装煤、输送机运煤、摩擦式金属支柱（或木支柱、单体液压支柱）支护顶板、冒落（或充填）法处理采空区时，以爆破落煤为主要特征，称为“炮采”。炮采工作面的工人劳动强度大、生产效率低、安全条件差，一般适用于小型或不具备机械化采煤条件的矿井。

2. 机械化采煤法

回采工作面采用单滚筒采煤机（或刨煤机）落煤、可弯曲刮板输送机运煤、摩擦式金属支柱（或木支柱、单体液压支柱）支护顶板、冒落（或充填）法处理采空区时，以机械落煤、装煤和运煤为主要特征，称为机械化采煤，简称为“普采”。普采工作面的主要工序实现了机械化，减轻了工人的劳动强度，但顶板支护及采空区处理还要人工操作，此种方法已逐渐被淘汰。

3. 综合机械化采煤法

回采工作面采用双滚筒采煤机落煤和装煤、可弯曲刮板输送机运煤、自移式液压支架支护顶板，全部工序实现了机械化，称为综合机械化采煤，简称“综采”。综采与炮采、普采相比具有以下优点。

(1) 大大减轻了工人的劳动强度。

(2) 使用液压支架管理顶板，工人在支架保护下进行操作，大大减少了冒顶事故。

(3) 提高了生产能力和生产效率，使生产更加集中。

(4) 降低了材料消耗和生产成本。

4. 水力采煤法

用高压泵输出的高压水通过水枪射出，形成高压水射流，在回采工作面直接破落煤体，并利用水力完成运输和提升的方法，称为水力采煤法，简称“水采”。水采因受到一定条件的限制，目前应用较少。

三、采煤关键技术

深矿井开采的关键技术是煤层开采的矿压控制、冲击地压防治、瓦斯和热害治理及深井通风、井巷布置等。需要攻关研究的是深井围岩状态和应力场及分布状态的特征；深井作业场所工作环境的变化；深井巷道（特别是软岩巷道）快速掘进与支护技术与装备；深井冲击地压防治技术与监测监控技术；深矿井高产高效开采有关配套技术；深矿井开采热害治理技术与装备。

四、围岩采矿法

（1）研究坚硬顶板与破碎顶板条件下应用高技术低成本岩层控制技术。目前，由于应用高压注水、深孔预裂爆破处理坚硬顶板和化学加固技术存在工艺复杂、成本高的问题，因而需进一步研究开发新技术、新工艺、新材料来解决这些问题。

（2）以科学合理、优化高效的岩层控制技术来保证开采活动的安全、高效、低成本为目标，深入总结我国几十年的矿山压力研究成果，以理论分析（解析法）、现代数学力学（统计分析预测、数值法）和实测法相结合运用先进的计算机技术，深入研究各种煤层地质及开采条件。

（3）研究开发新型的支护设备。研究硬煤层、硬顶板放顶煤液压支架，完善液压支架性能和快速移架系统，开发耐炮崩、轻型化单体液压支柱和厚煤层巷道锚索和可伸缩锚杆。

（4）冲击地压的预测和防治。通过计算机模拟研究冲击性矿压显现的发生机制，进一步完善冲击性矿压显现监测系统，发展遥控测量和预报技术，完善冲击性矿压综合防治措施优化选择专家系统。

（5）支护质量与顶板动态监测技术。在总结缓倾斜中厚长壁工作面开展支护质量与顶板动态监测方面，应进一步在坚硬顶板、破碎顶板、急倾斜、放顶煤工作面开展支护质量与顶板动态监测，同时应不断完善现有的监测技术，发展智能化监测系统，改进监测仪表，使监测仪表向直观、轻便、小型化方向发展。

（6）放顶煤开采岩层和支架－围岩相互作用机制。研究放顶煤开采力学模型、围岩应力、顶煤破碎机制、支架－顶煤－直接顶－基本顶相互作用关系。运用离散元等方法研究顶煤放落规律，提出放煤优化准则和提高顶煤回收率的途径。

五、减少矸石排放，优化巷道布置

改进、完善现有采煤方法和开采布置，以实现开采效益最大化为目标，研究开发煤矿地质条件开采巷道布置及工艺技术评价体系专家系统，实现开采方法、开采布置与煤层地质条件的最优匹配。实行全煤巷布置单一煤层开采，矸石基本不运出地面，生产系统大大简化，分别实现无轨胶轮车、单轨吊辅助运输一条龙。从井口直达工作面，在实现了综采与综掘同步发展，生产效率大幅提高的同时，重点研究高产高效矿井开拓部署与巷道布置系统的优化，简化巷道布置，优化采区及工作面参数，研究单一煤层集中开拓、集中准备、集中回采的关键技术，大幅降低岩巷掘进率，多开煤巷，减少出矸率。研究矸石在井下直接处理、作为充填材料的技术，既是减少污染的一项有力措施，又简化了生产系统，有利于高产高效集中化开采，应加紧研究。

六、井下急倾斜煤层采煤方法

(一) 急倾斜煤层开采的主要特点

(1) 急倾斜煤层的构造复杂，断层多，煤层厚度变化较大，开采煤层的赋存条件普遍较差、储量少、开采困难、采煤工作面生产能力小。因此，开采急倾斜煤层的矿井多数是中、小型矿井。

(2) 急倾斜煤层的倾角大，采煤工作面采下的煤能自动下滑，从而简化了工作面的装运工作，但下滑的煤和矸石容易冲倒支架，砸伤人员。急倾斜煤层和围岩的节理发育，初次来压和周期来压均不明显，容易发生无预兆的大面积突破冒顶垮落，造成顶板事故，给生产带来不安全因素。因此，生产的不安全因素多，安全性差。

(3) 急倾斜煤层顶板压力垂直作用于支架或煤柱上的分力比缓倾斜煤层小，而沿倾斜作用的分力大，煤层开采后，煤层顶、底板都有可能沿倾斜方向滑动垮落，支架稳定性差，易发生扭曲与倾倒。因而工作面支护工作的难度大。

(二) 急倾斜煤层开采技术存在的问题

总的来说，目前我国急倾斜煤层开采方法中不同程度地存在许多问题，这些问题主要表现在以下几个方面。

(1) 煤炭损失率高。主要存在于那些采落的煤炭与采空区冒落矸石无隔离设施的采煤方法，如斜坡式、小分段爆破、水力采煤、仓储式等。这些采煤方法的煤炭损失率有的高达 40% ~ 50%，与此同时，生产的煤炭往往有较高的含矸率。煤炭损失率高，不但给煤炭自燃创造了条件，而且浪费资源，缩短了矿井的寿命。

(2) 巷道掘进率高。这些问题主要表现在斜坡式、小分段式爆破和沿倾斜推进的掩护支架等采煤方法中。运用这些采煤方法开采的过程中，有相当大的一部分巷道是在支承压力带内掘进和维护的，维护这些巷道的工作量很大。掘进率高，增加了巷道掘进维护的费用，影响工作面的接替，给通风管理工作造成了困扰。

(3) 通风条件差。这一问题，大部分急倾斜煤层采煤方法都不同程度地存在，而斜坡式、小分段式爆破、仓储式和长孔爆破采煤法尤其严重。这些采煤方法中，通风系统复杂，有的采煤工作面为独头通风，工作面风流中，煤尘和瓦斯的含量较高，对工人的健康和安全危害较大。

(4) 工人劳动强度大。这是所有急倾斜煤层采煤方法共同的特点，由于煤层赋存条件的限制，急倾斜煤层中大部分巷道和工作面坡度大、空间小，工人在工作面落煤、支护、运料、行走都十分困难，劳动强度大。

(5) 开采效益差。与倾斜或近水平煤层比较，急倾斜煤层的开采不仅单产低、工效低，而且成本高、煤质差，因此，这类急倾斜煤层矿井规模小、效益差。

(三) 急倾斜煤层采煤方法的分析

1. 合理划分采区，加大采区尺寸尺量，加大采区的煤炭储量

划分采区时，根据生产设备及回采工艺的要求，避免人为地划分采区边界，适当加大采区的走向长度，加大阶段垂高。

2. 优化回采工艺，提高生产效率

目前我国急倾斜煤层开采工艺相对比较落后，绝大多数矿井采用炮采工艺和风镐落煤工艺，工人劳动强度大，安全状况也比较差。优化回采工艺最主要的就是提高回采机械化程度。要提高矿井开采的机械化程度，可以从局部机械化和全局机械化两个方面来考虑。局部机械化指的是从支护方式、落煤方式以及运输方式几个方面单独考虑改进方法，以提高煤矿井这几个方面的机械化程度。全局机械化是采用综合机械化采煤方式，从破煤、装煤、运煤以及支护四个方面来实现机械化。

在一定的条件下，对开采技术条件进行评价，寻求最适宜的采煤方法，并且通过对工作面开采工艺、设备及系统配置的分析，采取改造系统的薄弱环节、完善工艺系统和开采技术等措施来有效地提高工作面单产。例，加大采区走向长度，改进回采工艺，合理确定采煤工作面的支护方式等。在通常情况下，急倾斜煤层采区的走向长度比较小，可采储量少，只能满足几个月的正常生产，造成采面搬迁频繁，而且需要留设大量的保护煤柱，影响资源回收率。这不仅影响矿井的正常生产，增加无效工时，也造成了资源浪费，降低了工作面设备的使用效率，影响机械化程度的提高。在生产过程中，根据矿井地质条件的变化，加大采区走向长度，不仅可以增加采区储量和服务年限，减少工作面搬迁次数，而且能减少区间煤柱的损失，减少准备巷道的掘进工程量，进而增大采区生产有效工时比率。加大采区的走向长度，还可以增加采区同时开采的工作面个数，能提高采区的生产能力，有利于采区和矿

井的集中生产。

3. 改进巷道布置，优化生产系统

选择巷道布置方式时，首先要满足安全生产的要求，保证每个采区、回采工作面均至少有 2 个安全出口，实现工作面全负压通风。其次巷道布置方式要与采煤方法一致，同回采工艺结合，充分考虑水平巷道、倾斜巷道各自的优缺点，尽量不采用垂直巷道，提出系统简单、布置合理的回采巷道。

七、建筑物下采煤方法

（一）建筑物下采煤的意义

中华人民共和国成立以后，在党和政府的领导下，我国进行了地表移动和变形的观测与研究工作，为开展建筑物下采煤奠定了基础。1958 年，我国先后在峰峰矿务局四矿和村纱厂下、开滦矿务局唐家庄矿劳动工村下进行了开采建筑物保护煤柱的尝试，由于当时仅做了观测工作，而未采取采矿措施和建筑物保护措施，使建筑物遭到了破坏。

（二）建筑物下压煤开采的条件

我们已经知道，我国有不少矿区在建筑物下进行了采煤。通过这些建筑物下采煤的实践，我们得到了以下几点认识。

（1）在同一个地表移动盆地内，不同位置的地表移动与变形值的大小是不同的。

（2）建筑物下压煤的埋藏深度，达到了安全开采的深度，移动盆地地表变形值都小于建筑物最大允许变形值，所有建筑物都不会受到开采的破坏影响。

（3）在井下采取某些开采措施，如采用充填法管理顶板、条带法开采、长工作面开采等，可以减小地表移动全盆地的下沉值和各种变形值，或减小建筑物所在位置的各种地表变形值，使建筑物免受开采的破坏影响，或者只发生容易修复的破坏。

（4）对建筑物采取加固和切割变形缝等保护措施，可以增强建筑物抵抗地表变形的能力，或提高建筑物适应地表变形的能力，或减小地表改变传递给建筑物的附加力，使建筑物免受开采的破坏影响，或发生可以修复的破坏。

基于我们对建筑物下采煤的认识，根据既要充分开采地下煤炭资源，又要保护地面建筑物安全使用，以及经济上合理的原则，建筑物下压煤具备下列条件之一的，是可以而且应该进行开采的。

（1）预计的建筑物所在位置地表变形值小于建筑物最大允许变形值，或建筑物破坏程度属于一级的。

(2) 预计的建筑物所在位置地表变形值大于建筑物最大允许变形值，但采取经济上合理的井下开采措施和建筑物加固保护措施后，能满足建筑物安全正常使用要求的。

(3) 如果地表潜水位较高、预计地表下沉后，移动盆地积水，但经采取技术上可行、经济上合理的充填法管理顶板或条带开采措施，能减小地表下沉，免除移动盆地积水，并能满足建筑物安全正常使用要求的。

(4) 预计的建筑物所在位置地表变形值大于建筑物最大允许变形值，采取技术措施在经济上不合理，但能够实现就地维修，并且对大片建筑群来讲，受开采影响后，大部分建筑物（70% ~ 80%）不修或小修，小部分建筑物（20% ~ 30%）经中修或大修后，能满足建筑物安全正常使用要求的。

（三）怎样分析建筑物压煤能否开采

分析建筑物压煤是否具备开采条件，应该按以下步骤进行。

1. 收集有关基础资料

(1) 地质开采技术条件。煤层的层数、层间距、厚度、倾角、埋藏深度、开采范围和压煤量、上覆岩层性质、地质构造、地表下面潜水位、现有的开采方法、巷道布置、生产系统、邻区开采情况，以及井上下对照图。

(2) 建筑物概况。建筑物面积、尺寸、层数和结构特征、建筑时间和现有状况、使用要求、周围地形情况；松散层的厚度和地基土壤的工程地质及水文地质参数；建筑物原设计的有关资料，以及建筑物的施工图和竣工图。

(3) 主要管线和重要设备的技术特征、技术要求及其支撑或基础埋置方式。

(4) 有关的地表移动参数。

2. 预计地表移动与变形值和建筑物破坏程度

根据地质开采条件和地表移动参数等基础资料，进行地表移动与变形预计，求出建筑物所在位置的地表下沉、倾斜、曲率和水平变形值。

再根据预计的建筑物所在位置地表下沉和三种变形值，分析和估计采煤以后建筑物将要受到破坏影响的程度。

3. 选择技术上可行、经济上合理的保护措施

如果预计的建筑物破坏程度在二级以上或移动盆地积水时，就要选择本矿技术条件下能够采取的经济上合理的地下开采措施或地面建筑物加固保护措施。

如果选择了地下开采措施，还应根据采取措施后的开采条件，再预计开采后的建筑物所在位置地表移动与变形值和建筑物破坏程度。

4. 判定建筑物压煤是开采，还是留煤柱

对于不需要采取措施的、或无条件采取措施的、或采取措施在经济上不合算的建筑物，如果预计的破坏程度符合上述开采条件的第1条或第4条时，就可以确定能在建筑物下采煤。

对于采取井下和地面保护措施的建筑物，如果采煤后，建筑物能满足上述开采条件第2条或第3条时，就可以确定能在建筑物下采煤。

不能在建筑物下采煤时，首先要考虑暂时改变建筑物用途（或暂时停止使用）或搬迁建筑物进行采煤。

如果不能在建筑物下采煤，也不能暂时改变建筑物用途或搬迁建筑物后采煤，就要留设建筑物保护煤柱。

第二节　长壁工作面综合机械化采煤工艺

综合机械化采煤，简称“综采”，指在长壁工作面用机械方式破煤和装煤、输送机运煤和液压支架支护顶板的采煤工艺。综采工作面配备的主要设备有双滚筒采煤机、可弯曲刮板输送机和自移式液压支架。

综采工作面使用的液压支架有支撑式、掩护式和支撑掩护式三种。

支撑式自移式液压支架。它由前梁1、顶梁2、支柱3、底座4、推移千斤顶5等主要部件组成。支柱与顶梁相连接起支撑作用，后部无掩护梁。支撑式液压支架的支撑力集中在支架后部，挡矸性能不好，对直接顶完整、基本顶来压强烈的坚硬顶板比较适应，不适用于中等稳定以下的顶板。

掩护式自移式液压支架。其特点是支柱与掩护梁连接，底座与掩护梁四连杆连接。这类支架挡矸性能良好，但其支撑力主要集中在支架前部。其对基本顶来压强烈的顶板适应性差，宜在直接顶破碎而基本顶来压不明显的条件下使用。

支撑掩护式自移式液压支架。它的支柱与顶梁连接以支撑顶板，具有支撑式的特点，而顶梁后又有掩护梁，掩护梁通过四连杆与底座连接，又具有掩护式支架的特点。这类支架的适应性比较强，能适用于直接顶破碎又有基本顶来压的采煤工作面。

自移式液压支架以液压为动力，可使支架升起支撑顶板或下降卸载。通过推移千斤顶将工作面刮板输送机与支架相连接，相互作为支点；通过推移千斤顶的伸、缩向前推移刮板输送机、拉移液压支架。具体过程为采煤机采煤后，支架不动，千斤顶伸出，可将输送机推向煤壁，输送机不动时，所需移动支架的支柱卸载，推移千斤顶收缩，就可拉动支架前移。

综采工作面采煤机的割煤方式是综合考虑顶板管理、移架与进刀方式、端头支护等因素确定的，采煤机割煤方式有单向割煤和双向割煤两种。

采煤机单向割煤，往返一次进一刀。采煤机由一端向另一端割煤，在采煤机后2～3架支架位置，紧随采煤机移架，到另一端后，反向清理浮煤，滞后采煤机20～25m推移刮板输送机，采煤机沿工作面往返一次前进一个截深。

采煤机双向割煤，往返一次进两刀，采煤机由一端向另一端割煤、清理浮煤、装煤，在采煤机后2～3架支架位置，紧随采煤机移架，滞后采煤机15m左右推移刮板输送机，到工作面另一端后，采煤机在端头完成进刀后，反向重复上述过程，采煤机沿工作面往返一次前进两个截深。

我国综采工作面采煤机常用斜切式进刀方式。典型的综采工作面端部斜切式进刀工艺过程为：

（1）采煤机割煤至端头后，调换滚筒位置，前滚筒下降，后滚筒上升，反向沿输送机弯曲段割入煤壁，直至完全进入直线段。

（2）采煤机停止运行，等工作面进刀段推输送机及端头作业完毕后调换滚筒位置，前滚筒上升，后滚筒下降，反向割三角煤至端头。

（3）调换筒位置，前滚筒下降，后滚筒上升，清理进刀段浮煤，并开始正常割煤。

综合机械化采煤工艺，将作业工序简化为采煤机割煤（包括破煤和装煤）、移架（包括支护和放顶）和推移刮板输送机三道工序。

综合机械化采煤工艺机械化程度高，产量高，工作面效率高，工人劳动强度小，安全状况好，是我国机械化采煤工艺的主要技术手段。

第三节　放顶煤采煤工艺

放顶煤采煤法主要针对的是厚煤层，在分段底部或者沿煤层布置一个采高2～3 m的长壁工作面。在采煤过程中运用综合机械化工艺进行回采，同时辅以人工松动，在矿山压力的作用下确保顶煤破碎后散体从支架上方或者后方放出，同时进行回收。当采煤机实施割煤工作后，液压支架需要及时支护并移到新的位置，进而推移工作面前部输送机至煤帮。这样，通过后部运输机的专用千斤顶操作就可以使得后部运输机相应前移。最后，经过1～3刀后，放煤窗口打开即可放出松散的煤炭，进而完成放顶煤采煤法的工艺循环。

放顶煤采煤工艺将工作面分为两个部分，前半部分进行割煤工作，后半部分进行放煤工作，二者互不干扰，使得空间和工作时间得到有效利用，采煤产量也有效提高。例如，某采煤工作面长度为 120 ~ 150 m，每次放煤时间在 5 min 左右，总时间在 7 h 左右。如果每次的放煤任务无法及时完成，将会影响整体采煤速度。而如果将单人单口放煤换为双人双口，实行“两刀一放”，日产煤量将会突破 3000 t，平均功效则为 45 t 左右 / 天 / 人，平均月进度则为 100 ~ 200 m。而且，放顶煤采煤工艺在最大限度上使掘进工程量得到减小，有效缓和了采掘关系。所以，放顶煤采煤工艺有着高效性的优势。

与普通采煤工艺相比，放顶煤采煤工艺多出了一道放煤的程序，进而使得出煤量增加，工作推进放缓。无论是对于瓦斯事故的预防还是防尘防火都有着重要意义。这就实现了放顶煤采煤工艺的安全施工。我国煤矿安全问题一直以来都深受重视，一旦发生煤矿事故，除了煤矿掘进工作停滞、经济损失以外，人员伤亡也会发生。尤其在大多数厚煤层中，自然发火的危险系数相当高，放顶煤采煤工艺对其有着良好的预防作用。例如，在放顶煤采煤工艺开采过程中，广泛应用了及时封闭采空区、黄泥灌浆、喷射阻化剂、束管监测系统以及氮气防火等全新防火技术。

一、放顶煤采煤法的分类

（一）整层开采放顶煤采煤法

沿底板布置一个放顶工作面采煤并回收顶煤。优点：回采巷道掘进量及维护量少；工作面设备少；采区运输、通风系统简单；实现了集中生产；顶煤在矿山压力作用下易于回收。缺点：煤质较软时，工作面运输及回风巷维护困难。

（二）分段放顶煤采煤法

当煤层厚度超过 20 m 乃至几十米、上百米时，一般可以将特厚煤层分为 10 ~ 12 m 的若干分段。上下分段前后保持一定距离，同时采两个分段，或者逐段下行回采。采用这种方法时，可以在第一个放顶煤工作面进行铺网，使以后各分段放顶煤工作都在网下进行，以提高煤的采出率和减少煤的含矸率。

（三）大采高综放采煤法

大采高综放采煤法是大采高综采技术和综放开采的综合技术，割煤高度为 3.5 ~ 5.0 m，采放比为 1 : 3 左右，应用大功率电牵引采煤机、大工作阻力放顶煤液压支架、大运量前后部刮板输送机等成套装备，实现 14 ~ 20 m 特厚煤层的整层开采，工作面生产能力可实现年产 10 Mt 以上。大同塔山煤矿设计生产能力为

15 Mt/a，煤层厚度为 12.63 ~ 20.2 m，平均 16.87 m，埋深 418 ~ 522 m，煤层硬度为 2.7 ~ 3.7。采用大采高综放开采，下部布置 4.5 ~ 5 m 的大采高综采工作面，剩余煤层通过放顶煤采出，平均月产 90.75wt，工作面采出率约为 88.9%。

二、放顶煤工艺

放顶煤的采煤工艺具体包含工作面、采煤机、支架、放顶煤、三机配合等工作方式，综采放顶煤的采煤设计主要是确定与选择放顶煤方式与步距。顶煤开采的放顶煤方式与步距对煤炭采出率、工作面生产有直接影响。因此，在放顶煤生产中，必须结合需要开采煤层的性质、厚度与支护设备等相关因素进行综合分析与比较，这样才能确立放顶煤开采方式与步距，从而提高采煤经济效益与工作效率。

(一) 放顶煤开采方式

1. 倾斜煤层的放顶煤开采

在一次采全厚放顶煤中，是沿着煤层底板布置综采工作面，一次性全部采出全厚度煤层。在一次采全厚综采放顶煤中，适用的厚度在 12 ~ 14 m 的倾斜厚煤层；而简易的放顶煤一次采全厚，厚度一般控制在 6 ~ 8 m。

将煤层分成两个分层，并沿着煤层顶板采 2 ~ 3m 的顶分层长壁。铺网结束后，沿着煤层底板设置放煤工作面，直接将放煤从工作面放出，主要用于厚度为 12 ~ 14 m，瓦斯含量高，并且需要事先抽放的煤层。部分矿井已经使用过顶分层并且发展成放顶煤，也属于这种方法。

当煤层厚度大于 20m 时，会将煤层分成多个段落，并且面向底板从顶板实施放煤开采，同时让后续放顶煤都能工作于网下。

2. 急倾斜放顶煤层的开采形式

对于急倾斜的厚煤层，使用最多的是斜切分层与水平分层开采，分层厚度为 10 ~ 15 m，工作面倾斜角为 30°~250°，除了要做好防滑调装工作，还必须从源头上做好端头支护。

(二) 放顶煤的优越性与适用条件

1. 放顶煤的优越性

厚层煤炭是放顶煤开采的主要对象，在开采期间会沿着一个高度为 2 ~ 3 m 的工作面进行布置，在回采期间综合使用机械运作，然后再借助松动爆破与矿山压力击碎顶煤，同时自放煤窗口流出，再借助刮板运输机将煤输送到工作面。从整体来看，放顶煤开采的优势在于：

第一，产量高。在放顶煤工作中，两个工作面会一起作业，以完成放、采平行作业，出煤点一起作用在工作面，在两采一面的情况下，也极大地提高工作效率与单产率。

第二，减少了巷道掘进。在采煤期间，利用整采整开的形式，以达到有效控制煤层的目的，从而避免过多的回采巷道，缓解采掘紧张等问题，从而改善巷道维护，控制回采巷道与巷道掘进的维护资费。

第三，应用范围广。使用放顶煤工艺的工作面通常是结合煤层底板设置的，这样避免了煤层厚度影响，让顶煤能有效替代单一煤层易冒落、难辨别带来的直接顶与伪顶，也维护了工作面的上方空顶。

第四，减少了工作面的搬家次数。一个使用放顶煤开采的工作面开采和 2 ~ 3 个的分层开采程度类似，也减小了工作面搬家次数。

第五，能节省材料与电能。开采工艺工作面通常是在地压、落煤、自身重力等因素下进行，所以开采所需的成本消耗和分层相比，能很好地控制金属网、电耗、油脂、坑木等成本，最大限度地提高经济效益。

2. 放顶煤采煤的条件

在煤层厚度上，通常将放顶煤采放比控制在 1 ~ 2 与 2 ~ 4，增减可以结合煤层开放性进行变化，假定采高在 2.5 ~ 3 m，放高就应该控制在 6 ~ 12 m，厚度最好在 7 ~ 15 m。在煤层可放性上，硬度一直是影响煤层的关键因素，表征参数通过煤层夹矸状态与节理发育进行衡量。从普氏分级可以看到，最好将煤层硬度控制在 3 以下，在人为工作后将硬度减小到 3 以下，如借助高压注水与预裂爆破等方法进行。

针对放顶煤开采，倾角越小越能帮助工作面管理与生产，所以煤层倾斜角越小越好。在煤层开采中顶板不是一层不变，充填高度必须超过采放高度，同时结合放顶步距做好放顶工作。由于底板岩性很大，所以要做好采煤机割底工作。

（三）放顶煤采煤工艺

1. 采煤机割煤

当前在放顶煤采煤工艺中，应用最多的是双滚筒采煤机，采用斜切进度形式对全场煤体实施切割。在这期间，采高控制在 2.4 ~ 3 m，截深控制在 0.5 ~ 0.8 m，采煤机采煤由后滚筒螺旋片、煤板、前输送机构成。采煤机割煤的工作流程是：首先对采煤机实施割煤工作，在左右滚筒相互配合的同时，一个割顶煤，一个割底煤。综采工作面的刮板机头主要负责煤壁，然后再将右滚筒割底煤，反向则割掉机身顶端的煤。开采时，煤层倾斜角如果较大，为了避免开采设备没有下滑的情况，工作人员最好使用单向割煤的形式，这样才能保障割煤工作从上到下实施，让端头从后向上实施装煤和运输机推移工作。

与单一中厚煤层一样，采煤机可以从工作面端部或中部斜切进刀，距滚筒12 ~ 15 m处推移输送机，完成一个综采循环。根据顶煤放落的难易程度，放顶煤工作在完成一个或多个综采循环以后进行。

2. 移架

工作人员在综采放顶煤采煤期间，应用较多的是及时支护，这样才能确保端面顶煤的稳定性。工作人员在设计放顶煤液压支架时，才能有效控制探梁与护帮板。采煤机落实割煤工作后，必须快速伸出探梁支护暴露顶煤。采煤机一旦经过，就需要移架，这样才能回收已经伸缩的前梁，借助护帮板保护煤壁。

3. 前部输送机的推移

移架工作顺利结束后，相关人员必须将其移动到输送机前。假定一次性将输送机推移到位，必须在和采煤机相距15 m的区域设置输送机推移工作。假定使用的是多架配合，在分段推移中，工作者可以在采煤机后面5 m的区域推移该输送机，这样才能确保推送距离低于30 cm，2 ~ 3次的推送后再送到煤壁。另外，还必须确保输送机弯曲部分超过15 m，并且推动之后的输送机以直线的状态呈现，不存在任何急转弯的情况。

4. 输送机移后

当工作者按照要求推移输送机之后，就必须利用当前操作移动千斤顶，将后续的输送机移动到规定区域内部。操作者在移动输送机时，必须注意溜槽与邻架间的部位，这样才能避免错槽与掉链等问题，以确保相关人员的作业安全。

5. 放顶煤

在整个工作中，放顶煤是一项综合性很强的工作，煤矿企业必须正视，同时安排专业人员进行开采。先调查顶煤破碎与厚度，然后再结合支架类别、放煤口位置与放顶煤步距进行。工作者要依次注意顶煤次序，这样才能在放顶煤开始后，依照顺序依次放煤。若采煤期间顶煤厚度较大，就必须通过隔组轮换的形式放煤。

放顶煤工作多从下部向上部，也可以从上部向下部，逐架或隔一架、隔数架依次进行。一般放顶煤沿工作面全长一次进行完毕即完成一轮放煤，如顶煤较厚，也可以两轮或多轮放完。在放煤过程中，当放煤口出现矸石时，应关闭放煤口，停止放煤，减少混矸率。

(四) 放顶煤的安全保障

对于瓦斯较高的矿井，工作面瓦斯的涌出会随着开采逐渐增加，本层或者邻层抽放，采空抽放、增强局部与抽排风量是较为理想的解决措施。对于容易聚集的瓦斯的区域，必须增加排风量，做好监察工作。

对于煤炭自燃的情况，均压法是避免煤炭自燃的措施之一，效果受均压状态影响。之前调整均压的方式是人工测定，该方法速度较慢，并且精度不够。在科学技术不断更新的当下，传感与计算机技术出现，并且已经成功研制出均压通风自动监测系统，该系统借助传感器与计算机，用图像、图表等方式反映重要参数。

经常见到的防灭材料有黄泥浆、料石、水、砖等。在科学技术不断进步的今天，凝胶材料克服了传统材料容易干裂、渗漏等问题，也提高了防灭效果。

三、放顶煤采煤法的优点、适用条件及应注意的问题

1. 放顶煤采煤法的优点

(1) 在工作面采高不增大的情况下，可大大增加一次开采的厚度，用于特厚煤层的开采。

(2) 简化巷道布置，减少巷道掘进工作量。

(3) 提高采煤工效。

(4) 降低吨煤生产费用。

2. 放顶煤采煤法适用条件

(1) 煤层厚度为 5 ~ 20 m 或更厚的煤层。

(2) 煤层倾角由缓斜到倾斜或急倾斜。

(3) 煤层冒放性较好，冒落块度不大。

(4) 煤层顶板容易垮落。

3. 放顶煤采煤法应注意的问题

(1) 应采取措施提高煤炭采出率。

(2) 防止煤自燃和瓦斯爆炸事故的发生。

(3) 继续完善控制顶煤下放的技术措施。

四、放顶煤工作面的初采和未采放煤工艺

(一) 初采、初放

推行放顶煤开采的初期，为避免顶板垮落对采煤工作面的威胁，一般采取初采时推进 10 ~ 20 m 不放顶煤，但这种措施的意义并不大。在大多数综放工作面，推出开切巷后进行及时放煤，而因采煤工作面顶板的结构和顶煤的性质，放煤效果不好。为减小初次放顶煤步距，一般采用切顶巷和深孔爆破技术提高初采放出率。切顶巷技术是减少初采期间顶煤垮落步距和提高初采回收率的方法。在工作面开采前，在

切眼外上侧沿顶板开掘一条与切眼平行的辅助巷道，即切顶巷在巷道的一边打眼爆破，扩大切顶效果。有的煤矿利用切顶巷技术解决了厚煤层放顶煤工作面初次来压步距大、压力集中、顶煤冒落不充分、丢煤严重、工作面采出率低等问题，在工作面推过切顶巷时顶煤全部垮落，没有切顶巷的放顶煤工作面，采出 24m 后顶煤才全部冒落。

(二) 末采与顶板管理

在推广应用放顶煤开采初期，一般在工作面结束前 24m 铺双层金属网停止放煤，或使沿底板布置的工作面向上爬坡至顶板时结束，这就造成了大量煤炭损失。在综放开采的实践中，普遍缩小了不放顶煤的范围，工作面结束前 10m 左右才停止放顶煤并开始铺设顶网。停止放顶煤位置确定要解决好两个问题：保证撤架空间处在稳定的顶板条件下，即选择合理的停采线位置；同时，要有效避免采空区后方矸石窜入工作面，即矸石应能够压住金属网。如顶板条件好不铺网时，要在综放设备允许的爬坡范围内尽可能加大爬坡坡度，减少不放煤的范围。到停采线时，把支架基本贴近顶板，把垮落的煤体变为底板上的煤。

五、放煤步距

综放工作面循环的标志，一般是以工作面全部完成一次放煤过程为一个循环。放煤步距是指相邻两循环之间综放工作面向前推进的距离，也称循环放煤步距。合理地选择放煤步距，对提高采出率、降低含矸率十分重要。放煤步距与顶煤厚度、煤层基本性质、煤体破碎特征、松散程度及放煤口的位置有关，合理的放煤步距能使顶煤上方的矸石与采空区冒落的矸石同时到达放煤口，这样才能最大限度地提高工作面的放出率。

六、放煤方式

综采放顶煤工作面每个放顶煤液压支架均有一个放煤口，放煤口可分为连续放煤口和不连续放煤口两类，其中低位放顶煤支架为连续放煤口，中、高位放顶煤支架为不连续放煤口。放煤方式的选择不仅对工作面煤炭采出率、含矸率影响较大，同时还会影响总的放煤速度、能否正规循环地完成及工作面能否高产。放煤方式按放煤轮次不同，可分为单轮放煤和多轮放煤。打开放煤口，一次将能放出的顶煤全部放完的称单轮放煤，每架支架的放煤口需打开若干次才能将顶煤放完的称多轮放煤。放煤方式按放煤顺序不同，可分为顺序放煤和间隔放煤，顺序放煤是指按支架排列顺序（1，2，3…）依次打开放煤口的方式；间隔放煤是指按支架排列顺序每隔

1架或几架（如1，3，5…或1，4，7…）依次打开放煤口，无论是顺序放煤还是间隔放煤都可以采用单轮或多轮放煤，我国常用的放煤方式主要是单轮顺序放煤、多轮顺序放煤及单轮间隔放煤。

（一）单轮顺序放煤

单轮顺序放煤是一种常见的放煤方式，从端头处可以放煤的1号支架开始放煤，一直放到放煤口见矸，顶煤放完后关闭放煤口，再打开2号支架放煤口，2号支架放完后再打开3号支架放煤口，直到最后支架放完煤为一轮。这种放煤方式的优点是操作简单，工人容易掌握，放煤速度也较快，放煤时，坚持“见矸关门”的原则，但并不是见到个别矸石就关门，只有矸石连续流出，顶煤才算放完。见到矸石连续放出，必须立即关门，否则大量矸石将混入煤中，造成含矸率增加。

（二）多轮顺序放煤

多轮顺序放煤是将放顶煤工作面分成2～3段，段内同时开启相邻两个放煤口，每次放出1/3～1/2的顶煤，按顺序循环放煤，将该段的顶煤全部放完，然后再进行下一段的放煤，或者各段同时进行。多轮顺序放煤的优点是：可减少煤中混矸，提高顶煤回收率。其主要缺点是：每个放煤口必须多次打开才能将顶煤放完，总的放煤速度较慢；每次放出顶煤的1/2或1/3，操作上难以掌握，对于煤层厚度大于10m的工作面采用多轮顺序放煤，混矸率较低，顶煤太厚的工作面移架后中部顶煤冒落破碎情况一般较差，多轮放煤可使上部顶煤逐步松散，有利于放煤。目前，我国高产长壁放顶煤工作面很少使用这种放煤方式。

（三）单轮间隔放煤

单轮间隔放煤是指间隔一架或若干支架打开一个放煤口。每个放煤口一次放完，见矸关门，具体操作时，先顺序放1号，3号，5号，……号支架的煤，相邻两架支架间将形成脊背高度较大、两侧对称、暂放不出的脊背煤，故单号放煤口时，一般不混矸，放完全后或部分单号支架后，再顺序打开2号、4号，6号，……号支架放煤口，放出单号架之间的脊背煤。这是常见的单轮间隔一架的放煤方式，当煤层厚度大于12m时，可采取间隔两架或三架打开放煤口，再放脊背煤的放煤方式。单轮间隔放煤的主要优点是：扩大了放煤间隔，避免矸石窜入放煤口，减少混矸；顶煤放出率高于上述两种放煤方式，采煤工作面的理论采出率接近90%；单轮间隔放煤可实现多口放煤，提高了工作面产量和加快了放煤速度，易于实现高产高效，是一种比较好的放煤方式。

七、端头放煤

工作面端头放顶煤工艺是我国目前尚未完全解决的问题，由于端头支架架型不多，即使有端头支架也有不完善的地方，大多数放顶煤工作面都是用过渡支架或正常放顶煤支架进行端头维护，由于输送机在端头的过渡槽加高，支架放煤后过煤困难，因此在工作面两端一般各留 2 ~ 4 架不放煤，增加了工作面的煤炭损失。

第四节　大采高一次采全厚采煤工艺

大采高一次采全厚采煤法是采用综合机械化开采工艺一次性开采全厚达 3.5 ~ 8.8 m 的长壁采煤法，受工作面装备稳定性限制，用于倾角较小的煤层。

大采高综采技术是我国厚煤层高效开采的重要发展方向。主要发展趋势：采高持续增大，由最初的 3.5 m 到现在的 6.5 ~ 7 m ，神华集团的上湾煤矿采高已经达到 8.8m；大采高综采技术的使用范围进一步扩大，由煤层赋存结构相对简单的西部矿区向结构复杂的东部矿区推广。

一、大采高综采设备要求

大采高综采设备的要求如下。

(1) 采用长摇臂采煤机，并具有足够的卧底量。

(2) 煤机具有调斜功能，以适应工作面地质条件的变化。

(3) 工作面采落煤块度大，采煤机和输送机应有大块煤的机械破碎装备。

(4) 大采高液压支架应具有良好的横向与纵向稳定性和承受偏载的能力；结构和性能应具有较好的防片帮能力，初撑力大、伸缩或折叠式前探梁对端面顶板及时支护；可伸缩护帮板应能平移至顶梁端部以外，且具有足够的护帮面积和护帮阻力。

(5) 大采高工作面矿压显现强烈，支架应具有较大的支护强度和自身强度。

二、煤帮及顶板管理主要措施

煤帮及顶板管理主要措施如下。

(1) 加快推进速度，降低矿压对煤壁影响，防止煤壁片帮。

(2) 带压擦顶移架，减少对顶板的破坏。

(3) 割煤后及时使用伸缩梁和护帮板支护顶帮。

(4) 制定煤壁加固技术应急预案。

(5) 对支架位态实时监测，掌握液压支架工作状态。

(6) 在易片帮、掉顶区域，保证煤机通过高度的前提下适当降低采高，使支架能够支护到煤帮，避免掉顶的矸石从支架前方掉落。

三、评价和适用条件

(一) 评价

与分层综采比，大采高综采工作面产量和效率大幅度提高；回采巷道的掘进量比分层综采法减少了很多，并减少了假顶的铺设；减少了综采设备搬迁次数，节省了搬迁费用；设备投资比分层综采大，但产量大、效益高。与综放开采相比，一次采全高的采出率较高。其缺点是在采高增加后，液压支架、采煤机和输送机的质量都将增大。在传统的矿井辅助运输条件下，装备搬迁和安装都比较困难。另外，工艺过程中防治煤壁片帮，设备防倒、防滑和处理冒顶都有一定难度，对管理水平要求较高。

(二) 适用条件

大采高一次采全厚采煤工艺一般适用于地质构造简单、煤质较硬、赋存稳定、倾角一般小于12°、顶底板稳定或较稳定的厚煤层。

第五节　回采巷道布置

形成采煤工作面及为其服务的巷道叫作回采巷道，主要有开切眼、工作面运输巷、工作面回风巷等。

在针对巷道进行布置的时候，要保证科学性和合理性，这样不仅有利于为煤矿开采作业的顺利实施打下良好基础，而且能够从根本上促使煤矿开采人员的人身安全得到有效保证。在针对煤矿开采过程中的巷道进行布置的时候，要结合实际情况，对近距离煤层的巷道进行科学合理的布置，这样不仅能够为工作人员提供良好环境，让地下工作者可以呼吸到新鲜的空气，而且能够保证煤矿开采工作可以顺利开展。近距离煤层主要是指上下距离相对比较短的煤层，这些煤层还有一个明显的特征，就是临近煤层。通常情况下，在针对煤矿进行具体开采的时候，如果是在上层部位对煤矿进行开采，那么下层的煤层势必会受到影响。所以在这种背景下，要结合实际情况，对巷道进行科学合理的布置，在上层煤层开采的时候，要提前设置好相对应的煤柱，这样可以为下层煤层提供具有一定稳定性的顶板。这样不仅能够从根本上促使上层采煤工作区域在具体作业时的安全性和稳定性，还能够尽可能避免对下层产生影响。

在针对低瓦斯煤层的巷道进行设置的时候，要保证科学性和合理性，特别是要注重安全性和稳定性，这样能够最大限度保证煤矿开采工作的安全实施。在针对煤矿开采进行巷道布置的时候，为了保证巷道布置的科学性和合理性，要对特殊的仪器设备进行合理的利用。这样不仅能够针对煤矿开采巷道进行有针对性地检测，而且能够针对其中存在的瓦斯含量进行合理的判断。煤矿开采作业具有一定的危险性，特别是在矿井中进行不断深入挖掘的时候，瓦斯是其中的有害气体之一，也是众多有害气体中，危害性最大的一种。如果在井下作业的时候，通风效果并不是很理想，势必会直接导致瓦斯聚集在一起，从而引发严重的瓦斯爆炸事故，威胁到作业人员的人身安全。所以在针对煤矿开采巷道进行设置的时候，还要保证通风设备设置的合理性和科学性，这样能够尽可能避免瓦斯出现燃烧甚至是爆炸等严重的灾害事故。

一、回采巷道的布置方式

根据回采巷道数目和与工作面之间的位置关系，回采巷道的布置方式主要有单巷式、双巷式和多巷式布置三种形式。

双巷式布置。一个工作面回采时有 3 条回采巷道为其服务，分别为工作面回风巷、工作面运输巷和轨道巷。走向长壁开采时，分别称为区段回风平巷、区段运输平巷、区段轨道平巷，轨道平巷一般同时作为相邻工作面的回风平巷。倾斜长壁开采时一般称为分带回风斜巷、分带运输斜巷、分带轨道斜巷。

单巷式布置。一个工作面回采时只有 2 条回采巷道为其服务，分布于采煤工作面两侧，分别称为工作面回风巷和运输巷。

多巷式布置。方式为美国、澳大利亚和我国神东公司一些高产高效工作面发展起来的一种新型的回采巷道布置方式，工作面两侧各布置 2 ~ 3 条巷道，分别用于运煤、回风和辅助运输，此时工作面长度较长，一般在 200 m 以上。

二、三种布置方式的优缺点和适用条件

在炮采和普通机械化采煤时，采煤工作面长度可以有一定的变化，采用走向长壁开采时，一般工作面轨道巷和回风巷沿煤层等高线布置，称为沿腰线掘进，巷道基本保持水平（一般有 5‰ ~ 10‰的坡度），便于巷道内矿车运输和排水。工作面运输巷则采用直线或分段取直布置，称为沿中线掘进，巷道水平方向保持直线，但在垂直方向上有起伏，有利于胶带输送机运输。

在煤层有起伏变化的条件下，巷道难免有一定的起伏，双巷布置可利用工作面轨道巷探明煤层变化情况，便于辅助运输，运输平巷低洼处的积水可通过联络巷向工作面轨道平巷排水，工作面接替容易。同时在瓦斯含量较大、工作面推进长度较长的区段，工作面准备时，可采用一条巷道进风、一条巷道回风的方式，采用双巷并列掘进，有利于巷道掘进时的通风和安全。双巷布置的主要缺点是回采巷道掘进工程量大；工作面轨道巷如作为相邻工作面的回风巷使用，虽有煤柱护巷，但维护时间较长、维护困难；增加了巷间联络巷道的掘进工程量；工作面运输巷和轨道巷间煤柱较宽，煤炭损失较多。在回采顺序上要求本工作面结束，立即转到相邻的工作面进行回采，以缩短轨道巷的维护时间。

当瓦斯含量不大，煤层赋存较稳定，涌水量不大时，一般常采用单巷布置，相邻工作面开采时采用沿空掘巷或沿空留巷的方式准备，减少了巷间煤柱的损失。沿空掘巷是工作面回采巷道完全沿采空区边缘或仅留很窄的煤柱掘进巷道。沿空留巷是工作面采煤后沿采空区边缘维护原回采巷道作为下一个工作面的回采巷道使用。

多巷式布置方式有利于高产条件下的通风安全，尤其是对高瓦斯工作面的通风很有帮助，工作面单产水平高，工作面准备和搬迁容易，特别是配合无轨胶轮车运输可以实现很高的辅助运输效率。多巷布置的缺点是巷道掘进率较高，巷道维护成本较高，需要留设大量的区段煤柱，以致采区采出率较低。

由于综采工作面设备配套严格，一般综采工作面要求等长布置，因此工作面运输巷和轨道巷要求取直或分段取直布置，两巷道相互平行，工作面保持等长。而炮采和普采工作面没有这方面的要求。

第四章　智能化无人综采生产工艺

第一节　智能化无人综采概述

H公司智能化无人综采技术研究应用之所以取得了突破，除了技术装备基础外，还在于统筹谋划、高效管理和联合攻关。工作伊始，H公司就对综采工艺进行了系统研究与优化，分析了目前国内外综采工作面采煤过程无人、少人的主要技术手段，避开了“煤岩识别”等世界性难题，另辟蹊径，确立了基于可视化的远程干预型智能化无人综采技术路线，以网络通信为基础，以采煤机记忆截割、液压支架自动跟机、远程集中控制、视频监控为手段，以自动化控制系统为核心，首创了地面远程操控采煤模式，实现了地面采煤常态化，同时确定了端部斜切双向进刀工艺，实施智能化作业，实现了煤炭人地面采煤的梦想。

智能化综采技术是实现生产过程中常态化无人跟机作业的主要技术手段，以远程操控技术为辅助，从而实现对综采工作面生产这一随机动态过程的自动化控制。目前国内外采煤机运行过程的煤岩准确识别技术还未取得实质性的进展，而且识别和确定煤岩界面并不是综采工作面调控采煤机割煤状态的唯一因素。

采煤机记忆截割技术是目前实现综采工作面采煤机割煤自动化的一种有效手段，在采煤机较短时段的割煤自动化方面取得了较好效果。但是综采工作面生产过程中地质环境条件等时空条件的随机性、动态性和不确定性，以及采煤机割煤过程中因煤体截割阻力变化等因素引起的抖动、工作面底板不平整造成的刮板输送机不平直等，均可能造成作为采煤机运行轨道的刮板输送机轨面起伏不平。在常规综采工作面采煤机割煤过程中，采煤机司机需要根据工作面顶底板状况和采煤机运行状态不断进行调控操作，以实现工作面的“三直两平”。目前采煤机记忆截割等自动化控制技术还不具备司机操控所具有的及时调整和适应能力，因此，从采煤工艺过程控制的角度看，目前的采煤机记忆截割等自动化控制技术还难以完全满足综采工作面采煤机长时间自动化割煤的要求。

在总结智能化综采技术发展成果的基础上，H公司确定了“可视化远程干预型智能化无人综采”的技术路线，提出了智能化无人综采的总体思路：智能化无人综采生产模式以采煤工作面智能化自动控制采煤过程为主，以监控中心远程干预采煤过程为辅。在采煤过程中，以采煤机记忆割煤为主，以人工远程干预为辅；以液压支架跟随采煤机自动动作为主，以人工远程干预为辅；以综采设备智能感知为主，以高清晰视频监控为辅。应用上述技术，H公司探索出一套以自动化控制系统为核心的综采智能化无人采煤工艺和流程，将工作面操作工变为远程在线监控员，实现无人跟机作业，有人安全巡视，达到智能化无人开采的目标。

以往的自动化综采工作面采煤过程操作，是将液压支架电液控制的控制器延伸到监控中心，实现基本的单架控制、成组控制以及跟机控制；综采工作面生产过程中的关键设备—采煤机的自动化操控则主要采用记忆截割实现。从综采工作面采煤过程分析可以看出，要实现综采工作面智能化采煤过程的常态化，其关键是必须有与采煤工艺这一随机动态过程相适应的技术。鉴于目前智能化综采装备的自动化控制水平还没法完全实现人工根据现场实际状况所实施的全部操作和调控功能，因此采用高清晰可视化的远程遥控手段来辅助采煤的全过程操控，是目前智能化无人综采实现生产过程工作面无人、少人的关键。当然，综采工作面液压支架、采煤机等主要设备具有高水平的自动化是基础。

智能化无人综采技术通过智能化控制软件和工作面高速以太环网，将采煤机控制系统、支架电液控制系统、工作面运输控制系统、三机控制系统、泵站控制系统及供电系统有机融合，辅以工作面煤壁和液压支架高清晰视频系统，实现了对综合机械化采煤工作面设备的协调管理与集中控制，实现了工作面液压支架电液控制系统跟机自动化与远程人工干预控制相结合的自动化采煤工作模式。该系统可以在顺槽或地面指挥控制中心对采煤机工况和液压支架工况进行监测与远程集中控制，实时监控工作面综采设备运行工况和煤壁及顶底板的空间状况。当设备运行异常或工作面空间形态异常时，可以在指挥控制中心通过远程人工干预手段对设备进行远程调控，如采煤机摇臂调整、液压支架动作调整等。

需要强调的是，工作面煤壁和支架高清晰视频系统及高速以太网信息平台是实现人工远程调控工作面采煤机和液压支架运行的基础，工作面高效除尘降尘措施也是高清晰视频系统能够有效发挥远程“眼睛”作用的保障。工作人员可以在指挥控制中心，通过观看视频和有关监测数据，犹如在工作面现场一样有效操控采煤机和液压支架。

智能化无人综采工作面集成控制系统主要由三部分组成：第一部分为综采单机设备；第二部分为顺槽监控中心；第三部分为地面指挥控制中心。

综采单机设备包括：采煤机控制系统、支架电液控制系统、三机控制系统、泵站控制系统、供电系统。顺槽监控中心的主要功能有：工作面监测功能、工作面控制功能、工作面视频显示及控制功能。地面指挥控制中心的主要功能有：工作面监控功能、井上井下语音通信功能、工作面三维模拟生产功能。

该系统通过顺槽监控计算机控制采煤机的各种动作；通过远程控制计算机控制采煤机进行记忆截割，采煤机在工作面按设定工艺程序自动运行；通过远程控制计算机，人工可以根据工作面情况随时干预采煤机运行。在地面指挥控制中心建立了以地面数据中心为主的大屏幕显示系统，实现了对整个工作面的集中监控及"一键启停"控制。

地面指挥控制中心将综采工作面的"电液控主控计算机""泵站三机主控计算机""采煤机主控计算机"等有机结合起来，实现在地面指挥控制中心对综采工作面设备的远程监测以及各种数据的实时显示，包括液压支架、采煤机、刮板输送机、转载机、破碎机、电气开关、泵站的数据。地面指挥控制中心采用了先进的流媒体服务器技术，将多个客户端对同一个摄像仪的流媒体访问进行代理，减轻了前端网络摄像头的负荷和矿井环网的网络带宽负荷，也实现了矿井环网和管理网络之间跨网段的视频发布。管理人员通过办公网络，就可以轻松实现远程访问工作面的摄像仪，进行视频实时监控。

一、中厚及较薄煤层智能化无人综采技术

H公司智能化无人综采工作面生产过程以无人跟机作业为目标，主要技术难点在于需要采用远程遥控生产过程，这是集自动化、检测、视频、通信、控制、计算机等多种技术的综合应用。需要解决的主要关键技术难题如下。

(1) 液压支架全工作面跟机自动化与远程人工干预技术。在液压支架电液控制系统实现全工作面跟机自动化的基础上，依据电液控制系统的数据与液压支架视频相结合，通过监控中心远程操作台对液压支架进行人工干预，以满足复杂环境下液压支架的自动化控制。

(2) 采煤机全工作面记忆截割与远程人工干预技术。在采煤机实现全工作面记忆截割的基础上，依据采煤机实时数据与煤壁视频相结合，通过监控中心远程操作台对采煤机进行人工干预，以满足复杂环境下采煤机的自动化控制。

(3) 工作面视频监控技术。根据工作面实际情况，设计安装视频监控系统，实现在井下监控中心和地面指挥控制中心对整个综采工作面的视频监控。

煤壁监控摄像仪采集的视频实时上传至监控中心，提高了煤岩界面可视化程度。每3台支架安装1台煤壁摄像仪，每6台支架安装1台支架摄像仪，重点部位安装云台摄像仪，实现工作面全方位监控。由红外线传感器获得采煤机位置，通过软件处理实现摄像仪跟随采煤机无缝切换。机头安装云台摄像仪，实现对重点部位的全方位监控。

（4）综采自动化集中控制技术。构建一套高效、便捷的集成控制系统，实现对综采工作面主要设备单机控制系统的有机整合（包括采煤机、液压支架、运输设备、供电设备、供液设备等），并通过合理的工艺编排，实现在井下巷道监控中心和地面指挥控制中心的集中控制和一键启停。

（5）智能化集成供液控制技术。对远程配液站、乳化液泵站、喷雾泵站等设备控制系统进行集成，形成统一调配运行的智能化集成供液控制系统，提高供液系统自动化水平及运行效率，降低系统损耗及能源消耗。

（6）超前支护自动控制技术。研发具有多个伸缩单元的交错迈步式电液控超前支架，在电液控制系统数据和视频监测的基础上，以“传感＋视频＋虚拟现实”为技术支撑的远程控制系统，实现对超前支架的远程监控和自动化控制。

二、厚煤层智能化综采技术

H公司厚煤层智能化综采技术是在中厚煤层可视化远程干预型智能开采的模式基础上，重点研究厚煤层智能化综采普遍面临的煤壁片帮控制难、底软拉架难和视频效果差等问题，实施过程中通过装备、技术和工艺创新，有效解决了以上难题，其关键技术如下。

（1）大采高工作面防片帮智能控制技术。随着采煤机连续开采，基于煤壁的应力路径效应，将煤壁片帮细分为拉裂破坏与滑移失稳两个阶段，建立了“拉裂—滑移”力学模型，得到了采煤机附近煤壁的拉裂深度、宽度与煤体强度、开采高度的关系。针对煤壁片帮的机制，在煤壁发生片帮的三个不同阶段，采用不同的控制手段进行控制：当前方煤壁拉裂破坏时，采用液压支架初撑力监测，自动补压，减少顶板下沉量；当煤壁滑移失稳时，护帮板压力监测，保证护帮力和护帮面积，减少空帮时间；当煤壁片帮时，护帮板精准控制，采用全过程防护工艺。

针对工作面煤壁片帮区域进行提前预知（压力感知、视频监测等手段），利用液压支架压力传感器和行程传感器监测数据，结合采煤机精准位置分阶段调整采煤机滚筒附近液压支架护帮板收伸状态，并形成自动跟机的煤壁片帮条件下液压支架特殊工艺。

为了实现大采高工作面煤帮与液压支架护帮板的自适应控制，一般选择控制一级护帮板，二级护帮板通过双向联动液压锁实现自适应联动控制，从而保证割煤过程中煤壁能够得到及时支撑，实现防片帮控制。因此，如何实现液压支架护帮板精准控制就是如何实现一级护帮板的精准控制。

（2）大采高工作面底板软弱智能化控制技术。针对工作面底板软弱区域进行提前预知（感知、视频等手段），通过液压支架多次降架模拟人工操作的方式，完成对工作面底板软弱条件下的智能化处理，并形成自动跟机的底板软弱条件下液压支架特殊工艺。

形成大采高工作面底板软弱智能化控制技术。研究人工底板软弱拉架流程，进行学习记忆，并在智能自适应系统中增加了支架跟机自动移架过程模拟人工操作动作序列，将支架整个自动降移升动作增加抬底、降架时间次数，在移架过程中设置多次停顿，同时抬底、降柱，解决架前堆煤的弊端，把人工手动移架序列程序参数化，改进支架自动移架流程。该流程优化了支架抬底与移架动作配合时序，采用拟人手段有效地解决了大采高工作面自动移架后架前堆煤问题，达到了自适应控制效果。

(3) 大采高工作面高清晰视频监控技术。设计高性能视频监控系统。针对大采高智能化综采工作面采高大、断面宽、煤尘大等特点，在视频系统设计时，放弃以往使用的普通摄像仪，选用最新广角、自动旋转的高性能云台摄像仪，提高视频监视范围 20%；优化视频监控主机软硬件配置，确保了视频监控的实时性。

研究应用高效降尘技术。研发了高压降尘装置，将常压水转换为 0 ~ 17 MPa (可调) 的高压水，高压水由安装在电缆夹内的高压胶管输送给采煤机摇臂上的高压喷雾模块，经特殊的旋流雾化喷嘴处理，形成添加了抑尘剂、雾粒直径为 30 ~ 150 μm、强抗风能力、射程远的水雾，有效覆盖在滚筒产尘区域；同时，传输管路采用 25 mm → 19 mm → 16 mm 的不断变径处理，确保喷雾末端的压力始终达到 12 MPa 以上。在生产过程中，采煤机内喷雾由安装在截割滚筒上的喷嘴直接向截齿的切割点喷射，形成湿式截割；摇臂上强力外喷雾形成水雾覆盖尘源，实现粉尘湿润沉降。通过应用一系列降尘技术，416 工作面生产期间总尘和呼吸性粉尘降尘效率分别达到 93% 和 96%，大幅提高了可视化监控效果，工作面降尘系统配置。

(4) 大采高工作面环境安全保障技术。研发了基于瓦斯超前预测的采煤机多级联动控制技术，建立瓦斯浓度与采煤机牵引速度之间的非线性耦合关系，当瓦斯浓度波动异常时可提前对未来危险进行预测，调整采煤机牵引速度；将瓦斯报警设定为多个预警级别，根据瓦斯浓度进行不同级别的预警，监测区域瓦斯浓度得到超前联动控制，避免瓦斯浓度进一步升高。开发了惰化阻化泡沫防灭火技术与装备，通过惰气发泡装置对渗油区域及工作面上下隅角喷洒泡沫，全方位覆盖隐患点，杜绝了油气火灾事故的发生。

第二节　工作面地质条件

H公司一号煤矿位于黄陵矿区东部，矿井位于黄陵县城西北约25 km处，距店头镇1.5 km。井田走向长12～24 km，倾斜宽11～16 km，面积约208.5 km^2。一号煤矿于1991年12月开工建设，2001年11月阶段性投产。2005年11月，矿井一期3.00 Mt/a及配套工程建设项目竣工验收。近年来，通过对主运输系统、辅助运输系统、通风系统和供电系统的不断优化改造，矿井生产能力稳步提高。

井田内出露和工程揭露的地层由老到新有上三叠统瓦窑堡组，下侏罗统富县组，中侏罗统延安组、直罗组及安定组，下白垩统洛河组、环河华池组，以及第四系中上更新统和全新统。

全新统地层分布于沮水河及各支流沟谷中，属洪冲积沉积。下部为砂砾石层，上部为灰褐色亚砂土、砂土。地层厚度0～6.70 m，平均厚度4.10 m。第四系中上更新统地层主要分布在山梁、山坡，以灰黄色亚黏土及亚砂土为主，夹多层钙质结核层和古土壤层，地层厚度0～62.40 m，平均厚度39.77 m。

井田含煤地层为中下侏罗统延安组。地层断续出露于沮水河、南川河谷及鲁寺一带，厚度一般为114 m。从下至上可分为4段6个沉积旋回。各旋回底部以灰白色砂岩开始，向上为深灰色粉砂岩及灰黑色泥岩。含煤四层，自上而下编号为0号、1号、2号、3号煤层，主采煤层2号煤层及局部可采的3号煤层（组）位于第一旋回的中下部。煤层含夹矸0～3层，单层厚度一般0.15 m左右，最大总厚度1m，岩性多为灰色泥岩、炭质泥岩、粉砂岩。

2号煤层是井田内唯一具有工业可采价值的煤层。2号煤层厚度0～5.56 m，平均厚度2.02 m，基本全区可采，属较稳定的中厚煤层。煤层含夹矸0～3层，夹矸岩性以泥岩为主，局部为炭质泥岩和粉砂岩，厚度0.01～0.75 m，一般在0.10～0.20 m。

矿井采用平硐—斜井联合单水平分盘区开拓，全井田共划分为14个盘区，主要大巷沿煤层布置。主运输采用带式输送机。采煤方法为综合机械化长壁开采。一盘区、二盘区、四盘区已经回采结束，现生产盘区为六盘区、八盘区和十盘区。H公司首个实施智能化无人综采的1001工作面布置在十盘区，也是该盘区的首采工作面。

十盘区位于一号煤矿北一大巷西侧，南与五盘区相接，北邻十一盘区，东接十二盘区，向西为六盘区。工作面对应上部地表以低山林区为主，沟壑纵横；地表径流不太发育，以太阳沟支流为主，为间歇性小支流；上覆岩层厚度为250～429 m。煤层倾角0°～5°。该盘区工作面煤层较薄，地质构造相对简单，顶板压力大，底板易底鼓。

十盘区2号煤层伪顶主要以薄层状灰黑色泥岩、砂质泥岩为主，局部为炭质泥岩，厚度小于0.5 m，其中1001工作面伪顶厚度0.10 m，松软易碎，极不稳定，随采随落。直接顶岩性变化较大，以深灰色砂质泥岩及泥岩为主，局部为砂质泥岩及粉砂岩和砂泥岩互层；中厚层状至薄层状，水平层理发育，易风化破碎；厚度0 ~ 19.79 m，平均9 m。煤层基本顶为灰白色中至细粒石英砂岩，俗称“七里镇砂岩”，为本区K2标志层，致密坚硬；厚度从几米到20 m，一般10 m左右；抗压强度370 ~ 690 MPa，普氏硬度为3.7 ~ 6.9，属稳定至中等稳定不易冒落顶板。

煤层直接底板主要为一层厚度较薄的灰色至灰黑色团块状泥岩、砂质及炭质泥岩，厚度一般为2 ~ 6 m，1001工作面厚0.75 m。底板岩性松软，遇水膨胀，浸水后抗压强度降低为20MPa，普氏硬度降低为0.2，硬度及稳定性都很差，为松软极易变形的不稳定底板。基本底为灰白色至灰绿色细砂岩及粉砂岩，较致密坚硬，不易风化破碎，抗压强度209 ~ 375 MPa，普氏硬度2.8 ~ 4.2，为较坚硬的中等稳定底板。

2号煤层以条带状亮煤、镜煤为主，煤呈黑色，条痕为褐色及褐黑色，有沥青及玻璃光泽，具层状、块状构造；质硬而脆，内、外生裂隙较为发育，并被方解石及黄铁矿薄膜等充填。2号煤层变质程度相对较低，属Ⅱ变质阶段之烟煤，具有低硫低磷低灰及发热量高的特点，可作为配焦煤使用，但不可单独炼焦。十盘区2号煤层视密度在1.22 ~ 1.40 t/m^3之间，算术平均值为1.32 tm^3。盘区内2号煤层以弱黏煤[RN（32）]为主。

根据《黄陵一号煤矿1001工作面防治水物探工程成果报告》，1001工作面直罗组下段含水层在工作面共有4个富集异常区，分别位于1001工作面距终采线161 ~ 440 m、819 ~ 1200 m、1387 ~ 1574 m、1857 ~ 1979 m，由于异常区范围内隔水层较薄，回采后易产生顶板冒落带裂隙，可能局部导通上部含水层，致回采工作面涌水量增大，因此需有必要的防治水措施及临时排水设备。根据分析，盘区水文地质条件较为复杂。

1001工作面为十盘区的首采工作面，地质条件变化较大。工作面设计生产能力2.0 Mt/a，煤层厚度为1.1 ~ 2.75 m，平均厚度为2.16 m，工作面长度235 m，工作面进风巷长度2271 m，回风巷长度为2291m，地质储量为1.21 Mt，可采储量为1.19 Mt。1001工作面与相邻两个工作面之间的区段煤柱宽度为25 m，与北一2号回风大巷间的保护煤柱为60 m。

第三节　工作面巷道布置

一、长壁采煤工作面巷道布置方式

智能化无人综采属于长壁采煤方法，工作面巷道布置采用长壁采煤系统。

根据矿井采煤、掘进的机械化程度，煤层巷道的维护条件，煤层瓦斯涌出量的大小以及工作面安全的需要，工作面平巷布置分单巷、双巷和多巷三种方式。在国外也有长一短一长工作面巷道布置方式。

(一) 单巷布置

工作面每侧各布置一条平巷，一条为运输巷，另一条为回风巷，这是长壁工作面最基本的平巷布置方式。单巷布置的掘进率低，系统简单，巷道维护量小，目前多数综采工作面采用这种巷道布置方式。

(二) 双巷布置

(1) 下侧双巷布置

综采工作面因运输平巷需设置转载机、带式输送机、泵站以及变电站等电气设备，当维护大断面平巷有困难时，可掘两条断面较小的平行巷道，一条放置带式输送机，另一条放置电气设备，形成双巷布置。由于综采要求工作面等长布置，两条平巷均沿中线掘进，当煤层倾角有变化时，平巷高低不平，因此不宜再以轨道作为辅助运输。

实际上，下侧双巷布置是把邻近工作面的回风平巷提前掘出，为本工作面服务，或放置设备，或排水运料，或兼而有之。与单巷布置相比，巷道并没有多掘，只是增加了回风平巷的维护时间。

目前不少采用无轨胶轮车辅助运输方式的高效综采工作面都采用这种巷道布置方式，紧靠带式输送机巷的这条巷道就作为本工作面的无轨胶轮车辅助运输巷。

(2) 两侧双巷布置

由于通风、排水的需要，工作面上、下侧均可布置为双巷，如神府矿区大柳塔矿 201 工作面就是双巷布置。该工作面装备大功率、高强度综采设备，日生产能力可达万吨以上。工作面两条运输巷和两条回风巷间距 25 m，靠内侧的为 1 号运输巷和 1 号回风巷，靠外侧的为 2 号运输巷和 2 号回风巷，2 号运输巷和 2 号回风巷均铺设有排水管，设计综合排水能力为 820 m^2/h。1 号和 2 号平巷间隔一定距离以联络巷贯通，联络巷中开挖有水窝。这种布置方式既满足了工作面通风的要求，又解决了工作面开采时富水特厚松散层潜水涌入时的排水问题。

(三) 多巷布置

多巷布置即三条或四条平巷布置，这是美国长壁工作面平巷的典型布置方式。其掘进工艺和设备与房柱式盘区掘进相同。平巷都为矩形断面，宽度 5.5 ~ 6.0 m 或 4.5 ~ 5.0 m，高度为煤层厚度，平巷之间的距离根据围岩条件和开采系统的具体情况确定，一般为 19.0 ~ 25.0 m，平巷每隔 31.0 ~ 55.0 m 以联络巷贯通。

下侧平巷中，靠工作面的一条铺设带式输送机运煤，另一条作为辅助运输兼进风巷，其余均进风和备用。上侧平巷一般做回风用。平巷数目依据工作面瓦斯涌出量及围岩条件而定。

当用连续采煤机掘进工作面平巷时，多平巷掘进类似于房柱式开采，多条巷道的掘进不仅不会给开采造成困难，反而能满足生产的多种需要，掘进班产煤量平均达千吨以上。

美国安全法规要求综采工作面巷道不少于 3 条，即在工作面两端各布置 3 条或 4 条，以便于通风、行人和设备安装运输。

长壁综采工作面采用多巷的主要原因是：单产高要求通风量大，综采工作面实际进风量均在 2500m^2/min 以上，需多条巷道保证通风；多条巷道便于使用多台无轨胶轮车，有利于工作面设备的快速运输、安装、搬迁。

(四) 长一短一长工作面巷道布置

美国和澳大利亚等国普遍采用长短工作面布置方式。该布置方式的实质是，在容易实现高产高效的区段布置长一短一长工作面。在地质变化和不规则区段用短工作面，长工作面配备高产高效综采设备，短工作面用连续采煤机开采。

长一短一长布置方式，即两个长工作面之间布置一个短工作面。这个短工作面既是两个长工作面的护巷煤柱，又是两个长工作面采完后，用连续采煤机开采的短工作面。这种布置方式，按切割划分工作面的巷道条数和巷道掘进时间分为“2+2 巷式”“3+1 巷式”和“4 巷式”三种。

二、智能化工作面巷道布置

智能化无人综采工作面布置需要根据矿井生产能力、煤层条件、矿山压力、通风能力、瓦斯浓度、设备配套及维护情况等因素综合确定。

H 公司智能化无人综采工作面设计长度为 235 m，工作面连续推进长度可达 3100 m，相邻工作面间的保护煤柱宽度为 25 m 左右，大巷保护煤柱宽度

100 ~ 145 m。巷道布置采用下侧双巷布置方式，在工作面一进一回巷道的基础上，提前掘出邻近工作面的进风巷，作为本工作面的辅助巷，用于工作面掘进、安装期间的辅助运输巷道和回采期间的瓦斯治理巷道。在相邻两工作面的进、回风巷之间施工 3 个联络巷，第一个联络巷（开口位置）作为综采工作面回风巷掘进、回采期间的辅助运输联络巷；第二个联络巷（巷道中部）作为相邻工作面进、回风巷掘进期间的通风联络巷，能够简化运输系统、缩短局部通风距离；第三个联络巷（正对开切眼位置）作为综采工作面的安装运输联络巷，以相邻工作面的进风巷为安装线路，将设备安装到工作面的开切眼。综采工作面回采期间，在相邻工作面进风巷超前施工智能化工作面高位裂隙钻孔进行瓦斯治理。

考虑以下各方面因素并结合工程实践经验，一般将进风巷作为辅助运输巷，回风巷作为带式输送机巷。

（1）顶板管理：由于安装带式输送机、转载破碎机和超前支架需增大巷道断面，进风巷受相邻工作面采动影响大，增大巷道断面会加大顶板管理难度；而调整回风巷断面尺寸，顶板管理相对影响较小。

（2）机电管理：若带式输送机放置于进风巷，考虑到巷道断面及行人通道尺寸的要求，设备列车则必须放置于回风巷，这造成机电设备长期处于回风流中，增加了机电安全管理的难度，因此需将带式输送机放置于回风巷。

（3）带式输送机管理：回风巷远离相邻工作面采空区，受采动影响小，巷道收敛变形小，对带式输送机运输的影响相对较小。

（4）辅助运输：受相邻工作面采动影响，进风的断面尺寸不满足同时布置带式输送机和行驶无轨运输车辆的要求。根据《煤矿安全规程》规定，无轨运输车辆不得进入专用回风巷，因此带式输送机只能放置于回风巷。

（5）通风防尘管理：带式输送机放置于进风巷，风流方向与运输方向相反，整个工作面及两巷在生产期间将处于污风区，既影响工作环境质量，造成职业病危害，又加大消尘工作量，增加劳动投入。而带式输送机放置于回风巷，生产期间仅回风巷处于污风区，有效改善了工作面环境，降低了粉尘危害，同时回风巷风流方向与带式输送机运行方向相同，扬尘较小，减少了消尘工作量。

工作面巷道断面必须满足通风要求，进风巷、回风巷的尺寸主要考虑设备运输、布置及通风要求。巷道断面尺寸及支护参数如下所述。

进风巷为辅助运输巷，主要承担进风、人员及材料运输，巷道在满足进风需要的前提下，依据掘进和回采期间的辅助运输车辆行驶安全距离设计巷道。巷道宽度为 4.6 m，高度为 2.8 m。采用锚杆、锚索梁、塑钢网联合支护。

回风巷主要承担回采期间带式输送机运输及工作面回风。巷道在满足通风需要的前提下，宽度设计依据为回采期间综采带式输送机、转载机与超前支架等设备的配套尺寸，高度设计依据为巷道掘进期间无轨运输安全高度。设计宽度为5.2 m，高度为2.8 m。采用锚杆、锚索梁、塑钢网联合支护。

开切眼设计为矩形断面，沿煤层顶板掘进。根据设备配套的不同，工作面开切眼设计宽度一般为6～7.2 m，高度为2.7 m。采用锚杆、索梁、塑钢网联合支护。

第四节　开采参数确定

综采工作面几何参数主要包括工作面倾向长度（工作面长度）、采高、工作面走向长度。工作面倾向长度主要取决于地质、生产技术、经济及管理等因素，采高主要取决于煤层厚度、工作面走向长度主要取决于采（盘）区大小。

一、工作面倾向长度

（一）地质因素

（1）地质构造：影响工作面长度的地质构造主要是断层和褶曲。在回采单元划分时，一般以较大型的断层或褶曲轴作为单元界限，这就从客观上限制了工作面长度的大小。在小型断层发育的块段布置工作面时，由于小型断层会影响工作面正规循环，造成工作面推进度下降，尤其是对机组采煤造成较大影响，此时工作面不宜过长。通常，工作面内部发育的断层落差大于3.0 m时，将对综采工作面回采造成较大影响。

（2）煤层厚度：当煤层较薄、工作面采高小于1.3 m时，由于工作面控顶区及两巷空间小，不易操作和行人，受采煤机机面高度的影响，功率受限，设备故障率高，因此工作面长度不宜过长。

（3）煤层倾角：煤层倾角不仅影响工作面长度，而且影响采煤方法的选择。通常情况下，煤层倾角越小，其对工作面长度的影响也越小。当煤层倾角小于10°时，工作面长度可视实际情况适当加大；煤层倾角介于10°～25°之间时，可按常规工作面布置；煤层倾角介于25°～55°之间时，工作面上下同时作业困难，工作面长度不宜过大；煤层倾角大于55°以上，工作面长度则不应超过100 m。

（4）围岩性质：围岩性质对工作面长度的影响主要是顶板、底板对工作面长度的影响，另外煤层自身的软硬程度对工作面长度也有一定的影响。通常伪顶过厚（厚度大于1.0 m）和顶板过于破碎条件下的回采工作面，由于其支护工作量大、支护难度较大，此时工作面不宜布置过长；三软煤层工作面底软、支柱易扎底、顶底板移近量大，加之煤软易片帮，生产管理困难，这样的工作面也不宜过长。

（5）瓦斯含量：瓦斯含量的大小对工作面长度有一定的影响。瓦斯含量小的煤层，工作面长度一般不受通风条件的制约。瓦斯含量大的煤层，工作面长度越大则煤壁暴露的面积越大，随着产量的提高，单位时间内瓦斯涌出量越大，回采时需要的风量就越大。但由于受工作面及两巷的断面限制，风量不可能无限度地加大，因此需严格执行“以风定产”规定。双突及高瓦斯矿井更要考虑瓦斯含量以及通风能力对工作面长度的影响。

（二）生产技术因素

（1）回采工艺：长壁回采工作面一般采用炮采、普采、综采三种回采工艺。工作面采用不同的回采工艺，对工作面长度有明显的影响。普采工作面，为了充分发挥采煤机组的效能，实现工作面的高产高效，在同样的条件下工作面长度应比炮采长。综采（放）工作面，由于液压支架的使用能保证采煤机快速截割，减少辅助时间，因此其工作面长度较非综采工作面要长。另外，因综采（放）支架装备费用高，而工作面越长遇到地质构造变化的可能性越大，此时工作面不宜布置过长。

（2）设备条件：工作面装备能力制约和影响回采单元参数。工作面设备对工作面长度的影响主要表现在工作面设备运输能力和有效铺设长度，其运输设备的出煤能力必须与工作面生产能力相匹配。

（3）安全条件：

①顶板管理和推进速度对顶板移动变形破坏的影响。工作面长度对机组维修有一定影响，这表现在不同长度的工作面排除故障所需时间长短不同；工作面长度对矿山压力显现也有影响，当工作面顶板下沉量达到最大值时，工作面支架可能会被压死，因此只能靠改变推进度来解决。考虑到这两种因素，应用可靠性理论的研究结果是：当地质条件好时，工作面长度比计算结果减少 8%～14%，地质条件较差时减少 45%～52%。

②通风能力。多数情况下，工作面长度与通风的关系不大，但是对于高瓦斯煤矿，工作面风速可能成为限制工作面长度的重要因素。因为如果推进度一定，工作面越长则每一循环产量就越高，瓦斯涌出量就越多，需要风量就越大。

（三）经济因素

在一定的地质和生产技术条件下，通过理论分析和计算，可以得到一个最优的工作面长度范围。通常按产量和效率最高法确定工作面合理长度区间，再进行工作面效益最好，即以吨煤成本最低的分析计算，得出最佳的工作面长度。

(四) 管理因素

管理水平的高低，对确定工作面长度的影响很大。技术管理水平较高，确保工作面的工程质量和设备正常运转的能力就强，当因地质条件产生局部变化出现回采困难时，就能及时迅速地采取措施恢复正常回采。从生产管理来看，短工作面易于管理，这是因为地质变化小，顶板管理相对简单，工作面容易做到"三直两平"，发生机电事故的概率也小。对于初次采用新采煤方法的矿井，由于受技术管理水平和设备操作熟练程度等因素的制约，工作面长度宜短些。综采工作面布置的设备多、吨位大，液压元件精密度高，各种机电保护系统、插件和线路复杂，需要严格的科学管理和较高的操作水平，才能满足综采工作的要求。

工作面长度的增加，既有利于减少辅助作业时间，降低巷道掘进率，又有利于提高开机率、采区回收率、工作面单产，从而提高工作面效率。工作面地质条件优越，煤层倾角小、厚度大、顶底板稳定，可将工作面长度适当加大。机械化装备水平及可靠性越高，要求工作面生产能力越大，工作面长度适应生产能力，工作面长度亦可适当增大。确定合理的工作面长度，还应考虑顶板管理、煤层瓦斯含量以及工作面通风等因素，当条件受限时，工作面长度不宜过大。综采工作面长度一般为 150 ~ 280 m。

工作面长度参数优化则涉及采场围岩控制以及设备能力的限制。为了确定智能化综采工作面的长度，采用 FLAC3D 分别进行了工作面长度 200 m、230 m、260 m 情况下开采过程的数值模拟分析。

模型依照实际工程地质情况建立，利用 FLAC3D 建立的数值计算模型。为了消除边界效应影响，整个模型尺寸设为：180 m（x）×360 m（y）×100 m（z）。模拟计算中，模拟采深约 350 m，上边界为应力边界，施加均布载荷大小为 6.7 MPa，采用莫尔—库仑（Mohr-Coulomb）屈服准则判断岩体的破坏。

为了得到支架的合理支护强度，进行了工作面长度为 200 m、230 m、260 m 时，支护强度为 0 MPa、0.3 MPa、0.5 MPa、0.6 MPa、0.7 MPa、0.8 MPa、0.9 MPa 的模拟。

通过对数值模拟结果进行分析发现：工作面中部前方煤壁支承应力峰值距工作面煤壁 3 ~ 7 m，并且随着工作面推进距离的加大，超前支承应力峰值逐渐增大，在工作面推进一定距离时，超前支承应力峰值随着工作面长度的增大而逐渐增大，在工作面处出现应力降低区，这符合矿山压力分布规律。

由支架支护强度 P 与顶板最终下沉量 $\triangle L$ 关系曲线可知，工作面后部 5m 处的顶板下沉量随工作面长度的增大而增大。工作面长度为 200 m，支架支护强度达到

0.6 MPa 时，其顶板下沉量随支架支护强度的增大而减少的程度明显减小，即支架支护强度大于 0.6 MPa 比较合适；工作面长度为 230 m，支架支护强度达到 0.6 ~ 0.7 MPa 时，其顶板下沉量随支架支护强度的增大而减少的程度明显减小，即支架支护强度为 0.6 ~ 0.7 MPa 比较合适；工作面长度为 260 m，支架支护强度大于 0.7 MPa 时，其顶板下沉量随支架支护强度的增大而减少的程度明显减小，即支架支护强度大于 0.7 MPa 比较合适。考虑到工作面煤层埋深较大，后期工作面长度可能会加长，选择的支架的支护强度大于 0.7 MPa。

综合分析 H 公司一号煤矿十盘区煤层条件，煤层倾角小，一般为 3°~5° ，煤层赋存比较稳定，可适当加大工作面长度，从而降低巷道掘进率，提高采区回收率及单产，缓解采掘接替矛盾，但瓦斯含量高，综合考虑矿井产能及地质条件，最终确定工作面长度为 235m。

二、工作面采高

综采工作面采高是工作面的一个重要参数，不但影响工作面设计产能和资源回采率，还影响主要设备的选型。工作面采高的确定主要依据煤层厚度（包括煤层夹矸厚度），同时要考虑设备能力和矿山压力显现状态。

综合分析，十盘区钻孔煤层厚度为 1.8 ~ 2.75 m，平均厚度为 2.22 m。通过对统计结果进行分析发现：H 公司一号煤矿 2 号煤层十盘区煤层厚度绝大多数在 1.8 ~ 2.3 m ，占钻孔总数的 67%，其他钻孔也多在 2.3 m 附近。综合考虑煤层厚度情况，以资源回收率最高为目标，最终确定 1001 工作面最大采高为 2.2 m。

三、工作面走向长度

合理的工作面走向长度是实现高产高效的重要条件，工作面走向长度的长短直接关系到工作面的产量。然而，工作面走向长度受矿井设备、地质条件及通风系统等因素影响，其长度越长，管理难度越大。因此，合理确定工作面走向长度是工作面安全高效生产的基本要求。

首个智能化综采工作面所在十盘区位于北一系统大巷与原六盘区系统大巷之间，盘区走向长度约 2300 m，限制了工作面范围，1001 工作面从北一进风巷开口，沿走向延伸至盘区边界，根据相关保护煤柱留设规定，盘区边界保护煤柱取 30 m，最终确定 1001 工作面走向长度为 2271 m，可实现资源利用最大化。

第五节　采煤工艺

在针对煤矿进行开采的时候，由于煤矿开采作业在具体实施过程中，具有一定的危险性，所以在开采时，要保证整个开采作业全部严格按照规定的要求和标准执行。为了保证煤矿开采作业在具体实施过程中的安全性，同时提高煤矿开采的质量和产量，要对巷道进行科学合理的布置，同时还要积极引进和利用一些先进的采煤工艺手段。这样不仅能够从根本上保证煤矿开采效率，而且能够为开采人员的人身安全提供有效保障。在煤矿开采过程中，由于煤层相互之间具有明显的差异性，煤层的分布也大不相同，所以井下的环境自然而然就会不同。所以，在针对巷道进行布置的时候，要尽可能与实际情况进行结合，对巷道进行科学合理的布置，同时利用科学合理的采煤工艺，这样才能保证煤矿的开采效率和质量。

一、传统采煤工艺基本特点及应用

(一) 采煤工艺有关概念

在采场内，为采出煤炭所进行的一系列工作，称为回采工作或采煤工作。

回采工作分为基本工序和辅助工序。把煤从整体煤层中破落下来，称为煤的破落，简称破煤。把破落下来的煤炭装入采场中的运输工具内，称为装煤。煤炭运出采场的工序，称为运煤。煤的破、装、运是回采工作中的基本工序。为了使基本工序顺利进行，必须保持采场内有足够的工作空间，这就要用支架来维护采场，这项工序称为工作面支护。煤炭采出后，被废弃的空间，称为采空区。为了减轻矿山压力对采场的作用，以保证回采工作顺利进行，在大多数情况下，必须处理采空区的顶板，这项工作称为采空区处理。此外，通常还需要进行移置、运输采煤设备等工序。除了基本工序以外的工序，统称为辅助工序。

由于煤层的自然条件和采用的机械不同，因此完成回采工作各工序的方法也不同。回采时，必须将顺序、时间和空间进行有规律的安排和配合。这种在采煤工作面内按照一定顺序完成各工序的方法及其配合，称为采煤工艺。在一定时间内，按照一定的顺序完成回采工作各项工序的过程，称为采煤工艺过程。

回采巷道的掘进是超前于回采工作进行的。它们在时间上的配合以及在空间上的相互位置关系，称为回采巷道布置系统，即采煤系统。

采煤方法就是采煤系统与采煤工艺的综合及其在时间和空间上的相互配合，但两者又是互相影响和制约的。采煤工艺是最活跃的因素，采煤工具的改革，要求采煤系统随之改变，而采煤系统的改变也会要求采煤工艺做相应的改革。

综采工作面双滚筒采煤机工作时滚筒的转向和位置：当我们面向煤壁站在综采工作面时，通常采煤机的右滚筒应为右螺旋，割煤时顺时针旋转；左滚筒应为左螺旋，割煤时逆时针旋转。采煤机正常工作时，一般其前端的滚筒沿顶板割煤，后端滚筒沿底板割煤。

综采工作面割煤、移溜和移架这三项作业按一定顺序进行就形成了综采工作面的采煤工艺过程。常见的采煤工艺过程有以下两种安排方式。

(1) 按照割煤→移架→移溜的顺序安排。

(2) 按照割煤→移溜→移架的顺序安排。

(二) 综采割煤方式

综采工作面采煤机的割煤方式是综合考虑顶板管理、移架与进刀方式、端头支护等因素确定的。割煤方式主要有如下两种。

(1) 双向割煤。采煤机上（下）行双向割煤，滞后采煤机 2 ~ 3 个液压支架进行移架，滞后采煤机 10 ~ 15m 进行移溜，直至端头；采煤机在端头进刀后，下（上）行割煤、移架、移溜。往返一次进两刀，工作面推进两个截深。这种割煤方式也叫作“穿梭割煤”，多用于煤层赋存稳定、倾角较缓的综采工作面。

(2) 单向割煤。采煤机往返一次割一刀，在工作面中间或端部进刀。滞后采煤机 2 ~ 3 个液压支架进行移架，直至端头；采煤机下（上）行清理浮煤，滞后采煤机 10 ~ 15 m 进行移溜，采煤机往返一次进一刀，工作面推进一个截深。单向割煤方式适用于：顶板稳定性差的综采工作面；煤层倾角大、不能自上而下移架，或刮板输送机易下滑，只能自下而上推移的综采工作面；采高大而滚筒直径小、采煤机不能一次采全高的综采工作面；采煤机装煤效果差、需单独牵引装煤的综采工作面；割煤时产生煤尘多、降尘效果差，移架工不能在采煤机回风侧工作的综采工作面。

(三) 采煤机进刀方式

采煤机割完一刀煤后，滚筒重新进入煤体的过程称为进刀，完成这个过程的方式叫进刀方式。常用的采煤机进刀方式有直接推入法进刀、工作面端部斜切进刀、综采工作面中部斜切进刀、滚筒钻入法进刀等。

(1) 直接推入法进刀

其过程与单滚筒采煤机直接推入法进刀相同。因该方式需提前开出工作面端部切口，而且大功率采煤机和刮板输送机机头（尾）叠加在一起，推移困难，因而很少采用。

(2) 工作面端部斜切进刀

综采工作面斜切进刀，要求运输及回风平巷有足够宽度，刮板输送机机头（尾）尽量伸向平巷内，以保证采煤机滚筒能割至平巷的内侧帮，并尽量采用侧卸式机头。若平巷过窄，则需辅以人工开切口方能进刀。

(3) 综采工作面中部斜切进刀

综采工作面中部斜切进刀，其特点是刮板输送机弯曲段在工作面中部。操作过程为：采煤机割煤至工作面左端；空牵引至工作面中部，并沿刮板输送机弯曲段斜切进刀，继续割煤至工作面右端；移直刮板输送机，采煤机空牵引至工作面中部；采煤机自工作面中部开始割煤至工作面左端，工作面右半段输送机移近煤壁，恢复初始状态，采用该方式可减少进刀作业时间，但只能用于单向割煤，且工程质量不易保证。

(4) 滚筒钻入法进刀

滚筒钻入法进刀的过程如下：①采煤机割煤至工作面端部距终点位置 3 ~ 5 m 时停止牵引，但滚筒继续旋转；②开动千斤顶推移支承采煤机的刮板输送机槽；③滚筒边钻进煤壁边上下或左右摇动，直至达到额定截深并移直刮板输送机；④采煤机割煤至工作面端头，可以正常割煤。滚筒钻入法进刀要求采煤机滚筒端面必须布置截齿和排煤口，滚筒不用挡煤板，若用门式挡煤板，钻入前需将其打开。由于该法对刮板输送机机槽、推移千斤顶、采煤机强度和稳定性都有特殊要求，因此采用很少。

(四) 采煤工艺在煤矿开采中的应用

1. 提高割煤技术，优化装煤工艺

根据相关数据统计和资料记载结果可以得出，从20世纪至今，我国在采煤工艺的整个开发、演变以及后续不断发展过程中，历经了非常多的时期。采煤工艺手段也越来越先进、越来越多样化，特别是在进入现代社会后，采煤工艺手段也要进行相对应的创新和优化，这样不仅能够促使煤矿开采效率得到有效提升，而且能够为煤矿开采质量提供有效保障。在煤矿开采工作的具体实施过程中，要结合实际情况，特别是要与当下水文地质条件进行结合，这样不仅有利于从诸多的采煤工艺中选择最符合实际要求的工艺手段，而且能够在实践中实现对采煤工艺的不断完善和优化。首先，工作人员要意识到割煤技术在实际应用过程中的重要性，对装煤工艺进行优化和完善，这样才能够保证采煤工作顺利开展。其次，如果在开采作业实施过程中，煤层的整个倾斜度相对比较小的时候，可以结合实际情况，直接对双向割煤方式进行合理利用。通过该技术在其中的合理利用，不仅能够对工作难度起到有效的控制作用，还能够促使其整个工作速度得到有效提升。

2. 正确使用移架操作技术

在针对煤矿进行开采作业的时候，为了保证煤矿开采的效率和质量可以得到有效提升，一般会引进一些先进的采煤工艺手段，同时还要对现有的技术不断进行完善和优化，这样才可以实现良好的应用效果。在具体操作过程中，可以将移架操作技术科学合理地应用其中，同时还要对其中的移动距离进行有效控制，保证安全工作区域规划和建设的有效性。通常情况下，在割煤工作实施完成之后，会结合实际情况，对移架工作进行有效落实。这样不仅能够对最新顶板起到良好的支护作用，而且能够最大限度地避免出现严重的事故，为煤矿开采人员的人身安全提供有效保障。

二、智能化开采割煤方式及过程控制

通常把采煤机沿工作面将煤层全厚割完一次称为进一刀。将一刀割煤的深度称为截深。把采煤机在工作面往返行走时的状态与进刀数相结合称为割煤方式。双滚筒采煤机在正常工作时，一般前滚筒沿顶板割煤，后滚筒沿底板割煤，行走一趟就可完成一刀割煤任务。如果采煤机在往返中都在割煤，那么一个往返就可以完成两刀割煤任务，这种割煤方式称为双向割煤往返进两刀。如果采煤机在往返中只有一趟在割煤，一趟空行，那么一个往返就只能完成一刀割煤任务，这种割煤方式称为单向割煤往返进一刀。不同的综采设备、工作面煤层赋存条件应选用不同的割煤方式，以便获得高产。

H公司智能化无人综采工作面采用机头、机尾双向自动化记忆割煤工艺，在工作面往返一次进两刀，每刀截深为0.8 m。进刀方式为端部斜切方式，采煤机自开缺口，一次进刀距离为30m。

工作面主要工艺流程为：割煤→装煤→移架支护→推移刮板输送机。

采用多模型智能决策记忆割煤技术实现采煤机的自动化割煤过程。通过在采煤机机身设置多种传感器来实现对采煤机的采高、速度等数据的采集，并在控制程序数据库中进行记忆，实现对“示范刀”的学习，最终实现记忆截割。

采煤机本地学习记忆割煤过程如下。

(1) 采煤机送电后，同时按下“牵停”“左牵”“右牵”三个按钮6s，进入采煤机参数设置模式。

(2) 进入设置界面后，操作“左牵”或“右牵”，切换光标至需要设置的项目；通过操作“上升”“下降”按钮，将该项目调整到需要的内容。

(3) 在线学习状态下的控制及模式设定：在进行自动化记忆割煤前，要先进行采煤机在线学习。在线学习时，将控制设定为“本地控制”，模式设定为“学习模式”。在此设定下，人工操作采煤机，完成一个循环，记录运行参数，形成示范刀数据。学习结束后，同时按下“牵停”“左牵”“右牵”三个按钮6s，保存记忆参数并退出画面。

(4) 自动化记忆割煤状态下的控制及模式设定：使用自动化记忆截割功能，暂时不使用远程控制和远程干预，控制设定为“记忆截割”，模式设定为“记忆模式”。

(5) 在线学习时，用当前数据覆盖原记录数据，在操作界面中选择“允许”；在记忆截割运行过程中，需要人工干预修正记忆截割示范刀数据时，在操作界面中选择“允许”。

(6) 采煤机极限参数设定：左右端头速度3 m/min，中间段7 m/min，斜切进刀距离50m。其他参数按说明书进行设定。

参照一般综采工作面采煤机割煤方式，在采煤机初始的自动化控制程序中设置前滚筒割顶煤、后滚筒割底煤，并采用14道工序自动化割煤工艺。

该智能化采煤机配备的SAS自动化控制系统原有的14道工序在单循环(机头至机尾一刀或机尾至机头一刀)的端头割三角煤的过程中，仅设置了1道割底煤和1道清浮煤的工序，再加上采煤机采用内旋的方式，装煤效果较差，通过1~2道工序采煤机无法完成端头清浮煤任务，影响三角煤的截割效果，也进一步加大了液压支架推溜的难度。为此，H公司对采煤机的生产工艺进行了改进。

在14道工序的基础上，在单循环两端头割三角煤的过程中分别增加了2道清浮煤的生产工序，合计增加8道工序，形成了22道工序的割煤模式，不仅解决了两端头采煤机回刀清煤不彻底的问题，大大提高了三角煤截割的效果，保障了端头支架的正常跟机，也为“机架协同控制”割三角煤工艺的研究创造了基础条件。采煤工艺由原来的14道工序改为22道工序后，采煤机割煤工艺过程更易于自动化控制，采煤机与液压支架自动化推移配合更为协调。

综采工作面使用的滚筒采煤机，其截割部大多由左右两个滚筒组成。传统采煤工艺，按采煤机运行的方向，位于运行方向前部的滚筒割顶煤，位于运行方向后部的滚筒割底煤。这种采煤作业方式的优点是，煤层中大部分煤炭由前部上滚筒截割，然后落到刮板输送机上，少部分煤炭由后滚筒截割并装煤，这种工艺采煤机装煤效果好，并可减少大块煤滑落。

由于综采工作面的工作环境特殊，因此需要加强通风和喷雾降尘。但采煤工作面断面有限，风量越大，风速越高，越容易引起煤尘飞扬，造成采煤机回风侧(下风口)的空气质量、能见度通常很差。

滚筒采煤机的两个滚筒，正常生产时，一个割顶部，另一个割底部。上滚筒割煤时，要防止割顶梁、顶板；下滚筒基本上是埋在煤里运转，且有刮板输送机遮挡。采煤机司机在操作时主要通过观察上滚筒来控制采煤机状态。按照之前的采煤工艺，当采煤机往上风口（也就是进风侧）运行时，上滚筒的观察条件较好；但当采煤机往下风口运行时，采煤机司机观察上滚筒就要站在下风口。采煤机运行时会产生大量的粉尘，司机在能见度极低的环境中观察滚筒不方便，远了看不清，近了又有被煤块击伤的危险。随着采煤自动化程度的提升，工作面视频远程监控已成为工作面不可缺少的设备。而目前的采煤方法，当采煤机往下风口运行时，通过视频观察下风侧的滚筒，由于能见度差，很难实现对采煤机的远程视频监控。

为解决上述问题，将采煤机前滚筒（采煤机前进方向的前部滚筒）始终割底煤，后滚筒（采煤机前进方向的后部滚筒）始终割顶煤。当采煤机向进风侧割煤时，采煤机司机可以站在上风侧观察上滚筒；当采煤机向回风侧割煤时，由于前滚筒始终割底煤，所以采煤机司机同样可以站在上风侧观察滚筒，这样采煤机司机可以始终在进风侧控制采煤机，大大减少了粉尘的吸入量，避免在潮湿的环境下工作，有力地改善了工人的工作环境，减少了粉尘对职工身体健康的危害。改为前滚筒始终割底煤，后滚筒始终割顶煤的方式，有效地解决了回刀扫煤不彻底的问题，提高了三角煤割煤效果，实现了端头支架自动跟机的目的，且减少了顶部割煤扬尘，提高了视频质量，确保了可视化远程监控的应用效果。最终形成了黄陵矿区智能化无人综采22道工序的采煤工艺（前底后顶）。

第1道工序：采煤机由机头向机尾割煤，左滚筒在上割顶煤，右滚筒在下割底煤，直至割透煤壁。如果支架带有喷雾除尘装置，则同时打开自动跟机喷雾。滞后采煤机后滚筒至少5 m开始移架，移架后跟机喷雾关闭。滞后采煤机后滚筒至少25m推移刮板输送机。

第2道工序：采煤机向机头方向运行，右滚筒在上，反刀割顶煤，左滚筒位于中间位置，运行距离略大于一个采煤机长度为宜。

第3道工序：采煤机向机尾方向运行，左滚筒位于中间位置，右滚筒在下，清理浮煤，运行至前滚筒中心出煤壁0.3～0.5 m。

第4道工序：采煤机向机头方向运行，左滚筒位于中间位置，右滚筒在下，清理浮煤，运行距离以略大于一个机身长度为宜。

第5道工序：采煤机向机尾方向运行，左滚筒中间位置，右滚筒在下，清理浮煤，运行至前滚筒中心出煤壁0.3～0.5 m。

第6道工序：采煤机向机头方向运行，左滚筒在下，右滚筒位于中间，斜切进刀。①采煤机向机头方向运行，卧底清底煤，同时左滚筒升起，斜切进刀（斜切进刀运行距离可以设定，以大于3个半机身距离为宜，约为50 m）。②采煤机完全进入直线段，完成斜切进刀。③完成移架、推溜。

第7道工序：采煤机向机尾运行割三角煤。此时左滚筒在上，右滚筒在下，直至割透煤壁。

第8道工序：采煤机向机头方向运行，右滚筒在上，反刀割顶煤，左滚筒位于中间位置。反刀运行距离可以人为设定，略大于一个采煤机长度为宜。

第9道工序：采煤机向机尾方向运行，左滚筒位于中间位置，右滚筒在下，清理浮煤，运行至前滚筒中心出煤壁0.3～0.5 m。

第10道工序：采煤机向机头方向运行，左滚筒位于中间位置，右滚筒在下，清理浮煤，运行距离以略大于一个机身长度为宜。

第11道工序：采煤机向机尾方向运行，左滚筒位于中间位置，右滚筒在下，清理浮煤，运行至前滚筒中心出煤壁0.3～0.5 m。

第12道工序：采煤机由机尾向机头割煤，左滚筒在下割底煤，右滚筒在上割顶煤，直至割透煤壁。如果支架带有护帮板和伸缩梁，前滚筒至少保持3个支架（9m）收护帮板、伸缩梁；如果支架带有喷雾除尘装置，同时打开支架自动跟机喷雾。滞后采煤机后滚筒至少5m开始移架，移架后跟机喷雾关闭。滞后采煤机后滚筒至少25m推移刮板输送机。

第13、14、15、16、17、18、19、20、21、22道工序同第2、3、4、5、6、7、8、9、10、11道工序，方向相反。

三、智能化开采“割三角煤”工艺

原有三角煤截割工艺主要依靠采煤机自动记忆截割来执行作业任务，液压支架则根据采煤机的实时位置进行三角煤区域的跟机动作。实际运行过程中，极易出现支架还未到位，采煤机就开始下一道工序，或者采煤机还未截割到位，液压支架就开始下一道跟机工序的问题，严重影响三角煤截割效果。

结合现场实际，开发了“机架协同控制”割三角煤工艺。其核心技术是通过加大两者数据交互应用范围，使采煤机和液压支架在执行当前动作和开始下一动作时，都能从对方得到“其动作执行是否到位”的信号；当对方上一个动作还未完成时，自身则要逐渐减速甚至停机等待对方完成动作后，才开始执行下一道工序，这大大提升了三角煤自动化截割水平。

（一）采煤机机尾正常割煤工序

采煤机动作：采煤机左滚筒升起割顶煤，右滚筒割底煤，机头向机尾方向正刀割煤。

液压支架动作：采煤机向机尾运转时，液压支架从第25架开始向机尾推移刮板输送机，推移至第15号支架使刮板输送机形成蛇形段，距离为11架长度（16.5m），角度不大于5°。为确保采煤机正常割煤，在第15架后到机尾方向支架停止拉架、推移刮板输送机。第25架向机头方向刮板输送机全部推出。

（二）采煤机机尾清浮煤工序

（1）采煤机动作：当采煤机在机尾割通煤壁后，左滚筒降下割底煤，右滚筒升平，机尾向机头方向行走割完机身下的底煤。液压支架动作：从第16架向机尾方向停止动作，采煤机将机尾煤割透后，端头支架只需伸出前探梁支护顶板。为确保过渡槽平稳推移，采煤机在机尾进行清煤，液压支架不动作。

（2）采煤机动作：当采煤机右滚筒行至第15架时，左滚筒继续卧底割底煤，右滚筒继续升平，采煤机调头至机尾方向牵引，继续清理浮煤。液压支架动作：为清理浮煤，采煤机在机尾1～5架左右行走进行扫煤，液压支架不动作。

（3）再往返一次重复（1）和（2），完成清浮煤工序。

（三）采煤机机尾斜切进刀割煤工序

采煤机动作：当机尾浮煤清理完后，采煤机向机头方向行走，右滚筒升平从煤壁中间起割顶煤，防止滚筒割到支架前梁，左滚筒割底煤，机尾向机头方向从第15架向机头斜切进刀，进刀距离为18m。当右滚筒行走到第25架时，右滚筒完全升起割顶煤。当左滚筒行走到第25架时，采煤机停止行走，准备调头向机尾方向牵引，进入机尾割三角煤工序。

液压支架动作：液压支架从第15架开始依次按照顺序拉架，从第25架开始依次按照顺序推移刮板输送机（每次推移10架），将刮板输送机推平推直到机尾。

（四）采煤机机尾割三角煤工序

采煤机动作：左滚筒升起割顶煤，右滚筒降下割底煤，机头向机尾方向割三角煤，当割透机尾煤壁后停止。

液压支架动作：采煤机向机尾方向割三角煤，液压支架不动作。

（五）采煤机机尾清浮煤工序

（1）采煤机动作：采煤机左滚筒降下割底煤，右滚筒升至水平，机尾向机头方向牵引，割机身下底煤。液压支架动作：采煤机机尾进行清煤，此时液压支架不动作。

（2）采煤机动作：左滚筒继续卧底割底煤，右滚筒继续升平，采煤机调头向机尾方向牵引，继续清理浮煤。液压支架动作：采煤机机尾进行清煤，此时液压支架不动作。

(3) 在第1至第5架之间，再往返一次重复(1)和(2)，完成清浮煤工序。

接下来进入机尾至机头的中部正常割煤阶段，中部液压支架开始追机拉架、推溜。机头三角煤截割、斜切进刀、反向中部割煤等工序与机尾部分对称。

四、智能化开采支护方式

综采工作面普遍选用液压支架作为工作面主要支护方式，液压支架的移架方式既取决于支架结构、控制方式、设备配套特点和煤层顶板的稳定性，也取决于采煤机对支架移架速度的要求。

(一) 移架

1. 移架方式

我国煤矿主要采用以下三种移架方式。

(1) 单架依次顺序式 (单架连续式)

支架随采煤机牵引割煤而依次前移，其移动步距等于采煤机截深，并在新位置重新排成直线。该方式操作简单，移架质量容易保证，对不稳定顶板适应性强，但移架速度慢。

根据顶板稳定性不同，该移架方式又可分为跟机立即移架和滞后一定距离移架。前者适用于不稳定顶板；后者适用于中等稳定顶板，其滞后最大距离取决于顶板允许的空顶时间，并保证采煤机在端头作业时间内能完成移架工序而不影响割煤。

当移架速度远低于采煤机牵引速度时，可采用分段依次顺序移架，以便使整体移架速度与割煤速度相互匹配。

(2) 分组间隔交错式 (分组交错式)

该方式移架速度快，对顶板适应能力较强，适用于顶板中等稳定以上的高产高效综采工作面。

(3) 成组整体依次顺序移架 (成组连续式)

支架按顺序成组依次移架，每组2～3架，通常支架是由大流量电液阀成组控制，适用于煤层地质条件好、采煤机牵引速度快、日产万吨的高产高效工作面。

实际生产中，由于采煤机的牵引速度时快时慢，因此同一工作面有可能采用不同的移架方法：当采煤机牵引速度慢时，采用单架依次顺序移架；当采煤机牵引速度快时，采用成组整体顺序移架等。

2. 移架方式对移架速度的影响

在泵站流量和供液系统通过能力、支架操作方便程度与操作人员的技术水平相当时，工作面移架速度的关键因素就是移架方式。实测表明，移架过程中操作调整时间占移架总时间的60%～70%。在泵站流量不变的情况下，当同时移架的架数（改单架依次顺序移架为分组间隔交错或成组整体依次顺序移架）增加时，供液时间也相应增加，但操作调整时间仍为单架的操作调整时间，故移架速度加快。但由于延长了供液时间，增加了顶板悬顶面积，支架往往达不到额定初撑力，特别是工作面远离泵站的一端，这种情况又导致顶板状况恶化，最终会影响综采设备效能的发挥。因此，在泵站流量未改变时，不稳定顶板单架移架改为多架移架或同时移架应当慎重。

如果同时移动3台支架，其泵站流量也增加到3倍，则多台支架同时前移时的供液时间就不会增加，这不仅进一步提高了移架速度，也有利于顶板管理。增加泵站流量既可以选用大流量的乳化液泵，又可以采用多台乳化液泵同时运转、多管路供液的方法。

3. 移架方式对顶板管理的影响

如前所述，单架顺序依次移架速度慢，但因卸载面积小，顶板下沉量相对小，适用于稳定性差的顶板。分组间隔交错和成组整体顺序移架，同时前移的支架数多，卸载面积大，即使顶板稳定性好，一般同时前移的支架数也不宜大于3架，否则顶板状况就可能恶化。

根据实测，各种移架方式对顶板的影响不尽相同。依次顺序移架过程中，在采煤机滚筒割煤处，由于割煤使顶板悬露面积增加，因而单位面积顶板平均支护阻力降低。在支架移架处，由于降柱卸载，支护阻力下降到零。在采煤机工作范围内移架，虽有利于防止伪顶冒落，但因割煤和移架在同一地点进行，悬顶面积剧增，顶板下沉速度增大，有可能导致顶板状况恶化。因此，采用该方式移架时，割煤与移架应保持合理的距离。

实测结果表明，在有些特定的顶板条件下，依次顺序移架时支架要经过较长时间才能达到额定工作阻力，而分组间隔交错移架时支架能较快地达到额定工作阻力，矿压显现也比前者缓和。

双向割煤时双向移架，工作面端头两次移架的时间间隔为斜切进刀时的平均悬顶时间，短时间内支架两次移架，支架长时间处于初撑力状态，不利于顶板管理。单向割煤时单向移架，工作面各处的移架时间间隔基本相同，因而支架阻力沿工作面分布大致相同，有利于顶板管理。

全卸载移架与带压移架对顶板管理影响较大。全卸载移架时，支架阻力下降大，且移架后有较长的增阻阶段，不利于顶板管理；带压移架时，只在移架处小范围内支架，阻力少许下降，有利于控制顶板。因此应尽量采用带压移架。

当单架顺序移架不能满足采煤机牵引速度要求而采用分段依次顺序移架时，由于段与段之间的接合部位在时间和空间上的交叉，造成顶板下沉量增加，容易引起冒顶、煤壁片帮和倒架。如不增大泵站流量，多头移架会造成高压乳化液管路压力降低，从而使支架初撑力和单架的移设速度降低，这对顶板管理极为不利。

4. 提高移架速度的措施

目前我国综采工作面每台支架的平均移置时间约为30 s，依此移架速度计算工作面生产能力为300~500 t/h，这显然满足不了高产高效的要求。提高支架的移设速度，使其与电牵引采煤机的割煤速度相适应，从根本上说是要提高工作面的装备水平。采用跟随采煤机自动跟机拉架的方式，不仅使移架速度大大提高，而且使支架工的工作量大为减少。这种移动系统通过记录和计算采煤机牵引驱动轮的转速、转向，确定其在工作面的行走方向和准确位置，并将这些信号耦合到供电电缆，再输送到平巷支架控制台，计算机按预编程序转送到相应支架的控制器，自动操作相关电磁阀，实现支架快速推移和升降动作，每架支架移架时间约3.5 s。但就我国目前的装备水平而言，要解决因移架速度制约综采工作面生产能力的问题尚需采取以下措施。

(1) 合理选择支架的移架方式。对于中等稳定顶板，因顶板允许有一定的暴露时间，移架可以滞后采煤机一定距离，当移架速度赶不上采煤机牵引速度时，可采用分段依次顺序移架或分组间隔交错移架，对于稳定顶板可采用分段移架或成组整体顺序移架。

(2) 加强支架维护保养，保证大修质量。支架的状况是影响移架速度的重要因素。有些矿井支架使用近10年，大修达4次之多，但由于大修质量有保障，支架完好率高，支架状况仍然良好。但也有些矿井因对液压支架保养差，液压系统内部窜液、外部漏液，支架的移架速度仅为正常移架速度的1/3左右，严重影响了工作面的生产和安全。

(3) 提高泵站流量和适当减小缸径。泵站流量大，移架速度自然提高。我国不少高产高效矿井采用多台泵、多管路、大流量供液方法。另外，在支撑力和移推力允许的前提下，适当减小千斤顶的缸径，也可达到快速移架的目的。

以往综采工作面液压支架的电液控制系统大多仅仅局限于工作面中部的跟机自动化程序移架，但对于工作面两端头部分，由于地质条件和采煤工艺复杂而没有办法实现。H公司一号煤矿智能化无人综采工作面能够在以往液压支架自动化控制的基础上，对液压支架实现全工作面远程自动化操控。

(二) 工作面支护

智能化综采工作面采用160台ZY6800/11.5/24D型掩护式液压支架支护顶板，其中端头支架6台，过渡支架3台（机头2台、机尾1台）。ZY6800/11.5/24D型掩护式液压支架（工作阻力6800 kN，初撑力4756kN，支架强度0.8～0.9 MPa）的工作阻力、初撑力及强度均有了大幅提升，满足了工作面顶板支撑要求，同时新型液压支架为智能电液控制，避免了人工操作造成的初撑力不足等现象，确保了支架初撑力符合设计要求，有效防止了工作面台阶下沉。该支架在远程控制端采用“液压支架数据监控和视频监控”的方式，实现了对工作面所有支架的拉架、推溜监视，确保了工作面的生产质量。

1. 液压支架远程干预实时控制

基于远程遥控开采要确保控制的实时性和可靠性。H公司组织研制了适应工作面狭长的地理空间布局的液压支架电液控制系统双总线冗余网络及无延时的信号中继器，系统响应时间小于300ms，解决了信号传输延时的技术难题，确保了液压支架远程实时控制。

2. 工作面支架自动调斜

工作面连续推进要求工作面液压支架保持直线，即必须保持工作面煤壁的平直。在工作面“三直两平”的工程质量要求中，“一直”就是指支架要直。

移架推溜后，因刮板输送机下滑，可能造成支架歪斜不直，导致支架实际状态会与理想状态有一定差别。

液压支架侧护板一般由顶梁侧护板、尾梁侧护板构成，其收缩、伸出由3～4个顶梁油缸完成，并有弹簧缓冲。油缸常规的安装方法是几只油缸进出油管方向一致，顶梁尾梁数个油缸同伸同缩。

通过对支架液压系统进行改进，将顶梁油缸管路反接，使一台支架上的侧护板形成前后一伸一缩、一缩一伸的状态，可以实现对支架的自动调斜功能。这对保持工作面“三直两平”、抑制刮板输送机上蹿下滑起到了良好的作用。

在工作面需要进行调斜时，可开启自动调斜程序，电液控制系统将由低处往高处逐架调整，实现工作面液压支架的自动调斜。

液压支架自动调斜操作步骤如下：

(1) 4号支架升起，5号降架，6号微降使侧护板能活动。

(2) 6号架顶梁侧护板前部收回留出调架空间、后部及尾梁护板向外伸，顶住5号架后部，使5号架后部向右侧移动。

(3) 同时5号架侧护板前部伸出，顶住4号架，使5号架前部向左移动；顶梁侧护板后部及尾梁侧护板收回，留出5号架后部移动空间。

(4) 遇底板较软，支架有抬底油缸时，可先将被调斜的支架抬底活动一下。

(5) 调架结束后，将5号架立柱升起，5号、6号侧护板油缸复位，并由弹簧自行调整缓冲。

(6) 以此类推，完成工作面其余支架的调斜。

程序自动操作：工作面连续推进3～5刀煤后，如支架需要调斜处理时，可人工启动调斜程序，由低处往高处逐架调整，动作步骤同上所述。此外，也可以做跟机调架，在移架后、推溜前，完成调架动作。

在普通电液控制系统的基础上，H公司研究了井下实际采煤工艺及工人操作方式。针对一号煤矿智能化无人综采工作面的实际需求，在SAC液压支架电液控制系统中，工作面每台液压支架配置一套支架控制单元，支架控制单元采用以26功能支架控制器为核心的控制部件。支架控制单元主要实现邻架单动控制、隔架控制、自动移架控制、成组支架动作控制和工作面顶板围岩耦合等功能。

(三) 工作面超前支护

以往工作面两巷超前支护均采用人工支设单体液压支柱的方法，这样不仅效率低，而且劳动强度大、安全性差。通过对智能化无人综采工作面超前支承压力及其巷道状况的分析，H公司组织研发了工作面巷道超前支护液压支架。该支架通过电液控制驱动和视频实时监控技术，完成对超前支架的遥控控制、远程控制和自动化控制等。在实际应用中超前支护液压支架支护效果较好，完全取代了单体超前支护的形式。

智能化综采工作面两巷超前支护液压支架的架型设计为左、右两架成一组的形式，左、右两架顶梁之间由防倒千斤顶连接。每一架由前后两节组成，前节的顶梁后部与后节的伸缩梁相连；前节的底座后部与后节的底座前部通过连接头、移架千斤顶相连；前、后节互为依托，达到超前支护液压支架移架的目的。可根据巷道加强支护段的长度，按需要连接若干节首尾相连的支架，以保证在采煤的过程中巷道顶板能够得到持续、有效的支撑和控制。

五、工作面矿压规律

(一) 矿压研究的基本理论

(1) 矿山压力基本概念。地下岩体在受到开挖以前，原岩应力处于平衡状态。开掘巷道或进行回采工作时，破坏了原始的应力平衡状态，引起岩体内部的应力重新分布，直至形成新的平衡状态，这种由于矿山开采活动的影响在巷道周围岩体中形成和作用在巷道支护物上的力称为矿山压力。在矿山压力作用下，巷道围岩和支护物会出现各种力学现象，如岩体变形、破坏、塌落，支护物变形、破坏、折损，以及在岩体中出现的动力现象，这些力学现象统称为矿山压力显现。所有减轻、调节、改变和利用矿山压力作用的各种方法称为矿山压力控制。

(2) 采煤工作面围岩移动特征。根据“砌体梁”结构理论，长壁采煤工作面采用全部垮落法处理采空区时，工作面上覆岩层显现运动特征。工作面上覆岩层沿铅垂方向自上而下分为三带：弯曲下沉带、裂隙带、垮落带，其中后两带的几何特征对工作面矿压显现有较显著的影响。垮落带的高度一般为采高的 2 ~ 5 倍，裂隙带高度根据覆岩性质的不同为采高的 10 ~ 25 倍。坚硬岩层垮落后松散系数较小，一般垮落带和裂隙带高度较大，同时由于其滞后垮落，对工作面矿压显现影响较大。实测表明，沿工作面方向采空区上方裂隙带和垮落带呈马鞍形状，反映了中部顶板下沉量较大导致冒落岩石充填空洞的高度相对较小的特点。

工作面上覆岩层沿推进方向可以分为以下三个区域：

①支承影响区（A 区）。位于工作面前方和上方，一般始于工作面前方 30 ~ 40 m，区域岩层变形缓慢，在支承压力作用下表现为垂直压缩，在采空区覆岩运动影响下出现水平拉伸和局部微量上升。

②离层区（B 区）。煤壁后方至采空区，压实区上方岩层失去支撑后，断裂岩块急剧下沉，离层自下而上发展，出现若干组相互分离的咬合岩层，其挠度曲线各不相同，一般自下而上挠度递减。

③重新压实区（C 区）。在工作面后方 40 ~ 60 m，裂隙带岩层受到下部已垮落岩层的支撑，下沉速度减小，直至完全压实。

(3) 矿压显现主要研究对象。矿压显现主要研究工作面回采后顶板的冒落、断裂形式，并通过现场观测和数据分析，总结提炼出综采工作面的直接顶初次垮落、基本顶初次来压以及周期来压等矿压显现规律，从而为工作面的顶板管理和生产安排提供基础。主要研究对象分别介绍如下：

①直接顶初次垮落。煤层开采后，将首先引起直接顶的垮落，回采工作面从开切眼开始向前推进，直接顶悬露面积增大，当达到其极限垮距时开始垮落，直接顶的第一次大面积垮落称为直接顶初次垮落。直接顶初次垮落的跨距称为初次垮落距，初次垮落距的大小取决于直接顶岩层的强度、分层厚度和直接顶内节理裂隙的发育程度等，一般为 6 ~ 12 m，它是直接顶稳定性的一个综合指标。

②基本顶初次来压。直接顶初次垮落后，当基本顶悬露达到极限垮距时，基本顶断裂形成三铰拱式的平衡，同时发生已破断的岩块回转失稳（变形失稳），有时可

能伴随滑落失稳（顶板的台阶下沉），从而导致工作面顶板的急剧下沉。此时，工作面支架出现受力普遍加大现象，即称为老顶的初次来压。由开切眼到初次来压时工作面推进的距离称为基本顶的初次来压步距。

③周期来压。随着回采工作面的推进，在基本顶初次来压以后，裂隙带岩层形成的结构将经历“稳定—失稳—再稳定”的变化，这种变化将周而复始地进行。由于结构的失稳导致工作面顶板来压，这种来压将随着工作面的推进而周期性出现，这种现象称为工作面顶板的周期来压。

（二）矿压观测的主要目的

（1）掌握采煤工作面上覆岩层运动规律，了解采场矿压控制对象的范围；根据支架实际工作阻力，分析围岩与支架的相互作用关系，并对工作面顶板来压规律进行预测预报，及时采取预防措施，实现安全高效生产。

（2）通过分析支架工作阻力、围岩移动收敛数据，总结提炼工作面初次来压、周期来压的规律及采动影响范围，为综采工作面顶板科学管理提供可靠依据。

（3）通过矿压显现规律研究，对工作面液压支架的可靠性和适应性进行评价。

（4）验证回采巷道支护强度在工作面超前支承应力作用下能否满足安全使用要求。

（三）智能化综采工作面矿压观测设备

1. 观测设备

（1）智能化综采工作面接入 TMDYLC（GPD60）型矿用压力传感器作为工作面支护质量在线动态监测系统，监控平台采用配套的监控软件，可以从监控中心屏幕上直接观察每台支架的实时工作阻力，同时可在现场直接观察每台支架立柱的压力表或压力分机显示数据，判断每台支架的工作阻力情况。

（2）工作面两巷每100m 安装 1 台 GYW300 顶板离层传感器，安装孔直径 28 mm、深度 6 m，传感器位于巷道中心并与顶板垂直。离层传感器有两个测量基点（A 基点和 B 基点），A 基点为深部基点，B 基点为浅部基点，通过 A、B 两个基点位移的变化确定离层的范围和离层的大小，每台离层传感器 A 基点深 6 m、B 基点深 3 m，报警值大于或等于 100 mm。每个离层传感器分站与上位主站连接，并将监测数据传送到地面监测服务器，通过分析地面监测服务器所收集的顶板矿压显现数据，判定智能化综采工作面两巷顶板变化情况。

（3）测定工作面超前支承压力采用 QSY8901-2 型单膜土压力盒，压力盒最大量程为 8MPa。

2. 测点布置

（1）超前支承压力观测点。在进风巷距离开切眼 50 m 巷道靠帮侧，设置两组超前支承压力观测点，每组观测点将压力盒分别安设至单体支柱顶部，对单体支柱加压后将压力盒与顶板接触紧密，单体支柱初撑力不小于 90kN，压力盒接收数据调整至零。压力盒记录单体支柱随着工作面回采推进过程中的压力数据。

（2）应力恢复区测点。在端头向工作面里 10 m 的支架后方布置 1 组观测点，安设 3 个压力盒，压力盒用 1 m^2 铁板覆盖，以保证压力盒受压均匀。压力盒通过数据线引出，数据线长度超过 70m。压力盒记录随着工作面推进过程中后方采空区顶板垮落后的压力数据。

（3）支架工作阻力观测点。通过观测和收集 30 号、50 号、70 号、90 号、110 号支架 5 个具有代表性的压力分机显示数据，系统分析研究工作面矿压显现规律。

（4）巷道顶板离层观测点。分别在两巷开切眼向外 250 m 处设置顶板离层观测点，各安设 1 组顶板离层仪器，记录该组离层仪随着工作面回采推进过程中的离层数据，综合分析工作面回采期间进、回风巷试验离层仪数据。

（5）巷道收敛观测点。在两巷开切眼向外 100 m 巷道内每 5 m 布置一个观测点，共布置 20 个观测点，采用十字布点法对进风巷的顶板下沉量、底鼓量及帮部移近量进行观测。

（四）工作面矿压规律分析

1. 矿压数据模拟

（1）模型建立

以工作面开切眼附近覆岩为原型进行建模。在水平方向上，按比例 1∶9 进行建模，模型取巷道延伸长度 200.6 m，开切眼延伸长度 27 m；在垂直方向上，高度取 20.7 m，其中底板厚 0.7 m，煤层厚度 2 m，直接顶厚 4 m，基本顶厚 14 m。限制模型底板垂直位移和模型四周水平位移，基本顶以上按均布荷载加载，水平应力取垂直应力的 0.8 倍。

（2）数值模拟计算过程

在模型的右侧留设 30m 的保护煤柱，开切眼宽度 6.6 m，高度 2.7 m。在施加外力条件后，首先计算模型的初始应力场，在达到平衡后，进行开切眼的开挖，通过顶底板位移及应力变化，确定工作面初次来压、周期来压等矿压显现规律。

（3）模拟数据分析

①开切眼后围岩垂直应力和垂直位移分布情况。

②初次来压模拟分析。发生初次来压表现为：一是沿层理面的离层，其对应的

应力特征是层面间的垂直应力为零；二是顶板的横向拉伸破坏。

③周期来压的模拟分析。工作面初次来压过后，随着工作面的继续推进，基本顶形成的结构将经历“稳定—失稳—再稳定”的变化，这种变化将周而复始地进行。当工作面推进至距开切眼40m时，基本顶悬露的空间不断增大，基本顶在自身重力作用下出现裂断、旋转、下沉。

2. 采场压力规律分析

(1) 煤层采动覆岩三带高度观测

本次观测采用井下仰孔分段注水观测法。在1001工作面选择合适的观测场所，在相邻1002工作面的进风巷或所测工作面的终采线或开切眼以外的巷道中开掘钻场，向采空区上方打仰斜钻孔。钻孔应避开垮落带而斜穿裂隙带，达到预计的裂隙带顶界以上一定高度。使用“钻孔双端封堵测漏装置”沿钻孔进行分段封堵注水，测定钻孔各段水的漏失量，以此了解岩石的破裂松动情况，确定裂隙带的上界高度。

钻孔双端封堵测漏装置是进行井下仰孔分段注水观测的主要设备，它包括孔内封堵注水探管和孔外控制阀门及观测仪表系统。孔内封堵注水探管两端有两个互相连通的胶囊，平时处于静止收缩状态，呈圆柱形，可用钻杆或人力推杆将其推移到钻孔任意深度。通过细径耐压软管、调压阀门和指示仪表向胶囊压水或充气，可使探管两端的胶囊同时膨胀成椭球形栓塞，在钻孔内形成一定长度（设计为1 m）的双端封堵孔段。通过钻杆或人力空心推杆（兼作注水管路）、调压阀门和压力流量仪表向封堵孔段进行定压注水，可以测出单位时间注入孔段并经孔壁裂隙漏失的水量。实测结果表明，在尚未遭受松动破坏的岩石中，在0.2 MPa的注水压力下，每米孔段根据岩性的不同每分钟的注水流量小于6 L，甚至趋近于零，而在充分发育的裂隙带范围内可达30 L，在垮落带范围内超过30 L。

①观测钻孔设计。设置两组观测剖面，每组剖面分别各施工3个钻孔作为监测钻孔。测剖面3个钻孔中1号钻孔为对比孔，2号和3号钻孔为采后监测孔。各设计钻孔的终点距2号煤层顶板均为80 m。

②施工观测时间。第一观测剖面观测时间：2014年4月22日，完成采前1号孔的观测，仰角45°，孔深113 m；2014年4月25日，完成采后2号孔的观测，仰角45°，孔深113 m；2014年4月26日，完成采后3号孔的观测，仰角38°，孔深130 m。第二观测剖面观测时间：2014年4月28日，完成采后2号孔的观测，仰角45°，孔深113 m；2014年4月30日，完成采后3号孔的观测，仰角38°，孔深130 m；2014年5月4日，完成采前1号孔的观测，仰角45°，孔深113 m。

③通过分析观测数据所得垮落带和裂隙带发育高度。

(2) 工作面“三区”观测

①支承应力区观测。本次试验采用2组压力盒，将压力盒分别安设至单体支柱顶部，对单体支柱加压后将压力盒与顶板接触紧密，单体支柱初撑力不小于90kN，并将压力盒接收数据调整至零。在随后的开采过程中，每隔一定时间观测一次压力盒的变化情况，记录数据并形成工作面超前支承压力图。

应力降低区和应力恢复区观测。通过数据观测分析，应力降低区在工作面后方采空区0～25 m、应力恢复区约在工作面后方采空区60 m位置压力处于平衡稳定。

②通过分析观测数据所得支承应力区、应力降低区、应力恢复区范围。

3. 工作面推采方向压力分布规律

顶板来压主要是通过支架的工作阻力来判断的。通过分析1001智能化综采工作面推采方向0～260 m的支架工作阻力，研究基本顶初次垮落和基本顶周期来压规律。

来压步距的确定是以工作面支架平均工作阻力为纵坐标，以推采距离为横坐标，绘出支护阻力沿工作面推进方向的分布曲线。将支架的平均循环末阻力与其均方差之和加权阻力，作为顶板周期来压的判据。

(1) 直接顶初次垮落步距。1001工作面自开切眼推采至9.6 m，支架后方岩石已充分充填采空区，支架工作阻力第一次达到波峰，1001工作面直接顶初次垮落平均步距为12.4 m，初次垮落时支架最大工作阻力为6420 kN。

(2) 基本顶初次来压步距。通过分析支架平均工作阻力变化趋势可知，直接顶初次垮落后，支架工作阻力在出现短暂下降后总体上呈缓慢上升趋势。随着工作面推进，中部支架在16 m位置工作阻力达到峰值，工作面中部顶板率先破断，符合O-X破断规律。经计算基本顶初次垮落平均步距为21.4 m，初次垮落时支架最大工作阻力平均值为6760 kN。

(3) 周期来压步距。基本顶初次来压后，裂隙带岩层形成的结构将始终经历“稳定—失稳—再稳定”的变化，这种周期性失稳引起了顶板的周期来压。从支架平均工作阻力变化趋势图看工作面压力曲线变化，曲线位于横线上部的，是来压期间的工作阻力状态。在工作面推采260 m范围内，基本顶初次来压后出现了14次周期来压，平均来压步距为16.6 m。

分析这14次周期来压显现情况得出，周期来压强度具有一定的交替性，来压强度的峰值均在支架额定工作阻力范围之内（额定工作阻力为6800 kN）。

4. 工作面横向截面压力分布规律

分析工作面横向截面上支架工作阻力变化规律，重点以推进过程中5 m、10 m、15 m、20 m、25 m、30 m、35 m位置为测量点，利用以上测点支架的数据反映整个工作面横向截面上的压力分布规律。结合工作面走向压力规律研究结果，本次观测设置的测量点位总长度包括初次来压步距和1个周期来压步距。每个测点分别以支架工作阻力为纵坐标，以5个支架所在位置为横坐标，形成工作面倾向方向支架工作阻力分布图。

在20 m、35 m点位上支架工作阻力呈正态分布形式，结合上文初次来压步距和周期来压步距，说明在初次来压和周期来压期间工作面中部支架工作阻力率先达到峰值，符合顶板O-X型破断压力分布规律。

(五) 支架适应性分析

1. 支架工作阻力频率分析

一般选型合理的支架工作阻力频率分布图应是正态分布，因此可通过支架工作阻力频率分布规律验证支架选型是否满足设计需求。

对1001智能化综采工作面所选的5组试验支架工作的阻力进行统计，并绘制支架工作阻力频率图。通过分析得知，在初次来压及周期来压期间，支架处于低阻力和高阻力所占整个区间比例较小，支架处于正常阻力所占比例较大，支架平均动态工作阻力均未达到6800kN，说明所选的ZY6800/11.5/24D型支撑掩护式液压支架符合要求。

2. 支架初撑力分析

初撑力是指乳化液经泵站到达立柱下腔，从而产生的支架顶梁对顶板的主动支撑力。初撑力对顶板离层、支架的工作状态、顶板管理有重要影响。对工作面所选的5组试验支架在初采和正常推采期间的初撑力进行统计，并绘制初撑力频率图。分析得知，初采期间支架平均初撑力为4179.6 MPa，占额定初撑力5067 MPa的82.5%；正常推采期间支架平均初撑力为4500.1 MPa，占额定初撑力5067 MPa的88.8%，在初次来压及周期来压期间，支架初撑力满足要求。

3. 支架稳定性观测

初次和周期来压期间，分别对工作面30号、50号、70号、90号、110号液压支架的立柱收缩量、安全阀开启次数、支架仰俯角、管路及阀组漏液次数等稳定性参数进行观测。通过观测分析，对工作面支护的可靠性和稳定性进行评价。

通过观测分析可知，在工作面初次（周期）来压期间，支架立柱收缩量均小于100 mm，支架歪斜及仰俯角均不超过0.5°，管路、阀组漏液及安全阀开始次数极少，且没有发生支架顶梁、侧护梁及推移等结构的变形、折损情况；观测期间工作面基本没有出现挤架、咬架现象，支架上蹿（下滑）量均在可控范围内，两端头安全出口畅通，工作面液压支架支护形态稳定、工况良好，能够很好地满足实际生产需求。

（六）两巷矿压规律分析

1. 两巷顶板离层规律分析

（1）进风巷顶板离层规律分析。进风巷距回采工作面 63 m 以外，顶板累计位移量变化不大，可认为顶板基本处于稳定状态，没有发生离层现象。进风巷距回采工作面 63 m 以内，随着工作面的推进，顶板位移量不断增加，浅部基点处累计位移量最大为 27 mm，深部基点处累计位移量最大为 30 mm。

（2）回风巷顶板离层规律分析。回风巷距回采工作面 51 m 以外，顶板累计位移量变化不大，可认为顶板基本处于稳定状态，没有发生离层现象。回风巷距回采工作面 51 m 以内，随着工作面的推进，顶板累计位移量不断增加，浅部基点处累计位移量最大为 24 mm，深部基点处累计位移量最大为 28 mm。

2. 两巷收敛规律分析

初次（周期）来压期间，在工作面煤壁前方 100 m 巷道内每隔 5 m 布置一个测点，共布置 20 个测点，分别对进风巷的顶板下沉量、底鼓量及帮部移近量进行观测。通过观测分析，对巷道支护的可靠性和稳定性进行评价。

通过观测分析可知，在工作面初次及周期来压期间，巷道顶底板移近量不超过 400 mm，帮部移近量不超过 60 mm，且巷道收敛变形主要集中在煤壁前方 50 m 范围内，50 ~ 100 m 范围巷道收敛量逐渐趋于零。在观测期间两巷安全出口畅通，巷道收敛量均在可控范围内，这说明巷道的永久支护、超前支护均能够满足实际生产需求。另外，巷道顶底板移近量主要表现为巷道底鼓，约占总量的 85%，最大移近量达 320 mm，因此在生产过程中要根据现场实际情况及时对底板进行落底处理，避免造成端头位置推溜、移架困难，影响正常生产。

（七）矿压分析评价

通过矿压分析，得出了 1001 工作面三带、三区范围；在顶板来压期间验证了支架稳定性，支架控顶效果较好，说明工作面配置的液压掩护式支架能够较好地适应顶板破断规律，满足顶板管理需求。

通过支架适应性分析可知，在初采和正常推采期间，支架初撑力和支架工作阻力频率分布呈正态分布，支架平均初撑力、平均动态工作阻力均未超过额定值，支架立柱收缩量和支架歪斜及仰俯角较小，管路、阀组漏液及安全阀开启次数极少，未发生支架顶梁、侧护及推移等结构的变形折损情况。观测期间工作面未出现挤架、咬架现象，支架上蹿（下滑）量均在可控范围内，两端头安全出口畅通，说明配置的液压掩护式支架架型设计合理，支架支护强度可靠、支护形态稳定，能够满足实际生产支护需求。同时，该支架配套的矿压监测系统可实时反映所有支架工况，能通过远程人工干预调整工作面支撑强度，可有效保证智能化综采工作面实现安全高效生产。

六、运煤与采空区处理

沿工作面往返行走的采煤机依靠前后两个滚筒的旋转，截齿不断切入煤体而破煤，破落的煤炭在与滚筒同轴的弧形挡煤板配合下沿滚筒上的螺旋沟槽顺滚筒轴线方向向外抛出，装入可弯曲刮板输送机。具体运输路线为：工作面刮板输送机→转载机→回风巷带式输送机→盘区带式输送机→盘区煤仓→主运输带式输送机→选煤厂。

工作面采空区处理目前主要有全部垮落、煤柱支撑以及充填等方法。由于1001工作面伪顶厚度0.10 m，松软易碎，极不稳定，随采随落；直接顶岩性变化较大，以深灰色砂质泥岩及泥岩为主，局部为砂质泥岩、粉砂岩和砂泥岩互层，为中厚层状至薄层状，水平层理发育，易风化破碎垮落；同时工作面煤层较薄，煤层平均厚度1.8 m，工作面最大采高2.2 m，顶板垮落后直接顶可完全填满采空区，上覆岩层下沉量小；另外工作面上覆地表为山体，无建筑物、水体等需特殊保护的设施，因此选用全部垮落法处理采空区顶板。

七、工作面作业循环

1001智能化无人综采工作面实行“三八”制作业方式，即一班检修、两班生产。检修班实行包机制，责任明确，分工协作；生产班实行智能化作业。与1001工作面煤层厚度近似的310综采工作面也实行“三八”制。检修班实行包机制，责任明确，分工协作；生产班实行煤机追机作业，支架工分段作业。

针对一号煤矿煤层地质条件，通过科学分析，不断优化改进，H公司最终确立了智能化综采总体思路，完善了工作面生产布局，设计了智能化综采生产工艺，这为智能化开采技术的成功实践奠定了基础。在此基础上，需要对智能化综采设备进行科学合理的选型与配套。

第五章　智能化无人综采关键设备

第一节　选型要求

综采工艺的选择不仅决定了工作面的生产布局，也决定了综采装备的类型。合理地选择综采装备，不仅能够保证工作面的生产能力，而且能大大提高综采设备技术水平。液压支架、采煤机、刮板输送机等主要装备的设计选型，是矿井安全高效生产的关键。近年来，随着煤矿综合机械化水平的不断提高，适应不同煤层条件的综合机械化开采技术装备不断涌现，这有效支撑了高产高效矿井建设和煤炭产业升级。在此期间，我国煤机装备制造水平也有了长足的进步和发展，国产综采装备日趋成熟，应用范围不断扩大。同时，国产装备不断表现出配套功率大、生产能力大、可靠性高、安全系数高、数据共享率高、广泛应用新技术和备件供应及时等特点。

针对H公司一号煤矿煤层的地质条件，我们首先确立了中厚煤层全国产综采装备的设计选型思路，并要求充分引进国内知名煤机装备先进的制造工艺和控制技术，在确保整套装备性能的同时，要大大提升综采自动化、智能化控制水平。本章详细阐述了H公司智能化综采设备的设计选型情况。

综采设备的选型和配套直接关系到综采设备的稳定性和可靠性，影响工作面年产目标的顺利实现。工作面“三机”选型包括液压支架、采煤机和刮板输送机的选型。其中，液压支架的选型是核心，采煤机和刮板输送机的选型则是工作面生产能力的保证。

H公司一号煤矿综采设备的选型配套遵循以下原则。

(1) 设备充分消化吸收国内外近年来类似条件矿井生产的经验和先进技术，能够满足安全、高产高效、智能化生产的要求。

(2) 为国内先进、成熟可靠的设备，能够满足工作面生产能力要求。

(3) 能提高工作面的推进速度，各设备的配套形式、技术性能及尺寸合理。

(4) 具有高可靠性，能保证工作面生产系统的稳定性、协调性。

(5) 工作面外围设备配套生产能力应大于工作面设备配套生产能力。

(6) 自动化控制系统要具备可靠的远程操控能力，能够满足智能化无人综采的需要；各种设备的控制模块要具有兼容性接口，便于相互间的通信和集中远程控制。

第二节　设计选型

一、液压支架选型

(一) 选型原则

影响液压支架选型的主要因素有顶板和底板岩性、煤层可采高度、煤层倾角、煤层瓦斯含量等。液压支架选型应遵循以下原则:

(1) 支护强度与工作面矿压相适应。

(2) 支架的结构、类型与煤层赋存条件相适应。

(3) 与底板的比压和抗拉强度相适应。

(4) 与工作面通风要求相适应。

(5) 操作简单、方便，动作循环时间短；配套电液控制技术，能够实现快速移架。

(6) 自动化控制系统技术先进。

(二) 影响因素

液压支架高度必须与工作面采高相匹配。工作面采高的确定主要依据煤层厚度(包括煤层夹矸厚度)，并且要考虑设备能力和矿山压力显现状态。

(三) 选型标准

(1) 根据待采工作面的煤层分布情况确定工作面采高。

(2) 支架的最低高度应小于工作面最低采高，最大高度应高于工作面最大采高。

(3) 对煤层的顶底板压力及邻近工作面压力进行监测，对监测数据进行计算分析，确定支架的支护强度与额定工作阻力。

(4) 支护强度和工作阻力采用经验估算法和建立在支架与围岩相互作用关系基础之上的数值模拟分析法来确定。

(5) 控制方式采用电液自动化控制。

(6) 配置的 SAC 电液自动化控制系统可实现成组程序自动控制，包括成组自动移架、成组自动推溜等动作；能随工作面条件的不同，通过调整软件参数来调整支架的动作顺序。

(7) 支架能通过电液控制系统实现邻架的手动、自动操作。

(8) 实现本架电磁阀按钮的手动操作。

(9) 具备远程控制功能。

(四) 主要参数确定

(1) 1.4 ~ 2.2 m 煤层设备参数确定：①支架支护最低高度不大于 1.4 m，最大高度应大于 2.2 m。②综合分析经验法和数值模拟分析法计算结果，液压支架的合理支护强度应大于 0.7 MPa。③通过计算得出最低工作阻力为 6417 kN，考虑支架立柱缸径系列化以及采高较低时工作面支架立柱倾斜度大、有效支护作用力小等因素，确定支架的额定工作阻力为 6800 kN。

(2) 1.5 ~ 2.8 m 煤层设备参数确定：①支架支护最低高度不大于 1.5 m，最大高度应大于 2.8 m。②综合分析经验法和数值模拟分析法计算结果，液压支架的合理支护强度应大于 0.9 MPa。③通过计算得出最低工作阻力为 7428 kN，考虑支架立柱缸径系列化，确定支架的额定工作阻力为 7800 kN。

(3) 4.0 ~ 6.0 m 煤层设备参数确定：①支架支护最低高度不大于 4.0 m，最大高度应大于 6 m。②综合分析经验法和数值模拟分析法计算结果，液压支架的合理支护强度应大于 1.09 MPa。③通过计算得出最低工作阻力为 10441 kN，考虑支架立柱缸径系列化，确定支架的额定工作阻力为 10800 kN。

(五) 最终选择

(1)1.4 ~ 2.2 m 煤层设备最终选择了 ZY6800/11.5/24D 型液压支架。

(2)1.5 ~ 2.8 m 煤层设备最终选择了 ZY7800/15/30D 型液压支架。

(3)4.0 ~ 6.0 m 煤层设备最终选择了 ZY10800/28/63 型液压支架。

二、采煤机选型

(一) 选型原则

(1) 技术先进，性能稳定，操作简单，维修方便，运行可靠，生产能力大。

(2) 各部件相互适应，能力匹配，运输畅通，不出现“卡脖子”现象。

(3) 与煤层赋存条件相适应，与矿井规模和工作面生产能力相适应，能实现经济效益最大化。

(4) 系统简单、环节少，总装机功率大，机面高度低，过煤空间大，有效截深大。

(5) 具有实时在线监测、自动记忆切割、远程干预控制等功能。

(二) 影响因素

综采工作面生产能力主要取决于采煤机割煤能力，割煤能力与采煤机最大割煤牵引速度、无故障割煤时间、截深、采高、煤的容重等有关。当采高与截深一定时，工作面生产能力取决于采煤机的牵引速度、装机功率和滚筒大小。

(三) 选型标准

(1) 根据工作面生产能力确定采高、截深、卧底等参数，进而确定滚筒尺寸。

(2) 采煤机滚筒能实现工作面两端斜切进刀自开缺口的要求。

(3) 采煤机的装机功率应能满足生产能力和破煤能力，正常行走速度应能充分满足生产能力的要求。

(4) 采煤机与支架之间应有足够的安全距离 (不小于 200 mm)，确保不相互干涉。

(5) 过煤空间不小于 300mm，以保证煤流能顺利通过。

(6) 采煤机机械和电气部分应具有较高的稳定性能，开机率应符合要求。

(7) 采煤机应具有自动记忆截割、工况监测和远程控制等功能。

(四) 主要参数确定

(1) 1.4 ~ 2.2 m 煤层设备参数确定：根据工作面煤层赋存条件及生产能力要求，采煤机的总装机功率应大于 910 kW，采高范围应为 1.4 ~ 2.3 m，机面高度应小于 1.0 m。

(2) 1.5 ~ 2.8 m 煤层设备参数确定：根据工作面煤层赋存条件及生产能力要求，采煤机的总装机功率应大于 1116 kW，采高范围应为 1.8 ~ 2.8 m，机面高度应小于 1.4 m。

(3) 4.0 ~ 6.0 m 煤层设备参数确定：根据工作面煤层赋存条件及生产能力要求，采煤机的总装机功率应大于 1363 kW，采高范围应为 3.8 ~ 6.0 m，机面高度应小于 2.8 m。

(五) 最终选择

(1) 1.4 ~ 2.2 m 煤层设备选择：通过对比，最终选择了 MG2 × 200/925-AWD 型自动化采煤机。

(2) 1.5 ~ 2.8 m 煤层设备选择：通过对比，最终选择了 MC620/1660-WD 型自动化采煤机。

(3) 4.0 ~ 6.0 m 煤层设备选择：通过对比，最终选择了 MG900/2210-GWD 型自动化采煤机。

三、三机选型

（一）选型原则

（1）刮板输送机应满足与采煤机、液压支架的配套要求。

（2）刮板输送机输送能力应大于采煤机生产能力。

（3）刮板输送机铺设长度应满足工作面回采要求。

（4）转载机应具有自移功能，刮板输送机应具有自动张紧功能。

（5）应尽量选用与在用设备型号相同的设备，降低矿井生产成本，便于日常维修和配件管理。

（二）选型标准

（1）刮板输送机的运输能力必须满足采煤机割煤能力，考虑到刮板输送机运转条件多变，其实际运输能力应略大于采煤机的生产能力。

（2）刮板输送机的功率根据工作面长度、链速、重量、倾斜程度等确定。

（3）结合煤的硬度、块度、运量，刮板输送机选择中双链形式的刮板链条；机身应附设与其结构形式相应的齿条或销轨；在刮板输送机靠煤壁一侧附设铲煤板，以清理机道的浮煤。

（4）转载机的输送能力应大于刮板输送机的输送能力，其溜槽宽度或链速一般应大于刮板输送机。

（5）转载机的机型，即机头传动装置、电动机、溜槽类型以及刮板链类型，尽量与在用刮板输送机一致，以便于日常维修和配件管理。

（6）转载机机头搭接带式输送机的连接装置，应与带式输送机机尾结构以及搭接重叠长度相匹配，搭接处的最大高度要适应超前压力显现后的支护高度，转载机高架段中部槽的长度应满足转载机前移重叠长度的要求。

（7）转载机在巷道中的宽度、高度要满足要求。

（8）破碎机与转载机的能力要匹配。

（三）主要参数确定

（1）1.4～2.2 m 煤层设备参数确定：①采煤机的设计生产能力为 685 t/h，刮板输送机的运输能力应不小于 890 t/h。②刮板输送机的装机功率应大于 827.8 kW。

（2）1.5～2.8 m 煤层设备参数确定：①采煤机的设计生产能力为 1572 t/h，刮板输送机的运输能力应不小于 2201 t/h。②刮板输送机的装机功率应大于 1279 kW。

（3）4.0 ~ 6.0 m 煤层设备参数确定：①采煤机的设计生产能力为 1610 t/h，刮板输送机的运输能力应不小于 225 4t/h。②刮板输送机的装机功率应大于 2500 kW。

（四）最终选择

（1）1.4 ~ 2.2 m 煤层设备最终选择了 SGZ800/1050 型刮板输送机、ST7800/250 型转载机和 PCM200 型破碎机。

（2）1.5 ~ 2.8 m 煤层设备最终选择了 SGZ1000/2 × 855 型刮板输送机、SZZ1000/525 型转载机和 PLM3000 型破碎机。

（3）4.0 ~ 6.0 m 煤层设备最终选择了 SGZ1200/2565 型刮板输送机、SZZ1300/525 型转载机和 PLM4500 型破碎机。

四、泵站选型

（一）选型原则

（1）泵站供液系统性能稳定、可靠。

（2）泵站的输出压力应满足液压支架初撑力的需要，并考虑管路阻力所造成的压力损失。

（3）泵站的单泵额定流量和泵的数量应满足工作面液压支架及其他用液设备的操作需要。

（4）乳化液箱的容积应满足多台泵同时工作的需要。

（5）应配备备用乳化液泵站。

（6）乳化液泵站的电机功率应满足泵站最大工作能力的需要。

（7）泵站应配备“机—电—液”一体化的检测系统，以实时检测系统的输出流量和输出压力、乳化液箱的液位和温度、泵站运行状态等，并可实现预警，确保人员和设备的安全。

（8）应尽量选用与在用设备型号相同的设备，便于日常维修和配件管理，降低矿井生产成本。

（9）当由固定泵站向工作面远距离供液时，要计算确定所用管路的类型、口径、液流压力损失，并综合确定所需泵站的工作能力。

（二）影响因素

泵站的选择主要取决于工作面液压支架及其他用液设备操作所需的初撑力、用液流量等。

(三) 选型标准

(1) 确定工作面液压系统所需的压力和流量，选择泵的供液压力和流量应大于所需要求。

(2) 计算管路压力损失，并通过压力损失及所需供液压力和流量，选择泵的流量应大于所需要求。

(四) 主要参数确定

(1) 1.4 ~ 2.2 m 煤层设备参数确定：①确定乳化液泵站供液压力为 31.5 MPa，流量为 400L/min。②确定喷雾泵站供液压力为 16 MPa，流量为 400 L/min。③通过对工作面千米供液管路的压力损失计算，并充分考虑巷道高低、管路连接头等造成的压力损失与沿程压力损失，确定工作面千米供液所需供液管内径大于 50 mm。

(2) 1.5 ~ 2.8 m 煤层设备参数确定：①确定乳化液泵站供液压力为 31.5 MPa，流量为 500 L/min。②确定喷雾泵站供液压力为 16 MPa，流量为 400 L/min。③通过对工作面千米供液管路的压力损失计算，并充分考虑巷道高低、管路连接头等造成的压力损失与沿程压力损失，确定工作面千米供液所需供液管内径大于 65 mm。

(3) 4.0 ~ 6.0 m 煤层设备参数确定：①确定乳化液泵站供液压力为 31.5MPa，流量为 500 L/min。②确定喷雾泵站供液压力为 10 MPa，流量为 500 L/min。③通过对工作面千米供液管路的压力损失计算，并充分考虑巷道高低、管路连接头等造成的压力损失与沿程压力损失，确定工作面千米供液所需供液管内径大于 50 mm。

(五) 最终选择

(1) 1.4 ~ 2.2 m 煤层泵站最终选择了 3 台型号为 BRW400/31.5 的乳化液泵、2 个乳化液箱、2 台型号为 BPW400/16 的喷雾泵、1 个清水箱。

(2) 1.5 ~ 2.8 m 煤层设备泵站最终选择了 4 台型号为 BRW500/31.5 的乳化液泵、2 个乳化液箱、2 台型号为 BPW400/16 的喷雾泵、1 个清水箱。

(3) 4.0 ~ 6.0 m 煤层泵站最终选择了 3 台型号为 BRW500/31.5 的乳化液泵、2 个乳化液箱、4 台型号为 BPW400/10 的喷雾泵、3 个清水箱。

五、超前支架选型设计

巷道超前支护液压支架是随着综采工作面推进而设计的一种液压支架。该支架能够加强巷道超前段以及端头顶板的维护，保证工作面采煤作业顺利进行，减小工人的劳动强度。

(一) 设计原则

(1) 全部功能单元合理配套，具有足够的可靠性，能够实现各项功能。

(2) 满足安全规程要求，有利于维护人员和设备的安全。

(3) 设备寿命长于配套工作面寿命。

(4) 尽可能提高装备自动化水平。

(5) 支护强度与现有巷道支护强度、巷道矿压相适应。

(6) 支架的结构、类型与煤层、地质赋存条件、工作面通风相适应。

(7) 操作简单、方便，动作循环时间短；配套电液控制技术，能够实现快速移架。

(8) 设计有大行程自移机构，减少对顶板、底板的反复支撑。

(二) 超前支架设计

(1) 架型的设计

超前支架的设计内容主要涉及支架合理的支护性能，对顶板、底板的适应性及接顶程度；支架在巷道内的稳定性，对巷道倾角、走向变化的适应性；与转载机、破碎机、带式输送机等的匹配性等。超前支架需满足工作面采煤高效推进的要求。

从原有支护效果来看，巷道的顶板在没有外界支护的情况下，是一个简支梁的受力状态，架设了工字钢梁和棚腿后，其受力状态未发生改变，所以巷道超前支护液压支架比较理想的布置方式是在以巷道中心线为中心的两侧均匀布置，其中心距可以根据力学公式进行推断。

(2) 巷道超前支护强度的确定

巷道超前支护强度加上巷道原支护形式在回采期间对巷道的残余强度必须大于巷道回采期间围岩对巷道的顶压，以确保巷道顶板的稳定。在基本顶变形状态下，应能控制住顶煤及直接顶，并与基本顶贴紧。因此，支护强度至少应当大于顶煤及直接顶岩重。

(3) 最终选择

1.4 ~ 2.2m 煤层超前支架的型号为 ZQL2 × 3200/18/35(进风巷) 和 ZQL2 × 5000/22/42(回风巷)；1.5 ~ 2.8m 煤层超前支架的型号为 ZTC63528/19/32B (进风巷) 和 ZTC28560/19/32A (回风巷)；4.0 ~ 6.0m 煤层超前支架的型号为 ZQ12 × 5000/27/40 (进风巷) 和 ZQL2 × 5000/21/40(回风巷)。

（三）主要结构特点

（1）使用较高屈服强度和抗拉强度的 Q690 钢板作为加工材料，机械强度提高 30%。

（2）依靠连接部件实现互相推拉，交替迈步前移，达到超前自移支护装置连续移架的目的。

（3）超前支架设置大行程推移单元，实现超前支架多级移动，延长有效支护周期，一个生产班仅需移架一次，完全满足本班推进速度，避免反复支撑，确保顶板完整。

（4）底座的船形结构，在底板较软时，更便于移架。

（四）移架步骤（以进风巷为例）

（1）初始位置：第三组尾架伸缩梁伸出，距离工作面煤壁 700 mm。

（2）割第一刀煤：尾架伸缩梁收回，距离工作面煤壁 800 mm。

（3）割第二刀煤：通过落下第三组尾架伸缩梁可实现采煤两刀不移支架。

（4）割第三刀煤：割第三刀煤时需移动第三组支架，移架步距 1700 mm，第二组尾架、第三组头架伸缩梁收回，同时第三组尾架伸缩梁伸出。

（5）割第四刀煤：割第四刀煤时尾架伸缩梁收回。

（6）割第五、第六刀煤：割第五、第六刀煤之前后部两组支架需移架，移架步距 1700 mm，各组支架的伸缩梁均收回，尾架伸缩梁伸出，割第六刀煤时尾架伸缩梁收回。

（7）割第七刀煤；割第七刀煤之前，第一组支架向前移动 3 个步距，一个步距 1700 mm，后架伸缩梁伸出；第二组支架向前移动 2 个步距，一个步距 1700 mm，前后伸缩梁都伸出；第三组支架向前移动 1 个步距，一个步距 1700 mm，前后伸缩梁都伸出。至此回到初始位置，完成一个移架循环。

（8）回风巷超前支架共前后两组，第一组由前后两架组成，第二组由前中后三架组成，移架步骤参考进风巷支架。

六、工作面设备配套总成

（一）1.4～2.2 m 煤层配套总成

H 公司一号煤矿十盘区智能化综采工作面长度 235 m，煤层平均厚度 2.02 m，截深 0.8 m，年工作 330 天。

(二)1.5～2.8 m 煤层配套总成

H公司一号煤矿八盘区、六盘区智能化综采工作面长度235 m，煤层平均厚度2.47 m，截深0.865 m，年工作330天。

(三)4.0～6.0 m 煤层配套总成

陕西黄陵二号煤矿有限公司四盘区智能化综采工作面长度300 m，煤层平均厚度5.5 m，截深0.86 m，年工作330天。

第三节　工作面供电系统设计及设备选型

一、供电系统设计

(1) 供电方式：采用近距离供电方式，即将移动变电站、防爆开关等成套电气设备装在距综采工作面端头150 m左右的设备列车上。

(2) 供电电压；综采工作面采煤机、转载机、破碎机、刮板输送机供电电压为3300 V，带式输送机、乳化液泵站、喷雾泵站、小水泵、绞车等设备供电电压为1140 V，照明供电电压为127 V。

(3) 供电设备：智能化综采工作面主要供电设备由移动变电站、组合开关、变频器等组成。

(4) 供电电缆：根据供电电压、工作条件、敷设地点环境，确定电缆型号为MYPTJ 型、MYPT 型、MYP 型和 MCP 型。其中 MYPTJ 型用作盘区变电所高压开关至移动变电站高压侧的电缆，MYPT 型和 MYP 型用作移动变电站至组合开关的电缆，MCP 型用作组合开关至电动机的电缆。

二、移动变电站选型

(一) 选型原则

(1) 电压等级、供电频率等符合所用设备要求。

(2) 合理选择变压器容量，确保经济安全。

(3) 尽量选用与在用设备型号相同的设备，以便于日常维修和配件管理，降低矿井生产成本。

（二）选型依据

移动变电站的选择计算大多采用的是需用系数法。需用系数法除了需考虑同时系数（考虑各种设备不会同时使用的系数），还需要考虑负荷系数（各种设备不可能都达到额定值）。

（三）主要参数确定

（1）1.4 ~ 2.2 m 煤层移动变电站主要参数确定：经计算，YB-1 移动变电站的容量应大于 1002 kV · A，YB-2 移动变电站的容量应大于 1050 kV · A，YB-3 移动变电站的容量应大于 868 kV · A，YB-4 移动变电站的容量应大于 630 kV · A，YB-5 移动变电站的容量应大于 630 kV · A。

（2）1.5 ~ 2.8 m 煤层移动变电站主要参数确定：经计算，YB-1 移动变电站的容量应大于 1960 kV · A，YB-2 移动变电站的容量应大于 1221 kV · A，YB-3 移动变电站的容量应大于 1221 kV · A，YB-4 移动变电站的容量应大于 1215kV · A，YB-5 移动变电站的容量应大于 800 kV · A，YB-6 移动变电站的容量应大于 800 kV · A，YB-7 移动变电站的容量应大于 315 kV · A。

（3）4.0 ~ 6.0 m 煤层移动变电站主要参数确定：经计算，YB-1 移动变电站的容量应大于 2502 kV · A，YB-2 移动变电站的容量应大于 2411 kV · A，YB-3 移动变电站的容量应大于 1115 kV · A，YB-4 移动变电站的容量应大于 218 kV · A。YB-5、YB-6 移动变电站仅承担低压供电及带式输送机集控负荷，带式输送机驱动电机供电电源均引自移动变电站的一侧，因此对其容量要求不高。

（四）最终选择

（1）1.4 ~ 2.2 m 煤层移动变电站最终选择了 KBSGZY2-T 系列移动变电站。

（2）1.5 ~ 2.8 m 煤层移动变电站选择：通过对比，最终选择了 KBSGZY 系列移动变电站。

（3）4.0 ~ 6.0 m 煤层移动变电站选择：通过对比，最终选择了 KBSGZY 系列移动变电站。

三、矿用隔爆兼本质安全型真空组合开关选型

（一）选型标准

（1）电压等级与所需启停设备的供电电压一致。

(2) 额定电流应大于所需启停设备的额定电流，应合理、经济。

(3) 控制回路数量应大于所需启停设备的数量，并有一定的富余量，作为备用。

(4) 开关应能满足频繁启停的要求，具有反时限过载、短路、三相不平衡、漏电及漏电闭锁、过电压、欠电压等保护功能，并具备数据监测、显示、自诊断等功能。

(二) 负荷分配

(1) 1.4 ~ 2.2 m 煤层组合开关分配为：采煤机、转载机、破碎机选用一台 6 回路 3300 V 组合开关控制，刮板输送机选用一台 6 回路 3300 V 组合开关控制，乳化液泵站和喷雾泵站选用一台 12 回路 1140 V 组合开关控制，带式输送机选用 2 台 6 回路 1140 V 组合开关控制。

(2)1.5 ~ 2.8 m 煤层组合开关分配为：采煤机选用一台 4 回路 3300 V 组合开关控制，转载机、破碎机选用一台 6 回路 3300 V 组合开关控制，刮板输送机由变频器进行控制，乳化液泵站和喷雾泵站选用一台 12 回路 1140 V 组合开关控制，带式输送机由变频器进行控制。

(3)4.0 ~ 6.0 m 煤层组合开关分配为：采煤机、转载机选用一台 6 回路 3300 V 组合开关控制，刮板输送机、破碎机选用一台 8 回路 3300 V 组合开关控制，乳化液泵站和喷雾泵站选用一台 12 回路 1140V 组合开关控制，带式输送机采用 CST 控制。

(三) 最终选择

(1)1.4 ~ 2.2 m 煤层组合开关最终选择了 QJZ 系列组合开关。

(2)1.5 ~ 2.8 m 煤层组合开关最终选择了 QJZ 系列组合开关。

(3)4.0 ~ 6.0 m 煤层组合开关最终选择了 KJZ 系列组合开关。

四、电缆选型

(1) 1.4 ~ 2.2 m 煤层设备电缆选择：根据设备的长时负荷电流计算选择供电系统干线和支线电缆截面。

(2) 1.5 ~ 2.8 m 煤层设备电缆选择：根据设备的长时负荷电流计算选择供电系统干线和支线电缆截面。

五、工作面供电系统图

在工作面移动变电站、组合开关、电缆等计算选型基础上，对智能化无人综采作面供电系统进行了设计。

第四节　工作面生产能力核算

一、1.4 ~ 2.2 m 煤层配套设备生产能力核算

（1）在工作面长度一定的条件下，回采工作面年产量主要取决于采煤机截深、牵引速度、平均采高和开机率。综采工作面长度为 235 m，采煤机截深为 0.8 m，工作面平均采高为 2 m，采煤机开机率为 95%，采煤机平均割煤速度按 5m/min 计算。工作面采用端部斜切进刀双向割煤方式，往返一次割两刀，计为一个循环，每个循环的割煤时间为往返刀的平均数。

（2）采煤机每割一刀煤的产量为：

$$Q_g = L \cdot B_g \cdot H_g \cdot \gamma \cdot K_g \tag{5-1}$$

式中：

Q_g——割一刀煤产量（t）；

L——工作面长度，取 235 m；

B_g——采煤机截深，取 0.8 m；

H_g——采煤机平均割煤高度，取 2 m；

γ——煤容重，取 1.35 t/m^3；

K_g——采煤机割煤回收率，取 0.98。

将各参数代入可得：Q_g=497.45 t。

工作面往返一次割两刀煤，完成一个循环的产量为 994.90 t。

（3）采煤机平均割煤速度为 5 m/min 时，工作面完成一个循环的时间为：

$$\begin{aligned} &T = 2(T_x + T_h + T_d + T_g) \\ &T_x = (L_1 + L_2)/V_x \\ &T_h = (L_1 + L_2)/V_h \\ &T_d = (L_1 + L_2)/V_d \\ &T_g = [L - (L_1 + L_2)]/V_g \end{aligned} \tag{5-2}$$

式中：

T——往返一次循环时间（min）；

T_x——斜切进刀时间（min）；

T_h——返回割三角煤时间（min）；

T_d——调度返回时间（min）；

T_g——割煤时间（min）；

L_1——两滚筒回转中心距离，暂取 11.06 m;

L_2——刮板输送机弯曲段长度，取 30 m;

V_x——斜切进刀速度，取 5 m/min;

V_h——返回割三角煤速度，取 5 m/min;

V_d——调度返回速度，取 7 m/min;

V_g——采煤机平均割煤速度，取 5 m/min。

采煤机往返割两刀煤完成一个循环，用时约 122.16 min。

(4) 采用“三八”制作业，两班生产，一班检修，采煤机割煤速度为 5 m/min，采煤机调度速度为 7 m/min，工作面综合开机率为 95%，每天可进行 7.47 个循环（14.93 刀煤），按年工作 330 天计算，工作面年产量为：$Q_{年}=994.90\times7.47\times330=2.45$ Mt。

二、1.5～2.8m 煤层配套设备生产能力核算

(1) 综采工作面长度为 300 m，采煤机截深为 0.865 m，工作面平均采高为 2.47 m，采煤机开机率为 95%，采煤机平均割煤速度按 6 m/min 计算。工作面采用端部斜切进刀双向割煤方式，往返一次割两刀，计为一个循环，每个循环的割煤时间为往返刀的平均数。

(2) 采煤机每割一刀煤的产量为：

$$Q_g = L\cdot B_g\cdot H_g\cdot \gamma\cdot K_g \tag{5-3}$$

式中：

Q_g——割一刀煤产量 (t);

L——工作面长度，取 300 m;

B_g——采煤机截深，取 0.865 m;

H_g——采煤机平均割煤高度，取 2.47 m;

γ——煤容重，取 1.35 t/m^3;

K_g——采煤机割煤回收率，取 0.98。

工作面往返一次割两刀煤，完成一个循环的产量为 1696.00 t。

(3) 采煤机平均割煤速度为 6 m/min 时，工作面完成一个循环的时间为：

$$\begin{aligned}
&T=2(T_x+T_h+T_d+T_g)\\
&T_x=(L_1+L_2)/V_x\\
&T_h=(L_1+L_2)/V_h\\
&T_d=(L_1+L_2)/V_d\\
&T_g=[L-(L_1+L_2)]/V_g
\end{aligned} \tag{5-4}$$

式中：

T——往返一次循环时间（min）；

T_x——斜切进刀时间（min）；

T_h——返回割三角煤时间（min）；

T_d——调度返回时间（min）；

T_g——割煤时间（min）；

L_1——两滚筒回转中心距离，暂取 14.048 m；

L_2——刮板输送机弯曲段长度，取 30 m；

V——斜切进刀速度，取 6 m/min；

V_h——返回割三角煤速度，取 6 m/min；

V_d——调度返回速度，取 8 m/min；

V_g——采煤机平均割煤速度，取 6 m/min。

采煤机往返割两刀煤完成一个循环，用时约 125.70 min。

（4）采用“三八”制作业，两班生产，一班检修，采煤机割煤速度为 6 m/min，采煤机调度速度为 8 m/min，工作面综合开机率为 95%，每天可进行 7.26 个循环（14.52 刀煤），按年工作 330 天计算，工作面年产量为：$Q_{年}$ =1696.00 × 7.26 × 330=4.06 Mt。

三、4.0～6.0m 煤层配套设备生产能力核算

（1）综采工作面长度为 300 m，采煤机截深为 0.86 m，工作面平均采高为 5.5 m，采煤机开机率为 95%，采煤机平均割煤速度按 4.5 m/min 计算。工作面采用端部斜切进刀双向割煤方式，往返一次割两刀，计为一个循环，每个循环的割煤时间为往返刀的平均数。

（2）采煤机每割一刀煤的产量为：

$$Q_g = L \cdot B_g \cdot H_g \cdot \gamma \cdot K_g \tag{5-5}$$

式中：

Q_g——割一刀煤产量（t）；

L——工作面长度，取 300 m；

B_g——采煤机截深，取 0.86 m；

H_g——采煤机平均割煤高度，取 5.5 m；

γ——煤容重，取 1.35 t/m^3；

K_g——采煤机割煤回收率，取 0.95。

工作面往返一次割两刀煤，完成一个循环的产量为 3640 t。

(3) 采煤机平均割煤速度为4.5m/min时，工作面完成一个循环的时间为：

$$
\begin{aligned}
&T = 2(T_x + T_h + T_d + T_g) \\
&T_x = (L_1 + L_2) / V_x \\
&T_h = (L_1 + L_2) / V_h \\
&T_d = (L_1 + L_2) / V_d \\
&T_g = [L - (L_1 + L_2)] / V_g
\end{aligned}
\tag{5-6}
$$

式中：

T——往返一次循环时间(min)；

T_x——斜切进刀时间(min)；

T_h——返回割三角煤时间(min)；

T_d——调度返回时间(min)；

T_g——割煤时间(min)；

L_1——两滚筒回转中心距离，暂取16.5 m；

L_2——刮板输送机弯曲段长度，取30 m；

V_x——斜切进刀速度，取4 m/min；

V_h——返回割三角煤速度，取4 m/min；

V_d——调度返回速度，取6 m/min；

V_g——采煤机平均割煤速度，取4.5 m/min。

采煤机往返割两刀煤完成一个循环，用时约174.4 min。

(4) 采用“三八”制作业，两班生产，一班检修，采煤机割煤速度为4.5 m/min，采煤机调度速度为6 m/min，工作面综合开机率为95%，每天可进行5.23个循环(10.46刀煤)，按年工作330天计算，工作面年产量为：$\Theta_{年}=1820\times 10.46\times 330=6.28$ Mt。

针对H公司的煤层地质条件，通过合理的设计、对比和选型，最终为1.4～2.2 m煤层选择了一套年生产能力超过2Mt的综采成套装备，为1.5～2.8 m煤层选择了一套年生产能力超过4Mt的综采成套装备，为4.0～6.0 m煤层选择了一套年生产能力超过6Mt的综采成套装备。

本次设计配套的设备，选择了目前国内知名煤机装备制造企业的先进产品，各设备自身均配备了先进的自动控制系统，这为智能化开采技术的成功实践奠定了基础，但在实际生产中也存在各设备的运行数据无法实时共享等问题。因此，亟须开发出一套具有强兼容性的综采集中控制系统，实现数据共享，以确保各机能协调、高效、稳定运行。

第六章　矿山生态环境恢复与治理

第一节　矿山生态环境问题的内涵

人们提到的生态破坏经常与土地破坏、水环境污染、矿山固体废弃物排放等联系在一起，那么生态破坏与上述破坏到底存在什么样的关系？在讨论生态破坏之前，有必要对生态的内涵作一界定。《现代汉语词典》解释的生态为生物的生理特性和生活习性。按照《环境科学大辞典》的解释，生态环境是指生物有机体周围的生存空间的生态条件总和。生态环境由许多生态因子综合而成，对生物有机体起着综合作用。生态因子包括非生物因子和生物因子，非生物因子有光、温、水、气、土和无机盐类，生物因子包括植物、动物和微生物等。生态因子不是孤立地对生物发生作用，而是相互联系、相互影响，在综合条件下表现出各自的作用，各生态因子的综合体即为生态环境。在研究环境问题的过程中，由于环境污染和生态破坏密切相关，难以区分，生态环境一词得到了广泛使用，有强调人类生态环境中生物因子的作用和保护、强调生态平衡的含义。另外，由于使用者不同，因而对生态环境的理解不同，含义不一，亦有人将生态环境理解为通常所指的环境，这种理解显然偏于狭隘。

研究矿山生态问题，生态学是另一个重要的概念，因为研究生态破坏与生态重建问题必须遵循生态学的基本原理。《辞海》将生态学定义为研究生物之间及生物与非生物环境之间相互关系的学科。《朗文当代高级英语辞典》将生态学解释为研究动物、植物与人相互间及其与环境之间的关系的学科。Hermann Remmert（赫尔曼·雷默特）将生态学分为三个研究领域：个体生态学，研究生物对其生存条件的需求；种群生态学，研究为什么微生物、植物和动物种群不能无限制地繁殖，而总是保持一定的、大致均衡的状态；生态系统，主要研究物质循环、能量流量、生态系统的功能及生态系统的稳定性和弹性。由此看来，我们所研究的矿山生态破坏实质是区域生态系统的破坏，具体表现为矿山生态系统结构的缺损、功能的转变或丧失、物质循环能量流动的中止或受阻，从而使生态系统中的动物、植物、微生物活动环境改变，导致生物量下降、生产力下降和环境质量恶化。值得一提的是，生态破坏与环境破坏（或污染）是不能完全等同的，环境破坏通常侧重于环境要素，如大气、水、土壤、植被等的破坏，生态破坏则侧重于因环境要素的破坏而诱发的生态系统结构、功能的破坏，两者存在一定的因果关系。实际工作中由于研究环境破坏时常常要拓展到环境破坏的后果，因此环境破坏就很自然地被称为生态环境破坏。

根据前述分析，我们在研究矿山生态破坏（如生态破坏类型、生态破坏特征）等问题时，首先必须对矿区原有生态系统的特征、结构与功能加以区分。生态系统可分为水生生态系统和陆生生态系统，水生生态系统可进一步分为海洋生态系统和湖泊生态系统，陆生生态系统则又进一步分为草原生态系统、农田生态系统和山地生态系统等。一个生态系统总是由无生命部分和有生命部分组成，无生命部分涉及水土环境与气候特征等方面，有生命部分由动物、植物和微生物组成。生态系统的特征则包含了静态特征和动态特征两方面，静态特征是指生态系统的个体、种群或结构状态，动态特征是指系统的物质循环、能量流动过程及结构与功能变化等。因此研究矿山生态不只是关注水、土、气、渣等，更重要的是关注研究区域内的动物、植物和微生物及矿业活动引起的各种环境要素变化与动物、植物和微生物的关系。

矿山生态系统应该说是一种特殊的人工生态系统，矿山开采前为农田生态系统、山地生态系统或草原生态系统，矿山开采后受人类采矿活动的干扰，农田生态系统可能变为水陆共生生态系统或者仍为农田生态系统，但生物量下降，某些物质循环过程受阻甚至中断，这就是通常所说的生态系统退化问题。研究退化生态系统的重建问题就必须弄清不同类型或特征的生态系统的退化过程和机制，再采取相应的措施恢复或重建受损的生态系统，同时需要建立一个评价标准来评价生态系统退化程度和重建的效果。

矿山生产包括采矿、选矿和矿物加工利用等过程，每个生产环节都对生态环境造成不同程度的破坏或干扰。然而，至今人们对矿山生产过程引起的生态环境破坏规律和特征并没有正确或统一的认识。大致可按照以下三个途径分析矿山生产对生态环境的影响：①按照生产过程分采矿和矿物加工利用两个过程，采矿又分为露天开采和地下开采两种方式；②按照矿山生产活动对岩石圈、大气圈、水圈、土壤圈和生物圈五个圈层的影响进行分析；③按照生态环境要素，即大气环境、水环境、土地利用环境、地质环境等进行分析。

第二节　矿产开采过程中产生的生态环境问题

一、采矿对生态破坏的类型划分

采矿过程对生态的破坏可以按不同的标准划分，笔者认为，最为重要的两个因素是采前生态系统类型与采矿扰动因子。采前生态系统可以概略划分为平原与丘陵山区、干旱或半干旱地区、湿润地区与半湿润地区等类型。综合地貌与气候因子及我国煤矿分布特点，可将我国煤矿区分为平原、丘陵山区和荒漠化地区三类，荒漠化地区主要指西北干旱、半干旱地区，除荒漠化地区以外的平原与丘陵山区的煤矿主要分布在中东部及西南地区。若进一步细分，平原矿区还可分为厚冲积层地区和薄冲积层地区，或分为高潜水位地区和中低潜水位地区。采矿扰动因子主要是指采矿方法，可概略分为露天开采、地下开采，或按生态破坏形式分为压占、塌陷、挖损与污染四种形式。另一个重要因素是矿产资源类型及其赋存条件，可分为有色金属矿山开采、能源矿山开采、非金属矿山开采或层状矿物开采与火层岩矿床开采。

在生态系统层次上，采矿对生态的破坏分为景观型破坏和环境质量型破坏两种。景观型破坏包括地貌特征的改变、地表附着物的破坏和土地利用方式的改变等；环境质量型破坏是由于废水、废气、废渣的排放或覆岩的风化、渗滤等过程，对所在地区大气、水质、土壤及生物产生影响。一般情况下，金属矿山引起的环境质量型破坏及由此导致的对生物生长的影响要比煤矿更严重，而煤矿开采以景观型破坏为主，且露天开采矿山引起的景观型破坏要比地下开采的矿山更为严重。

二、采矿活动不同生产阶段的生态环境问题

矿产开发历经地质勘探、基本建设、投产至达产、稳产及衰退直至闭矿诸阶段，各个阶段显现的生态环境问题也不同。

(一) 地质勘探阶段的生态环境问题特征

作为矿山开发的前期工作，初期勘探的一个特点是施工场点不停地变动，勘探期的主要作业活动包括人员进驻、土地占用、施工准备、设备运输和地质勘探等，对土地利用类型的影响主要表现在对土地利用方式的影响和破坏，如作业场地的平整、修建临时道路、垃圾堆放等都会使一部分土地利用类型发生变化，在地形坡度较大的地点施工可能由于作业活动还会造成严重的水土流失，这在西北黄土高原水土流失区表现尤为明显。地质勘探过程对生态环境的影响具有明显的时间性、局地性和可逆性，而且大多为短期影响，随着勘探工程的结束，其对生态环境的影响也减小或消失，但如不对其进行有效防治，有些影响则可能是持续有害的。

(二) 基本建设阶段的生态环境问题特征

在矿山基本建设阶段，道路、供水供电、通信等基本设施的建设对矿区生产生活条件有一定的改善作用，但人口的急剧增加及基建用地量的需求对矿区原有生态系统起到了很大的干扰作用，尤其是生活设施不完善造成矿山生态系统功能不完善，

处于消费水平急增的状况，这是矿山生态系统受到干扰的第一个高峰。

工矿区基本建设不仅破坏水土资源，占压耕地，毁坏植被，降低土地生产力，而且经常诱发塌方、滑坡等灾害性水土流失。如工程建设产生的废弃渣土和有害物质倾泻河道，将影响行洪，污染河流水质，而且为山洪、泥石流等的形成提供了物质条件。神府煤田不少矿点向乌兰木伦河倾倒废弃物，致使河道变窄，行洪能力降低。

（三）矿区投产至达产阶段的生态环境问题特征

此时矿山生态系统基本形成，矿业生产对生态系统干扰的表现形式仍是矿区从事矿业人口的增加，在此阶段矿区集镇逐步形成，矿区集镇系统包括一系列商业、服务行业及新产品加工业等。

在此阶段，矿区产业结构以采矿业为主体，在开采活动中排放大量的固体废弃物、粉尘和污水而打破矿区原有的生态平衡，加上矿区人口增多，物质流和能量流增大，对矿山生态系统的干扰持续增大，进而导致生物链断裂。但这个时期矿山生态系统的损伤程度不高，具有较强的自我修复功能。

（四）矿区稳产阶段的生态环境问题特征

矿山进入稳产期后，矿山生态系统逐渐成熟，这时生态系统的主要干扰形式是土地损毁（塌陷、挖损、压占）和“三废”污染。此阶段从事农业的人员下降，土地第一性生产力水平下降，与矿产品生产、加工相关的行业应运而生，如煤炭运输业、选矿业、机修、劳保等服务于矿山生产的行业增多，此阶段为矿山生态系统受到干扰的第二个高峰。

随着矿区以开采业为支柱产业的形成，矿山生态功能继续恶化，生态承载能力急剧下降而突破生态系统自身的最低阈值，矿山生态修复能力可能会完全丧失。尽管短期内的产业增长促进了矿区繁荣，但生态环境的破坏影响了矿区未来的经济持续增长。此阶段矿山地形地貌改变明显，水土流失加剧，干旱地区生态系统呈现荒漠化、半荒漠化状态，矿震、尾矿库溃坝、岩溶塌陷及采空区塌陷、崩塌、滑坡、泥石流次生地质灾害频发，地表水、地下水资源受到污染破坏，地下水位降低，矿区缺水现象突出；塌陷、挖损、压占等占用土地资源问题加大，土壤质量下降，作物产量降低甚至绝产，人地矛盾突出；物种资源急剧衰减，矿区植被覆盖面积下降，矿区生物多样性丧失，自然生态系统物质、能量的转化效率降低。此阶段矿山生态失衡依靠矿区自身能力恢复已经不可能，即使恢复了一些植被，其生产力水平也是极其低下的，矿山生态治理和维持成本加大，修复矿山生态需要借助于生态系统的外部力量才能得以实现。

（五）矿山衰退期的生态环境问题特征

在矿山衰退期，生态系统的特点是从事矿业与农业的富余人员都增多，从事矿业的人员需要有接替矿井或接替产业来解决就业，从事农业的人员受可耕土地资源量下降的影响，需要通过复垦或兴办可吸纳较多剩余劳动力的农场或企业来解决就业，此阶段亦为矿山生态系统受到干扰面临选择的一个重要阶段。

当开采业出现衰退时，矿区改善其生态环境的能力降低，生态系统的功能恢复需要大量的社会资本参与才有可能实现。开采业衰退后，虽然对环境要素的破坏新增量减小，如土地损毁面积、固废排放量等均减小，但如不采取有效的防治措施，环境损伤的累积效应将十分明显，且呈不可逆转趋势。

（六）闭矿后的生态环境问题特征

闭矿表明开采业的结束，但不等于开采业造成的环境损伤的结束。除了开采期间发生的诸如土地利用变化、水土流失、水环境污染、人地矛盾、人居环境恶化等问题在延续外，还有一些新的问题产生，如地下水位逐步上升，开采期间岩层破碎受到水的浸泡，引起地下水质改变甚至被污染，采空区瓦斯气体受挤压上溢；上覆破碎岩体缓慢压实、地表沉降仍在发生；产业链断裂，导致相关产业（包括服务业）萧条、富余人员增多等。

三、采矿过程对地球表层空间的影响

地球表层空间可用岩石圈、土壤圈、生物圈、水圈和大气圈表示，采矿活动对五个圈层均会产生不同程度的直接影响，对单个圈层的直接影响又会对其他圈层产生间接影响。

（一）露天开采对环境的影响

露天开采的直接活动场所主要包括采场和排土场，如果矿床赋存具备内部排土场，进行开采时应尽量采用内排土工艺。这样一方面可减少排土场占地，另一方面可减少运输成本，减轻运输过程的污染，并使采场得到复垦利用。除采场和排土场外，露天矿在开采前还需清理场地，使流经采场和排土场的河流改道、地下水位降低等。

（1）岩石圈。引起地形变化，采场为大坑，排土场则使地表抬高；地形变化导致光照度等气候条件变化；岩石剥离导致地层层位变化，地下含水层破坏等。

（2）大气圈。地形变化、绿色植被被破坏、光照变化、粉尘污染等均会引起矿区局部气候变化，空气清洁度、能见度均变差。

（3）水圈。露天开采对地表水体和地下含水层均存在破坏作用，具体表现在矿区附近地表水体的污染、地表水体和水利设施的破坏、地表径流的变化、地下含水层的破坏等。

（4）土壤圈。露天矿采场和外排土场周围的土壤由于采矿扰动、疏干、湿度变化、被水淹没、岩石混入、酸性水排放、空气污染等使土壤质量下降；矿区建（构）筑物占用土地，也使原表土环境发生变化。

（5）生物圈。生物圈的破坏发生在动物、植物和微生物三个方面。最引人注目的是矿区动植物种类减少，而土壤及水体中微生物减少、有毒有害元素进入食物链、粉尘及有害气体威胁人类健康、动植物生长退化也是露天开采造成的严重破坏形式。

（二）地下开采对环境的影响

地下开采的作业空间在井下，其对环境的影响主要是有用矿物采出后上覆岩层运动引起的地表塌陷、含水层破坏、矸石排放等。

（1）破坏景观。景观破坏的形式有工业广场井架高耸、管线密布；排矸场（矸石山、矸石堆）无观赏价值且污染大气、土壤和水体；地表下沉引起地表积水或地貌改变；建筑物倒塌、出现裂缝；地表污水横流、河水倒灌等。

（2）破坏土地。地表积水或潜水出露地表引起土地沼泽化、土壤盐渍化；地表裂缝不保水土；地形起伏影响耕作；土壤污染使土地质量下降；矿山工业设施与矸石排放占用土地；开采沉陷区地基承载力下降；等等。

（3）破坏水圈。地表水体与水利设施破坏引起水流方向改变；矿井水排放、矸石淋溶等污染地表水体；地下水位下降，甚至使地下含水层相互沟通威胁井下安全生产。

（4）破坏大气圈。空气湿度、光照、太阳辐射、蒸发量等局部气候特征发生改变；粉尘、燃煤污染及矿井废风排放污染大气环境，使空气能见度、清洁度降低。

（5）破坏生物圈。动物、植物和微生物的生存环境遭到破坏，生物数量下降，生物种类减少。

四、不同矿产开采造成的生态环境破坏特征

矿产资源开发引起的生态环境破坏具有一定的行业特征，即不同矿种在同一区域开采或采用不同的开采方式，所产生的生态环境破坏形式、程度、范围及可逆性不尽相同，因此下面重点介绍煤炭、部分黑色金属、有色金属与非金属矿产开采的生态环境破坏特征。

(一) 煤炭开采的生态环境破坏特征

煤炭在我国一次性能源消费结构中一直占70%以上。近年来煤炭在能源消费中的占比略有下降，但仍约占68%，在化工中占8%、在民用生活消费中占24%。显然，煤炭在国民经济发展和人民生活中起着极其重要的作用。我国煤炭资源丰富，新中国成立以来，我国煤炭工业呈现出较快的发展势头，煤炭资源的大规模开采，一方面满足了我国经济建设的需要，另一方面也带来了一系列生态环境问题。

煤炭地下开采形成采空区，它破坏了原有岩体内部的力学平衡状态，使上覆岩层破断、崩落，发生位移和变形。在开采面积达到一定范围后，起始于采场附近的移动和破坏将扩展到地表，引起地表塌陷，进而导致相应范围内的房屋建筑、铁路、管道设施变形和破坏以及土地、河流、水系形态的变化。对于高潜水位矿区，土地塌陷后，潜水面相对埋深变浅甚至出露地表，加上地形改变导致地表排水不畅，地表径流、灌溉退水和矿井排水汇入塌陷区，因而形成大面积塌陷积水区。当地下水位埋深小于1m（即使地表不积水）时，土壤毛细管作用可将地下水提升至地面，上升的地下水将土壤里的钙、钠、镁等盐类带到地表，待水分蒸发后这些盐类就在地表聚集，形成土壤盐渍化现象。在潜水位上升过程中，耕作层土壤长期为水所饱和，在湿生植物和厌氧条件下进行着有机物的生物积累和矿物元素还原的过程，从而形成土地沼泽化现象。煤炭露天开采需要剥离上覆岩土，或排弃到排土场堆放，或内排回填采空区，最终形成采场和排土场。采场和排土场不仅破坏、占用大量土地，还使原地貌变为深洼采坑和堆垫地貌，地表水系改变，地下含水层疏干，对区域生态系统产生显著的影响。无论是地下开采还是露天开采，在土地塌陷、挖损或压占的同时，区域生态系统中的生物环境会发生剧烈变化，系统中原适生环境下的生物丧失生存的条件，农作物减产甚至绝产，动物消亡或迁移，微生物流失，原居民迁居，系统内能量流动与物质循环阻断，生态系统失去平衡。

煤矿采空区在塌落过程中不但会造成生态环境和地表资源的破坏，而且会使与煤炭伴生的其他矿产资源（如地下水、黏土、石灰岩、高岭土、残留的煤层等）遭到破坏。

煤炭采选业是工业固体废弃物的主要来源。近年来由于采矿方法的创新，虽然煤炭产量持续增长，但煤炭采选业固体废弃物产生量增长较小，加上综合利用量加大，煤炭采选业固体废弃物排放量逐年减小。另外，煤炭采选业固体废弃物排放量占工业固体废弃物排放量中占比较大，且仍然呈上升趋势，说明煤炭采选业固体废弃物是工业固体废弃物的主要来源，综合利用率仍有待提高。煤矸石不仅占用土地，损害景观，还是矿区水、土、大气的主要污染源。在旱季，矸石堆中的大量粉尘随风而起，或自燃释放出多种有毒有害气体；在雨季，矸石风化、自燃产生的酸性物质被雨水淋溶，造成水体和周围土壤的酸污染与重金属污染。

(二) 黑色金属矿山开采的生态环境破坏特征

黑色金属主要指铁、锰、铬及其合金，如钢、生铁、铁合金、铸铁等。黑色金属矿产是指能供应工业上提取铁、锰、铬、钛、钒等黑色金属元素的矿物资源。全国已探明的铁矿区有1834处，锰矿区有213处，铬矿区有56处。我国黑色金属矿中铁、锰资源较为丰富，其中铁矿的储量最为丰富，开采以铁矿为主。

我国现已发现和正在开采的硫铁矿，特点是赋存较深，覆盖层厚，其产量的85%以上是露天开采，剥离量大。由于贫矿多，富矿少，尾矿与废矿石量大，因此露天开采铁矿形成“三场”(采矿场、排土场和尾矿场)共同占地的局面。我国一般铁矿的生产剥采比在2～5，主要露天煤矿的生产剥采比在3.5～5。也就是说，露天矿山采出的无用岩土是有用矿石的2～5倍以上，因此排土场与尾矿场的占地面积相当可观，往往与采矿场面积不相上下，甚至超过采矿场的面积。如位于辽宁省鞍山市的齐大山铁矿是鞍钢集团下辖的3个矿山企业之一，是目前国内规模最大、现代化水平最高的铁矿之一，其采矿场、排土场、尾矿场和附属设施占地面积分别为4.81 km^2、4.41 km^2、2.39 km^2、2.03 km^2，采矿场与排土场占地面积大致相当，尾矿场占地也达到采矿场的50%。

地下开采铁矿石也会形成塌陷坑，通常塌陷坑与煤炭开采塌陷区相比，范围小，深度大，且多为不连续变形，对土地的破坏更为严重。

铁矿开采过程中酸性水污染问题也很严重，开采铁矿时剥离出的含硫岩土会产生酸性水污染，尾矿潜在酸度很高。采矿废水主要是酸性废水和硝基苯废水，如安徽马鞍山南山铁矿的酸性水污染曾波及一万亩农田，并且影响了渔业生产。由于河西深处内陆，干旱少雨，风沙很大，近年来虽不懈治理，但沙化面积和盐渍化面积仍呈扩大趋势，水土流失以风蚀为主。

(三) 有色金属矿开采的生态环境破坏特征

除了铁、锰、铬、钒、钛以外，其他的金属都称为有色金属。有色金属中还有各种各样的分类方法，按照密度分，铝、镁、锂、钠、钾等的密度小于4.5 g/cm^3，称为轻金属，铜、锌、镍、汞、锡、铅等的密度大于4.5 g/cm^3，叫作重金属；金、银、铂、锇、铑等比较贵，叫作贵金属；镭、铀、钍、钍等具有放射性，叫作放射性金属；钼、锗、铌、钒、镭、铯、铀等因在地壳中含量较少，或者比较分散，人们又称之为稀有金属。

有色金属是重要的工业原料和战略物资，在国民经济中有着十分广泛的用途。

有色金属矿中，我国以铜矿和铅锌矿开采量最大，对生态环境的破坏也较大。已探明的铜矿区有910处，铅锌矿区有700多处。其他金属矿产有铝土矿、镍矿、钼矿、钨矿、锡矿、汞矿、锑矿、金矿和银矿，其中，铝土矿有310处产地，镍矿有近百处产地，钼矿有222处产地，钨矿探明产地252处，锡矿探明产地293处，汞矿探明产地103处，锑矿探明产地111处，金矿探明产地1265处，银矿探明产地569处。

有色金属矿开采导致的水污染状况严重。虽然有色金属矿采选业废水排放总量比煤炭采选业小近3×10^8 t，但其未达标排放量与煤炭采选业相当，说明有色金属矿采选业废水的处理难度较大。

（四）非金属矿开采的生态环境破坏特征

非金属矿是人类赖以生存和发展的三大类矿产资源之一，它和金属矿产、能源矿产同是工业、农业等各大行业发展必需的原料矿产。我国已探明储量的非金属矿产有88种，目前主要开采硫、磷、钾三大矿产资源。钾盐目前主要在青海盐湖少量开采，对土地影响较小；硫、磷均是生产化肥的主要原料，在国民经济中占有相当重要的地位，但硫、磷资源的开采给人类带来的危害是不可忽视的。

磷矿石品位偏低，开采难度大，磷矿开采过程中面临的环保方面的压力主要有：磷酸盐岩中镉含量很高，会对环境产生严重污染；磷矿石开采还会产生采空地面塌陷、放射性污染（磷酸盐岩中含有铀等放射性元素）、粉尘污染、地下水及地表水污染和水质的富营养化作用等问题。我国磷资源主要集中于云贵高原，云南明珠滇池几乎被磷矿资源包围，在调查的5家中型以上国有磷矿开采企业中，就有4家位于滇池南岸，因此滇池水质恶化与滇池沿岸的磷资源集中开采有很大关系。

硫矿在开采过程中面临的最大环境问题是产生的酸性废水，它是造成地表水污染的重要因素。同时，低pH的酸水可溶解铝、镁、锌、镍等金属化合物，使得酸性污水中的金属离子浓度进一步增大。

第三节　绿色矿山建设

一、绿色开采技术

（一）绿色开采技术的内涵

1. 绿色开采的概念

在全世界呼唤“绿色革命”的时代，绿色作为人类与生态环境和谐发展的标志，越来越多地参与人类的社会、经济、文化活动。将“绿色”理念实践于资源开发利用活动，就是要形成一条绿色开采、绿色利用的新途径。

煤矿绿色开采的概念最早由钱鸣高院士提出，即从广义资源的角度出发，在矿区范围内的煤炭、地下水、煤层气（瓦斯）、土地乃至矸石以及在煤层附近的其他矿床，都应作为经营这个矿区的开发对象而加以利用，防止或尽可能地减轻开采煤炭对环境和其他资源产生的不良影响，以取得最佳的经济效益和社会效益。绿色开采概念的提出明确了矿产资源开采与环境协调发展的目标，也为绿色开采技术研究指明了方向。此概念的提出得到了国际国内学术界、产业界以及我国各级政府的高度认同，如国际著名采矿专家高斯教授曾在其主编的刊物上发表评论，建议将绿色开采作为现代采矿科学的新词汇。国内很多学者也对绿色开采发表了自己的观点。总而言之，要实现绿色开采，就要将开采带来的环境损耗降到最低点、将资源利用效率提高到最高点，实现变废为宝。

2. 绿色开采的内涵

从绿色开采的概念可以看出，绿色开采的基本出发点是防止或尽可能地减轻开采煤炭对环境和其他资源的不良影响，其内涵是努力遵循循环经济中绿色工业的原则，形成一种与环境协调一致的“低开采、高利用、低排放”的开采技术。实现资源绿色开采，关键是要达到以下三个目标。

（1）改变开采理念。传统煤炭开采对环境的破坏是十分严重的。为改变这种状状，国家也提出了相应的要求，转变开采理念，开展煤炭资源绿色开采技术研究，依靠技术进步，将煤炭生产活动对自然资源和生态环境的影响降到最低程度。所以，就要在开采理念上做出调整，从忽视生态环境的价值、低估自然资源的价值向将生态环境价值纳入生产成本、还原自然资源的真实价值转变。

（2）创新开采技术。“绿色”目标的实现必须有生产、管理系统的配合，这种价值评定标准的转变反映到企业中便是生产、管理要素的重组及转变，即技术创新。从煤炭开采技术的角度来说，要从源头消除或减少采矿对环境的破坏，而不是先破坏后治理，应通过改变和调整采矿方法来实现地下水资源的保护、减缓地表沉陷、减少瓦斯和矸石的排放等，形成资源与环境协调发展的开采技术，使因开采导致环境问题产生的可能性降到最低点。

（3）废弃物资源化。将废弃物资源化包含在绿色开采的概念中，从广义资源的角度来认识和利用矿区范围内的煤炭、地下水、煤层气（瓦斯）、土地及矸石等。例如，原来被认为是“矿井中主要以甲烷为主的有害气体”的矿井瓦斯，通过资源化措施可以成为清洁能源；原来被作为“水害”对待的矿井水，现在则可以在防治地下水的同时将矿井水资源加以利用；煤炭开采中产生的矸石也可作为塌陷地的复垦材料、采空区充填骨料及制砖材料等。“没有绝对的废物，只有放错地方的资源”这句话同样适用于资源开采业。

（二）煤矿充填开采技术

充填开采在金属矿应用较多，技术相对成熟，可以为煤矿的充填开采提供借鉴，但煤系地层属于层状岩层，与一般金属矿岩层产状不尽相同，采后岩层移动与破坏规律也不尽一致，充填的目的也不完全一样，因此煤矿充填开采技术的研究与发展必须适应煤系岩层活动规律与控制要求，形成符合煤矿开采特点的充填开采理论与技术。波兰在城镇及工业建筑物下采煤时采用水砂充填的采煤量占全国“三下”（建筑物下、铁路下和水体下）总采煤量的80%左右；我国生产矿井“三下”压煤约为140×10^8 t，可供10个年产10 Mt的矿井生产140年，其中建筑物下压煤约为90×10^8 t。如何合理解决建筑物下压煤开采问题一直是困扰中国煤矿企业的重要课题之一。煤矿开采沉陷对土地资源和地表建（构）筑物的破坏是十分严重的，我国开采万吨原煤造成的土地塌陷面积平均达0.20～0.33 hm^2，每年因采煤破坏的土地以（3～4）$\times10^8$ hm^2的速度递增。煤矿开采会产生占煤炭产量10%～20%的矸石，采用充填开采方法将煤矸石等固体废弃物作为主要充填材料充填到井下，一方面可以减少矸石的排放，另一方面可以控制岩层移动，减缓开采沉陷，实现建筑物下压煤开采和保护土地资源，因而煤矿充填开采技术是实现绿色开采目标的重要手段。

按充填料浆的浓度大小，煤矿充填开采方法可分为低浓度充填、高浓度充填和膏体充填；按充填料浆是否胶结可分为胶结充填、非胶结充填；按充填位置可分为采空区充填（在煤层采出后顶板未冒落前的采空区域进行充填）、冒落区充填（在煤层采出后顶板已冒落的破碎矸石中进行注浆充填）和离层区充填（在煤层采出后覆岩离层空洞区域进行注浆充填）；按充填量和充填范围占采出煤层的比例可分为全部充填与部分充填。一般情况下，采空区充填宜采用高浓度或膏体的胶结充填，离层区充填和冒落区充填宜采用低浓度充填。全部充填开采即在煤层采出后顶板未冒落前对所有采空区域进行充填，充填量和充填范围与采出煤量大体一致，它完全靠采空区充填体支撑上覆岩层并控制开采沉陷。部分充填是相对全部充填而言的，其充填量和充填范围仅是采出煤量的一部分，它仅对采空区的局部或离层区与冒落区进行充填，靠覆岩关键层结构、充填体及部分煤柱共同支撑覆岩并控制开采沉陷。全部充填的位置只能是采空区，而部分充填的位置可以是采空区、离层区或冒落区。

1. 全部充填开采技术

（1）水砂充填。水砂充填就是利用水力将沙子、碎石或炉渣等充填材料输送到井下用来支撑围岩，防止或减少围岩垮落和变形。水砂充填必须建立水砂充填系统，由充填材料的加工及选运系统、贮砂及水砂混合系统、输砂管路系统、供水及废水处理系统等组成。

长壁采煤工作面采用水砂充填后地表下沉系数为0.1～0.2，具有较好的减沉效果，但由于水砂充填采煤工艺复杂且成本较高，在我国煤矿没有得到广泛的推广应用。

(2) 风力充填。风力充填是利用压风能量使充填材料在风力充填机中混合，然后沿充填管路将充填材料抛掷到采空区，构成充填体以控制顶板。开采顶板坚硬厚煤层及“三下”煤炭资源，特别是缺水地区，风力充填曾被认为是一种有效的采矿方法。风力充填具有适用范围广、充填料来源多、充填致密、充填与回采运输工艺平行作业等优点，但风力充填同时存在能耗大、管路与设备损耗大、充填费用高、充填区扬尘大等缺点。英国、比利时、法国、德国都曾利用风力充填法开采各类煤层。

(3) 膏体充填。为了克服水砂充填存在泌水、需要建立复杂的隔排水系统等问题，20世纪80年代初国外发展了膏体充填技术。膏体充填中充填料为充填后不泌水的物料集合体，一般浓度为76%～85%。

从解决我国煤矿村庄等建筑物压煤高效开采和开采沉陷破坏控制等重大技术问题的需要出发，中国矿业大学以周华强教授为首的研究团队，从1996年开始研究固体废弃物膏体充填不迁村采煤技术。煤矿膏体充填开采就是把煤矿附近的矸石、粉煤灰、炉渣、劣质土、城市固体垃圾等在地面加工成无须脱水的牙膏状浆体(低成本的特殊“混凝土”)，利用充填泵或重力作用通过管道输送到井下，适时充填采空区。近年来，山东济宁矿业集团太平煤矿的河砂膏体充填、焦作煤业集团朱村矿的矸石膏体充填、新汶矿业集团孙村矿的矸石似膏体充填、邢台的矸石直接充填等均取得了成功。

与煤矿曾经采用过的水砂充填等比较，膏体充填材料具有以下特点。

①浓度高。一般膏体充填材料质量浓度大于75%，目前最高浓度达到88%。而普通水砂充填材料浓度低于65%，如我国阜新矿区水砂充填的水砂比：新平安矿为2.7：1～5.3：1，新邱一坑为1.2：1～2.1：1，高德八坑为2：1。按照质量浓度计算均小于50%。

②流动状态为柱塞结构流。普通水砂充填料浆管道输送过程中呈典型的两相紊流特征，管道横截面上浆体的流速为抛物线分布，从管道中心到管壁流速逐渐由大减小为零，而膏体充填料浆在管道中基本是整体平推运动，管道横截面上的浆体基本上以相同的流速流动，称为柱塞结构流。

③料浆基本不沉淀、不泌水、不离析，因此膏体充填材料可以降低凝结前的隔离要求，使充填工作面不需要复杂的过滤排水设施，也避免或减少了充填水对工作

面的影响。普通水砂充填大部分充填水需要过滤排走，常在排水的同时带出大量固体颗粒（其量高达40%），沉淀清理工作繁重。

④无临界流速。最大颗粒的粒径达到25～35mm，流速小于1m/s仍然能正常输送，所以膏体充填所用矸石等物料只要破碎加工即可，可降低材料加工费，同时低速输送能减少管道磨损。

⑤相同胶结料用量下充填体强度较高，可降低胶结料用量，降低材料成本。由于膏体充填材料具备上述特点，固体废弃物膏体充填不仅能够解决不迁村采煤问题，而且可以取得比传统水砂充填开采更好的效果。一方面不需要复杂的过滤排水设施，充填系统简单，维护工程量少；另一方面充填效率高，充填密实程度高，有利于提高控制覆岩沉降效果。

针对煤矿固体废弃物膏体充填需要，中国矿业大学研制出了PL、SL系列膏体胶结料，其中PL系列膏体胶结料是为满足没有生产胶结料所需炉渣原料的充填需要而研制的，它是以普通水泥或普通水泥熟料为基材的一类复合材料；SL系列膏体胶结料则是以炉渣为基材的一类材料。与普通水泥相比，PL、SL系列膏体胶结料具有以下特点。

①亲泥性能好。PL、SL系列膏体胶结料能够与含泥量高的各种集料正常凝结固化，具有很好的亲泥性能（亦称为亲泥胶结料），为最大限度地应用各种固体废弃物创造了有利条件。PL、SL系列膏体胶结料不需要脱泥处理，矸石、山砂、河砂、海砂、戈壁砂、矿山分级尾砂或全尾砂，甚至城市固体垃圾等材料可直接用作集料，且大块物料只需进行简单破碎加工处理即可。

②固结能力强。PL、SL系列膏体胶结料在极少用量条件下就能使矸石、河砂、尾砂等制作的膏体料浆形成需要强度的固化体，在相同用量条件下，PL、SL系列膏体胶结料固化体强度为普通水泥固化体强度的3～6倍，因此在强度要求相同时，PL、SL系列膏体胶结料可大幅减少胶结料用量，降低材料费用。

③早期强度高。PL、SL系列膏体胶结料用量在2.5%时，充填体8h内强度可达到0.2 MPa以上，可保证充填体及时自稳，并对顶板产生支撑作用。用普通水泥做胶结料，在上述条件下，充填体3 d内无强度。

④生产成本低。PL、SL系列膏体胶结料大量采用来源广泛、成本低廉的原材料，如石膏、石灰等，胶结料一般不需要专门建立煅烧窑炉，只需要装备烘干、破碎、粉磨等工艺设备即可，生产投资小，生产成本低。特别是SL系列膏体胶结料以炉渣等工业废弃物为主要原料，变废为宝，不但节约能源，而且有利于减少环境污染。

综合其他充填方式并结合现代充填发展趋势，孙恒虎等人还开发了似膏体充填技术。

2. 部分充填开采技术

充填开采的成本是影响煤矿充填开采技术推广应用的关键因素之一，采用部分充填开采技术可以减少充填材料的用量和充填量，从而降低充填成本。与金属矿山相比，煤矿的充填材料来源相对不足，金属矿山可用作充填材料的尾矿，一般占开采矿石量的90%以上，而煤矿的矸石一般仅为煤炭开采量的15%左右，如采用全部充填法，煤矿充填材料的来源会受到限制。另外，煤矿工作面的单产相对较高，金属矿山充填站的充填能力一般为30～60 m^3/h，而一个年产1Mt的采煤工作面的生产能力为100 m^3/h以上，如采用全部充填法，充填系统的充填能力不能满足采煤工作面高效生产的要求。鉴于上述原因及降低充填成本的要求，部分充填开采技术是我国煤矿充填开采技术的研究方向。

部分充填开采技术的研究必须结合采动岩层移动规律，岩层控制的关键层理论为部分充填开采提供了理论依据。研究表明，主关键层对地表移动的动态过程起控制作用，主关键层的破断将导致地表快速下沉，由于覆岩主关键层的破断将导致地表下沉明显增大，因此可将保证覆岩主关键层不破断失稳作为建筑物下采煤设计的原则。为了保证在建筑物下采煤既具有较好的经济效益，同时又保证地面建筑物不受到损害，关键在于根据具体条件下覆岩结构与主关键层特征来研究确定合理的开采技术及参数。其原则为：判别覆岩层中的关键层位置，在对主关键层破断特征进行研究的基础上，通过合理设计条带开采、部分充填开采等技术手段来保证覆岩主关键层不破断并保持长期稳定。

(1) 采空区膏体条带充填技术。采空区膏体条带充填就是在煤层采出后顶板冒落前，采用膏体材料对采空区的一部分空间进行充填，构筑相间的充填条带，靠充填条带支撑覆岩。只要保证未充填采空区的宽度小于覆岩主关键层的初次破断垮距，且充填条带能保持长期稳定，就可有效控制地表沉陷。

采空区膏体条带充填技术有两种模式：第一种模式是长壁条带充填开采模式，将工作面布置成长壁工作面，沿推进方向在采空区相间构筑充填条带；第二种模式是短壁间隔条带充填开采模式，将工作面布置成短壁条带开采，隔1个工作面充填1个工作面。短壁间隔条带充填较长壁条带充填在实施工艺上要相对容易。

(2) 覆岩离层分区隔离注浆充填技术。覆岩离层分区隔离注浆充填是利用岩移过程中覆岩内形成的离层空洞，从钻孔向离层空洞充填外来材料来支撑覆岩，从而减缓覆岩移动向地表的传播。

采用覆岩离层位置、离层量和动态发育规律的研究是离层注浆充填技术的理论基础。研究表明，覆岩离层主要出现在关键层下，当相邻两层关键层复合破断时，两关键层间将不出现离层。关键层初次破断前的离层区发育，离层量大，易于注浆充填；而一旦关键层初次破断，关键层下离层量明显变小，仅为关键层初次破断前的25%～33%，注浆难度增加。因此离层注浆必须在主关键层初次破断前进行。钻孔布置及最佳的注浆减沉效果应保证关键层始终不发生初次破断。

由于离层区充填为非固结充填材料，浆液浓度小，关键层下离层随采煤工作面推进不断扩展，浆液随之向前流动，关键层初次破断前其下离层空间很难被充填满，充填浆液不能对初次破断前的关键层进行支撑，因而不能阻止关键层的初次破断，从而影响后续离层注浆和注浆减沉效果，这是我国一些矿井离层注浆减沉试验未达到预想效果的主要原因之一。

针对现有离层注浆工艺不能阻止关键层的初次破断问题，有些学者提出了覆岩离层分区隔离充填法。其基本原理是：按关键层初次破断所允许的极限垮距对采煤工作面进行分区，分区间采用跳采方式，使关键层下离层区在关键层初次破断前被分区隔离煤柱隔离成各自封闭的空间，确保各个分区隔离的离层区可以注满浆体，从而起到对关键层有效支撑的作用。不论分区内关键层下部岩层是否达到充分采动，因跳采而留设的两分区间隔离煤柱原则上不能采出，实际上形成了离层注浆与留设煤柱相结合的综合减沉方案。此时，离层区充填体、关键层、分区隔离煤柱形成共同承载体，离层区充填体分担部分覆岩载荷，减少了分区隔离煤柱上的载荷（其载荷小于条带开采留设煤柱的承受载荷），因而分区隔离煤柱宽度小于单纯条带开采留设的煤柱宽度。离层区充填量越多，充填体承担的载荷越多，分区隔离煤柱宽度相对越小。

（3）条带开采冒落区注浆充填技术。目前，我国主要采用条带开采技术来实现建筑物下压煤的开采，其主要缺点是煤炭采出率偏低，一般仅为30%～50%。条带开采导致地表下沉的主要原因是条带开采后包括采空区及其上部一定范围岩层内形成冒落区。条带冒落区失去承载能力，并将其上部岩层的载荷转移到两侧留设的煤岩柱上，留设煤柱及其上方一定范围内岩柱上所承受的载荷增加导致煤岩柱压缩变形，压缩变形累积导致地表沉陷。

条带开采冒落区注浆充填就是在建筑物压煤条带开采情况下，通过地面或井下钻孔向采出条带已冒落采空区的破碎矸石进行注浆充填，以充填破碎矸石空隙，加固破碎岩石，使得采出条带冒落区重新起到承载作用，有效减轻留设煤柱及其上方一定范围内岩柱上所承受的载荷，使得煤岩柱的压缩变形减小，从而减缓覆岩移动向地表的传播。同时，利用充填材料与冒落区内矸石形成的共同承载体来缩短留设条带的宽度，以达到提高资源采出率的目的。

条带开采冒落区注浆充填的加固作用主要体现在以下三个方面：充填体提供条带煤柱侧限力作用，提高煤柱强度，减小煤柱宽度；充填体摩擦效应和点柱作用可分担煤柱载荷，减少煤岩柱的压缩和下沉，减少开采沉陷量；充填体的支护作用保证煤岩柱和关键层的长期稳定。为了减少充填对条带开采产生的影响，一般是在一个条带开采结束封闭后再对其冒落区进行注浆充填。

部分充填仅对采空区的局部或离层区与冒落区进行充填，靠覆岩关键层结构、充填体及部分煤柱共同承载来控制开采沉陷，减少了充填材料和充填工作量，从而降低了充填成本。部分充填开采技术适应煤矿充填材料相对不足和采煤工作面生产能力较大的特点，是煤矿低成本充填开采技术的发展方向。

部分充填开采中的充填体、关键层、煤柱共同承载作用原理的研究，是部分充填开采设计的基础，有关研究工作有待进一步深化。此外，适应煤矿部分充填开采的充填材料和充填工艺也是需要进一步研究的问题。

3. 充填开采的经济分析

理论上，充填开采是减小地表沉陷、解决煤矿开采环境问题的有效措施之一，尤其是解决经济发达地区建（构）筑物下压煤开采问题。但充填开采成本相对偏高，限制了该项技术在煤矿的试验与应用。

充填开采将增加吨煤成本，但充填开采会给煤矿开采带来更多的效益，主要体现在以下几个方面。

（1）节省保护地表建（构）筑物的费用。

（2）若采用固体废弃物充填开采，则节省了矸石处理费用和土地购置费用。

（3）降低矿井排水费用。充填后工作面顶底板变形破坏程度和范围大幅减小，若采用厚煤层分层全部胶结膏体充填开采，则开采后顶板垮落带基本不存在，导水断裂带高度显著变小，工作面涌水量将明显减小，所以充填后将会明显降低矿井排水费用。

（4）充填开采能对地表村庄等进行有效保护，使之受开采的影响显著减弱，因而降低了开采沉陷补偿费用，在取得良好社会效益和环境效益的同时，能取得较好的经济效益。

（5）采用厚煤层分层胶结膏体充填开采可以提高煤炭资源采出率，延长矿井服务年限，减少吨煤折旧费用。

（6）采用充填开采可明显减小工作面和巷道矿压显现剧烈程度，不存在周期性来压影响，为工作面和巷道维护创造一个很好的条件，不仅可以提高巷道和工作面的安全保障度，还将降低支护费用。

（7）采用井下掘进废石、矸石充填可减少井下掘进废石或矸石的提升及运输费，减少废石或矸石对环境的污染。

（8）工农关系简单，便于协调。

二、矸石资源化技术

（一）矸石的产生

矸石是采煤过程和选煤过程中排放的固体废弃物，是一种在成煤过程中与煤层伴生的含碳量较低、比煤坚硬的岩石，包括巷道掘进过程中的掘进矸石、采掘过程中从顶底板及夹层里采出的矸石以及选煤过程中挑出的洗选矸石。在我国现有开采技术条件下，采掘矸石量占煤炭产量的10%~15%，洗选矸石（尾煤）约占入选原煤的20%。

（二）矸石的矿物组成及其特性

1. 矸石的矿物组成

由于地层地质年代、地区、成矿情况、开采条件的不同，矸石的矿物组成、化学成分各不相同，其组分复杂，但主要属于沉积岩。如果以它的矿物组成为基础，结合岩石的结构、构造等特点，矸石一般可分为黏土岩矸石、砂岩矸石、粉砂岩矸石、钙质岩矸石和铝质岩矸石等。矸石中最常见的黏土矿物种类有高岭石类、水云母类、蒙脱石类和绿泥石类。根据地质条件不同，矸石有的以高岭石为主，有的则以水云母为主，有的还含有少量的绢云母。矸石中的黏土矿物成分经过适当温度煅烧便可获得与石灰化合成新的水化物的能力，所以矸石又被视为一种火山灰活性混合材料，其活性大小取决于黏土矿物含量。在砂岩中，碎屑矿物多为石英、长石、云母。石英往往被碳酸盐所溶蚀，长石碎屑往往易风化为黏土矿物，云母矿物碎屑一般以白云母为主，胶结物一般为炭质浸染的黏土矿物及含有碳酸盐的黏土矿物或其他化学沉积物。在粉砂岩中，碎屑矿物多为石英、白云母，胶结物比较复杂，通常为黏土质、硅质、腐殖质、钙质等。我国石炭二叠纪煤系地层中粉砂岩含有丰富的植物化石和菱铁矿结核。钙质岩矸石多属石灰岩，以方解石、菱铁矿为主，其次还有白云石、霞石等，往往还混有较多的黏土矿物、有机物、黄铁矿等。铝质岩类均含有高铝矿物，以三水铝石、一水软铝石、一水硬铝石为主，而黏土矿物退居次要地位，但常常含有石英、玉髓、褐铁矿、白云石、方解石等矿物。

2. 矸石的理化性质

（1）主要物理力学指标。容重在1.3~1.8 t/m^3，密度为1.5~2.651 t/m^3，水分一般为0.5%~5%，灰分为75%~85%，挥发分在20%以下，固定碳在40%以下。

（2）主要成分。矸石的主要成分为Al_2O_3、SiO_2，另外还含有数量不等的Fe_2O_3、CaO、MgO、Na_2O、K_2O、P_2O_5、SO_3和微量稀有元素（镓、钒、钛、钴）。

（3）矸石的风化。矸石的风化程度取决于其所处的环境条件、矸石的矿物与化学组成成分、堆积方式等，在矸石排放场上复垦种植也可加速其风化过程。一般来说，矸石的风化开始以物理风化为主，后来主要为化学风化。经过物理风化和化学风化的矸石，其粒度、颜色、酸碱性、物理力学特性、容重、孔隙率、渗透性等都会发生不同程度的变化。

（4）矸石的自燃。矸石堆积日久易引起自燃。根据矸石的发火机制，有多种矸石灭火方法，如挖掘熄灭法、表面密封法、注浆法、燃烧控制法，这些方法的基本原理是降温、清除燃料和断绝氧气。由不同矿物组成或化学组成的矸石，还具有一些特殊的性质，如黏土岩矸石遇水具有膨胀特性，风化后呈酸性的矸石具有腐蚀特性等。在矸石排放场进行植被恢复时，对这些特性都需要进行专门的考虑。

（5）矸石风化物的热特性。矸石风化物为灰黑色，比浅色的黄土升温快。夏季高温时矸石地表面温度可达50℃以上，容易烧死植物幼苗。自燃的矸石堆地温往往很高，须灭火降温后方可复垦种植。风化矸石的吸热性主要取决于其颜色、湿度和地面有无覆盖物的状况，散热性主要与其所含水分的蒸发、大气相对湿度、太阳辐射等有关。水分越多，大气相对湿度越低，蒸发越强烈，散热越快，降温越快。

（6）矸石的熔融性。矸石随加热温度的升高而产生的变形、软化和流动的特性称为熔融性。矸石熔融的难易程度取决于其矿物组成的种类与含量，因此可用矸石化学组成系数 K 来评估矸石的熔融性，当 $K<1$ 时矸石易熔，当 $K>1$ 时矸石难熔。

（7）矸石的发热量。矸石中含有少量的C、H、S、N、O等，在燃烧时释放一定的热量，单位质量矸石在完全燃烧时所产生的热量即矸石的发热量。矸石的发热量是评价矸石质量和确定其用途的重要指标。如果矸石中有机质、固定碳和挥发分含量高，其发热量也高，矸石的发热量一般为800～1500 cal/g（1cal=4.184J）。

（8）矸石的可塑性。矸石的可塑性是指矸石粉和适当的水混合均匀后在外力作用下能成形，当外力去除后仍能保持塑性变形的性质。矸石可塑性的大小与矿物组成、颗粒表面所带离子、含水量和比表面积等有关。矸石中矿物可塑性从大到小依次为蒙脱石、高岭石、水云母，蒙脱石的比表面积为100 m^2/g，高岭石的比表面积为10～40 m^2/g。

（三）矸石资源化利用技术

矸石的性质决定着矸石资源化利用的途径，因此对矸石的组分及性质进行分析和评价，有利于选择最佳的资源化利用途径，更好、更有效地利用矸石资源。

1. 矸石资源化利用的评价

按照矸石的岩石特征分类，矸石可以分成高岭石泥岩（高岭石含量大于60%）、伊利石泥岩（伊利石含量大于50%）、砂质泥岩、砂岩及石灰岩。高岭石泥岩、伊利石泥岩可生产多孔烧结料、矸石砖、建筑陶瓷、含铝精矿、硅铝合金、道路建筑材料；砂质泥岩、砂岩可生产建筑工程用的碎石、混凝土密实骨料；石灰岩可生产胶凝材料、建筑工程用的碎石、改良土壤用的石灰。

2. 矸石发电

（1）矸石发电的技术要求。含碳量较高（发热量大于4180kJ/kg）的矸石，一般为煤巷掘进矸和洗矸，通过简易洗选，利用跳汰机或旋流器等设备可回收低热值煤，作为锅炉燃料。

发热量大于6270 kJ/kg的矸石可不经洗选就近用作流化床锅炉的燃料。矸石发电，其常用燃料热值应在12550 kJ/kg以下，可采用循环流化床锅炉，产生的热量既可以发电，也可以用作采暖供热。这部分矸石以选煤厂排出的洗矸为主。

矸石发电以循环流化床锅炉为主要炉型，加入石灰石或白云石等脱硫剂可降低烟气中硫氧化物和氮氧化物的产生量。燃烧后的灰渣具有较高的活性，是生产建材的良好原料。今后发展以循环流化床锅炉为主，重点推广75 t/h及以上循环流化床锅炉，并完善、开发大型化的循环流化床锅炉。

（2）矸石、煤泥混烧发电的技术要求。矸石发热量为4500～12550 kJ/kg，煤泥发热量为8360～16720 kJ/kg，煤泥的水分为25%～70%。混烧方式有矸石和煤泥浆、矸石和煤泥饼混烧，加入煤泥可以采用机械方式输送、挤压泵与管道混合输送及泵送方式，锅炉采用流化床和循环流化床。

3. 矸石生产农肥或改良土壤

（1）矸石制微生物肥料的技术要求。以矸石和廉价的磷矿粉为原料基质，外加添加剂等可制成矸石微生物肥料，这种肥料可作为主施肥应用于种植业。作为微生物肥料载体的矸石，其要求是：灰分不大于85%，水分小于2%，全汞不大于3 mg/kg，全砷不大于30 mg/kg，全铅不大于100 m/kg，全镉不大于3 mg/kg，全铬不大于150 mg/kg；矸石中的有机质含量越高越好，磷矿粉的全磷含量应大于25%。

（2）矸石制备有机复合肥料的技术要求。有机质含量在20%以上、pH在6左右（微酸性）的炭质泥岩或粉砂岩，经粉碎并磨细后，按一定比例与过磷酸钙混合，同时加入适量添加剂，搅拌均匀并加入适量水，经充分反应活化并堆沤后，即成为一种新型实用肥料。这种肥料中氮、磷、钾元素含量不高，但有机质和微量元素硼、锌、钴、锰等含量丰富，大量的磷酸盐、铵盐被矸石保持在分子吸附状态，营养元素更易被农作物吸收，在2～3年内均有一定的肥效。

（3）利用矸石改良土壤的技术要求。利用矸石的酸碱性及其中含有的多种微量元素和营养成分，可将其用于改良土壤，调节土壤的酸碱度和疏松度，并可增加土壤的肥效。具体实施时要查明土壤的化学成分和性质，并在其中掺入一些有机肥料。

4. 其他利用途径

（1）生产铸造型砂的技术要求。高岭石含量在40%以上的泥质岩石类矸石可作为生产铸造型砂的原料。煅烧是生产铸造型砂的技术关键，煅烧窑炉常采用立窑或倒焰窑。泥岩类矸石主要从泥岩含量相对较多的洗煤矸石、煤巷矸石和手选矸石中采用人工手拣的方法获得。

（2）冶炼硅铝铁合金的技术要求。对于Fe_2O_3含量较高的矸石，可采用直流矿热炉冶炼硅铝铁合金。所用矸石的化学成分为：SiO_2在20%～35%，Al_2O_3在35%～55%，Fe_2O_3在15%～30%。入炉粒度在20～60 mm。为降低电耗，提高经济效益，矸石和铝矾土应以熟料的粉料与烟煤粉制成球团后再入炉冶炼。硅铝铁合金在炼钢生产中主要用作脱氧剂。

第七章　地质灾害防治工程勘察的技术

第一节　地质灾害防治工程勘察的等级

一、地质灾害防治工程勘察的等级划分

地质灾害防治工程勘察应划分地质灾害防治工程等级。地质灾害防治工程等级是根据致灾地质体危害对象的重要性和成灾后可能造成的损失大小来划分的。

（一）致灾地质体成灾后可能造成的损失大小

致灾地质体成灾后可能造成的损失大小的划分应符合下列规定。

（1）损失大。威胁人数多于300人或预估经济损失大于10000万元。

（2）损失中等。威胁人数50～300人或预估经济损失5000万～10000万元。

（3）损失小。威胁人数少于50人且预估经济损失小于5000万元。

（二）致灾地质体危害对象重要性

致灾地质体危害对象重要性的划分应符合下列规定。

（1）重要。县级以上城市主体、人口密集区及重要建设项目。

（2）较重要。乡镇集镇及较重要建设项目。

（3）一般。村社居民点及一般建设项目。

二、地质灾害防治工程勘察的地质环境复杂程度划分

地质灾害防治工程勘察应对地质环境复杂程度进行划分。地质环境复杂程度是根据致灾地质体变形差异、物质组成差异、稳定性控制因素多少和致灾地质体或致灾地质作用所处地质环境划分的。

第二节　地质灾害防治工程勘察的阶段

一、《地质灾害防治工程勘查规范》(DB50/T 143—2018)中对地质灾害防治工程勘察阶段的划分

地质灾害防治工程勘察应视情况确定是否分阶段进行。当致灾地质体规模不大，基本要素明显或地质条件简单或灾情危急，需立即抢险治理时应不分阶段进行一次性勘察，一次性勘察的工作深度应符合详细勘察的基本要求。当致灾地质体规模大，基本要素不明显或地质环境复杂时应分控制性勘察和详细勘察两个阶段进行。

地质灾害防治工程控制性勘察应在充分搜集、分析以往地质资料基础上，根据需要进行调查测绘、勘探和测试等工作，查明地质灾害的基本特征、成因、形成机制，对致灾地质体在现状和规划状态下的稳定性作初步分析，并对致灾地质体的危险性作评价，作出是否需要进行详细勘察和防治的结论。控制性勘察成果应能作为详细勘察的依据，但一般不宜作为地质灾害防治工程设计的依据。

地质灾害防治工程详细勘察应考虑城镇建设，移民迁建，道路、沿江港口码头及岸坡治理等规划建设的需要，依据控制性勘察的结果，结合可能采取的治理方案部署工作量，分析评价致灾地质体在现状和规划状态下的稳定性和发生灾害的可能性，提出防治方案建议。详勘成果应能作为地质灾害防治工程设计的依据。

地质灾害防治工程施工期间应开展地质工作，对开挖形成的边坡、基坑和硐体进行地质素描、地质编录和检验，验证已有的勘察成果；必要时补充更正勘察结论，并将新的地质信息反馈给设计和施工部门。当勘察成果与实际情况明显不符、不能满足设计施工需要或设计有特殊需要时，应进行施工勘察。施工勘察应充分利用已有施工工程。

二、《地质灾害勘察指南》中对地质灾害防治工程勘察阶段的划分

崩塌—危岩体灾害勘察，一般分为初勘、详勘、防治工作可行性阶段勘察及防治工程设计阶段勘察四个阶段。设计阶段的勘察可进一步分为初步设计阶段勘察和施工图设计阶段勘察。其划分的依据是成灾的可能性、危害程度、崩塌规模、监测及防治工作的需要。根据地质灾害体的变形发展阶段及危害性大小，以及监测建站与防治工程的需要和进展，可归并勘察阶段或直接进入下一阶段的勘察。

滑坡灾害勘察防治工作包括初步勘察、详细勘察（防治工程可行性研究勘察）、初步设计与施工图设计勘察和施工勘察四个阶段。四个阶段可视具体情况酌情合并、简化。如果滑坡规模小，成灾条件简单时，可将前三个阶段合并为一个阶段开展工

作。监测工作贯穿四个阶段及竣工后的效果检验阶段。如果滑坡规模大且复杂，危害性大而研究程度低时，可将第三个阶段分为“可行性研究”和“初步设计”两个阶段开展工作。

泥石流勘察工作一般分为资料准备、野外踏勘、编制设计、野外勘察、资料整理与编写报告五个工作程序。岩溶的勘察工作一般可分为编制勘察设计、野外勘察和编写勘察报告三个阶段。

第三节　地质灾害防治工程勘察的技术手段

地质灾害防治工程勘察的技术手段是指在地质灾害防治工程勘察工作中取得各种地质资料的方法和途径。目前，在地质灾害防治工程勘察工作中常用的技术手段有：遥感地质调查（简称“遥感”）、地质测绘（简称“填图”）、地球物理勘探（简称“物探”）、坑探工程（又称山地工程，简称“坑探”）和钻探工程（简称“钻探”）等。

一、遥感地质调查

遥感地质调查是指在几千米至几百千米以外的高空，通过飞机或人造地球卫星运载的各种传感仪器，接收地面目的物反射与辐射的电磁波而获取其图像和数据信息，通过专门解译得到地质资料的勘察技术手段。

遥感是当前地质灾害防治工程勘察中使用的先进技术手段之一。目前，常用的遥感手段有摄影遥感、电视遥感、多光谱遥感、红外线遥感、雷达遥感、激光遥感、全息摄影遥感等。

遥感图像能直观、逼真地显示工作区内地形、地貌、地质和水文等的整体轮廓与形态，其视域广、宏观性强。遥感图像用于对工作区的自然地理、地质环境和需要勘察的地质灾害的整体了解和宏观认识，指导野外勘察的宏观部署，勘察剖面和勘察网点的布设及施工场地的选择等，可以减少盲目性，节省时间、人力、物力和投资。在实际工作中，通过对航片、卫片上的遥感图像进行专门的地质解译后获得勘察区及外围环境地质灾害的相关资料，以指导本次勘察工作。对遥感图像解译时，首先要建立不同航片各自的直接解译标志（形状、大小、阴影、灰阶、色调、花纹图形等）和间接解译标志（水系、植被、土壤、自然景观和人文景观等）；其次是进行室内解译（条件许可的情况下应采用计算机进行图像处理），编制解译地质图和相片镶嵌图，规划踏勘路线与踏勘时重点调查的问题；最后是初步布设勘探剖面和勘探网点，作为编制地灾勘察设计的依据。

(一) 危岩—崩塌灾害防治工程勘察遥感图像解译的基本要求

(1) 遥感图像解译开始于收集资料阶段，在野外踏勘之前初步完成，并编制初步工程地质解译图，为野外踏勘和设计编写服务。该工作借助野外测绘等工作予以修改、验证，贯穿整个勘察工作，成为野外工作、资料分析整理、报告编写的一个组成部分。

(2) 区域性解译采用1∶50000～1∶67000的航片；对于崩塌（危岩）体，选用大比例尺（1∶1000～1∶10000）航片；有条件时，宜采用多时相的彩红外、红外、彩色、黑白、侧视雷达等多种航片进行综合解译。

(3) 一般采用常规的目视解译，尽可能对航片进行光学处理和数字处理，以突出有效信息，提高解译水平和效果。

(4) 结合勘察进行解译验证，建立起较准确的解译标志。同时，建立健全解译卡片和验证卡片，以积累详细准确的资料。

(5) 提交的成果：①解译灾害地质图；②解译卡片；③验证卡片；④典型相片集；⑤解译报告；⑥勘察所需的其他解译图件。

(二) 滑坡灾害防治工程勘察遥感图像解译的基本要求

(1) 整个遥感图像解译工作应结合地面测绘和物探工作进行，遥感解译应先于地面测绘。

(2) 可能时，卫星相片与航空相片应结合使用，以采用彩色热红外航片解译效果为佳。

(3) 用不同时间、不同波段的航空影像进行综合解译。如果条件许可应采用计算机进行图像处理，突出有效信息以提高解译水平和效果。

(4) 宜用大比例尺（如1∶5000～1∶10000）航片，用目视和航空立体镜解译，或用立体测图仪成图。如果滑坡体面积较大，可采用1∶30000～1∶50000比例尺的航片。有条件时，利用大比例尺航片，从航片上的线状地物（如公路、铁路、小径等）的断距，确定滑坡体的位移量。通过将不同时期航片进行对比，推断坡体位移的速度和距离。

(5) 完成航片、卫片解译工作之后，应提交相应比例尺的解译图及文字报告，并将其主要内容纳入勘察报告中。

(三) 泥石流灾害防治工程勘察遥感图像解译的基本要求

(1) 航片解译应在野外调查之前进行，并贯穿调查的全过程。运用它的超前性协助制定地质测绘方案，可有效地缩短工作周期。

(2) 航片解译以目视解译为主，凡能构成立体像对者，借助立体镜；不能构成立体像对者，以肉眼直接观察或借助放大镜进行观察。

(3) 航片比例尺宜采用 1：10000～1：15000。

(4) 根据影像形状、大小、色调和阴影判译下列内容。

①地面几何形态：流域形态及范围，山地、平原及特殊地质现象构成的形态和泥石流三区（形成区、流通区、堆积区）的形态特征。

②新构造活动条件及不良物理地质现象。

③河流特征，水系、河道宽浅、曲直，滩槽分布及规模。

④植被情况。

⑤人文现象及其他；城镇及居民点的分布、通路、桥梁、矿点、农林类别等。

判译时要量取汇流面积、冲沟和洲沟密度、河沟曲率、河床的平均纵坡降、森林覆盖率和各种植物群体的定量关系，基岩露头、岩堆以及各种松散堆积物等的分布状况、分布面积及静储量、动储量。

(5) 航片解译成果，在地质测绘时应进行验证，验证工作量应低于 30%。

(6) 及时整理遥感图像解译资料，编制解译成果，包括解译卡片、典型样片、单项与综合性解译图件及简要说明书。

（四）岩溶塌陷灾害防治工程勘察遥感图像解译的基本要求

(1) 航、卫片解译应在野外调查之前进行，并贯穿勘察的全过程，使其成为设计编制、野外工作布置、室内资料整理和报告编写的一个组成部分。

(2) 以航片解译为主，航片比例尺一般宜大于 1：20000。

(3) 航片解译成果应充分应用于地质测绘，可用于布置观测路线和观测点，进行地质、地貌界线和各种线性体的追索。结合野外检验，以提高航片解译成果质量。

(4) 航片解译以目视解译为主，应充分利用不同时期的航片、卫片进行动态分析。尽可能采用图像模拟处理和计算机图像处理等技术，以突出有效信息。

(5) 解译内容：

①划分地貌单元，确定地貌形态、成因类型及主要微地貌的发育特征和分布，着重对岩溶地貌中岩溶负地形（如洼地、漏斗、槽谷、谷地等）和岩溶地貌组合形态（如峰丛洼地、溶丘洼地、脊峰沟谷、峰林平原等）的解译，并进行密度统计分析。

②确定地质构造轮廓和主要构造形态，包括出露或隐伏的主要断裂和节理裂隙密集带的分布位置和规模，并对新构造运动迹象进行解译。

③划分岩、土体不同岩性和不同岩溶层组类型的分布范围。

④解译各种动力地质现象，着重判定岩溶塌陷、岩溶陷落柱的形态、分布位置和规模，分析确定塌陷区的范围及其扩展情况。

⑤解译各种水文地质现象，判定岩溶泉、伏流、地下河出口、落水洞、竖井、天窗、溶潭、溶洞等岩溶现象的分布位置；分析地下河或岩溶水主径流带的分布迹象，圈定岩溶水系统的补给区范围。

(6) 根据实际需要，整理编制解译成果，包括单项与综合性的解译图件及简要说明书、解译卡片、典型样片等。

二、地质测绘

(一) 地质测绘的含义

地质测绘是运用地质学的理论和方法，对暴露区及半暴露区的岩土特征、地层层序、地质构造，地貌及水文地质条件、不良地质现象等地表地质情况进行野外调查、分析和研究，编制地质图件和地质报告的综合性地质工作。

地质测绘是在野外将工作区地表出露的地质情况，用测量仪器 (如全站仪、手持 GPS 等) 填绘在一定比例尺的地形图上，其主要成果是地形地质图——各阶段地质灾害防治工程勘察、布置勘察工程的底图，也是各阶段报告的主要附图之一。地质测绘是地质灾害防治工程勘察中的主要手段，也是最基本、最重要的勘察手段，用于指导其他勘察工作，一般应尽早开展。

(二) 各类地质灾害防治工程勘察地质测绘的范围和精度

1. 危岩—崩塌灾害防治工程勘察地质测绘的范围和精度

(1) 危岩—崩塌体地质测绘的范围：应为其初步判断长宽的 1.5 ~ 3 倍，同时，还应包含其崩滑可能造成危害及派生灾害成灾的范围。在某些情况下，纵向拓宽至坡顶、谷肩、谷底、岩性或坡度等的重要变化处，横向应包括地下水露头及重要的地质构造等。外围环境地质调查，以查明与崩塌体生成有关的地质环境和小区域内崩滑发育规律为准。

(2) 危岩—崩塌体地质测绘的精度：实测地质体的最小尺寸一般为相应图上的 2 mm。对于具有重要意义的地质现象，在图上宽度不足 2 mm 时，可扩大比例尺表示，并注明其实际数据。地质点位与地质界线的误差，应不超过相应比例尺图上的 2 mm。地质测绘使用的地形图，必须是符合精度要求的同等或大于测绘比例尺的地形图。当采用大于测绘比例尺的地形图时，必须在图上注明实际的地质测绘精度。

2. 滑坡灾害防治工程勘察地质测绘的范围和精度

(1) 滑坡地质测绘的范围：滑坡地质测绘的范围应包括滑坡及其邻近能反映生成环境或有可能再发生滑坡的危险地段。勘察区后部应包括滑坡后壁以上一定范围的稳定斜坡或汇水洼地；勘察区前部应包括剪出口以下的稳定地段；勘察区两侧应到达滑体以外一定距离或邻近沟谷。涉水滑坡应到达河（库）心或对岸。

滑坡地质测绘应根据工作需要适当地扩大到滑坡体以外可能对滑坡的形成和活动产生影响的地段。如山体上部崩塌地段，河流、湖泊或海洋岸边遭受侵蚀的地段，采矿、灌渠等人为工程活动影响的地段等。

(2) 滑坡地质测绘的精度：图上宽度大于 2 mm 的地质现象必须描绘到地质图上。对评价滑坡形成过程及稳定性有重要意义的地质现象，如裂隙、鼓丘、滑坡平台、滑动面（带）、前缘剪出口等，在图上宽度不足 2 mm 时，应扩大比例尺表示，并注释实际数据。地质界线图上的误差不应超过 2 mm。地质点间距以保证地质界线在图上的精度为原则，一般控制在图上距离 2 ~ 5 cm 内，结合滑坡防治工程的重要性可适当加密或减稀。当地形底图比例尺为 1：5000 时，地质点应采用仪器测定。当比例尺小于 1：5000 时，有重要意义的地质点应采用仪器测定外，其余可根据地形地貌测定地质点。

在地质界线被覆盖或不明显地段，必须保证足够数量的人工露头，尤其是滑坡边界，剪出口附近应配合必要的坑探。

3. 泥石流灾害防治工程勘察地质测绘的范围和精度

(1) 泥石流地质测绘的范围：应是全流域和可能受泥石流灾害影响的地段。

(2) 泥石流地质测绘的精度：

①测绘填图时，所划分单元在图上的最小尺寸为 2 mm，大于 2 mm 者均应标示在图上。对厚度或出露宽度小于 2 mm 的重要工程地质单元，如软弱夹层、崩塌、滑坡、断层破碎带、贯通性好的节理、宽大裂隙、溶洞和泉等，可采用扩大比例尺或符号的方法表示。

②对可能建坝、堤等地段的地质界线，可采用 1：500 ~ 1：2000 比例尺图，地质点测绘精度在图上误差不应超过 3 mm，其他地段不应超过 5 mm。

③为满足测绘精度，在测绘填图中应采用比成图比例尺大一级的地形图作为填图底图。

4. 岩溶塌陷灾害防治工程勘察地质测绘的范围和精度

(1) 岩溶塌陷地质测绘的范围：应包括岩溶塌陷现象分布及影响的全部区域，以及塌陷发生的动力因素影响的范围。

(2) 岩溶塌陷地质测绘的精度:

①测绘采用比例尺大一级的地形图作为工作底图。

②在测绘之前，应先实测代表性地层岩性剖面，编制地层岩性柱状图和综合剖面图，确定填图单位。或对已有的地层岩性柱状网进行现场校核，并根据填图单位划分的实际需要进行细分。

③实测地质体的最小宽度一般为相应图上的 2 mm。对于重要的地质现象可放大或以花纹符号表示。各种界线应在实地结合航片解译资料上勾画，其误差在图上不应大于 2 mm。

④对于测绘比例尺≥1∶5000 的全部观测点位置，均应以仪器测量坐标；对于测绘比例尺＜1∶5000 的重要地质现象，如岩溶塌陷点、岩溶泉、地下河出口、抽水井、排水坑道等位置，也应以仪器测量其坐标；一般观测点可以用全球定位系统（GPS）定位。

⑤观测路线或观测点的数量参照同等比例尺地质与工程地质调查的定额。观测路线在图上的间距一般为 2 ~ 3 cm，观测点的间距一般为 1 ~ 3 cm，或图面每平方厘米 0.25 ~ 1 个点，其密度不要均匀分布，应按复杂程度适当加密或减稀。

（三）地质测绘的要求和方法

1. 地质测绘的要求

在正式地质测绘之前，应首先测制代表性地层剖面，建立典型的地层岩性柱状图和标志层，确定填图单元，具体注意事项如下。

(1) 地层剖面应选择在露头良好，地层出露齐全和构造简单的地段。必要时，可在测区以外能代表测区地层剖面的地段测制。

(2) 当露头不连续，或地层连续性受到破坏时，需在不同地段测制地层剖面，各剖面的连接必须有足够的证据。必要时，可布置坑探予以揭露。

(3) 在地质构造复杂或岩相变化显著地区，应测制多条地层剖面，编制地层对比表和综合地层柱状图。地层柱状图的比例尺一般为填图比例尺的 5 ~ 10 倍。重要的软弱夹层，应扩大比例尺予以详细测制。

(4) 应选择厚度小、层位稳定、岩性特征突出、野外易于识别的地层作为标志层。如具有特殊物质成分、结核、离析体、特殊层理、不整合面、古土壤层、古风化壳、特殊岩性、特殊层面构造、富含化石或不含化石、颜色特殊等特征的层位。

(5) 测制地层剖面时，主要参考已有区域地质资料定名，必要时采集岩石和化石标本，鉴定定名。

(6) 填图单位着重标注岩土体工程地质特性的异同和岩层与致灾地质体的相关

性。岩性相近时应归并为一层，岩性软硬相间时，一般以软层为一个单元的底部岩层。

2. 地质测绘的方法

地质测绘的方法宜采用路线穿越法和追索法相结合的方法。对重要的边界条件、裂隙、软夹层采用界线追索，在穿越和追索路线上布置观测点。观测点布置的目的要明确，密度要合理，以达到最佳调查测绘效果为准。对于主要的地质现象，应有足够的调查点控制，如崩塌边界、地质构造、裂隙等。

野外观测点一般分为：地层岩性点、地貌点、地质构造点、裂隙统计点、水文地质点、外动力地质现象点、致灾体调查点、变形点、灾情调查统计点、人类工程活动调查点、勘探点、采样点、试验点、长期观测点、监测点等。在覆盖或现象不明显地段，必须有足够的人工揭露点，以保证测绘精度和查明主要地质问题。观测点的间距一般为2cm（图面上的间距），可根据具体情况确定疏密。观测点分类编号，在实地用红漆标志，在野外手图上标出点号，在现场用卡片详细记录。其中，野外卡片详细记录需要满足以下要求。

（1）必须采用专门的卡片记录观测点，并分类进行系统编号。卡片编号与实地红漆点号一致。

（2）记录必须与野外草图相符，凡图上表示的地质现象，必须有记录。

（3）描述应全面，不漏项，突出重点。尽量用地质素描和照片充实记录。

（4）重视点与点之间的观察，进行路线描述和记录。

根据观测点的情况，在野外实地勾绘地质草图，如实地反映客观情况，接图部分的地质界线必须吻合。在观测点的测量中，测绘比例尺小于1∶5000时，观测点定位采用目测和罗盘交会法，其高程可根据地形图和气压计估算；测绘比例尺大于1∶5000及重要的观测点、勘探点、监测点和勘探剖面，必须用仪器测量。

在测绘过程中，采集具有代表性的岩（土）样、水样进行鉴定和室内试验。采样时必须定点、填写卡片并拍照。必要时采集化石标本，进行专门鉴定。在测绘过程中还应经常校对原始资料及时进行分析，及时编制各种分析图表，及时进行资料整理和总结，及时发现问题和解决问题，指导下一步工作。外业工作结束原始资料整理完毕之后，应组织对原始资料进行野外验收。

（四）地质测绘（调查）的内容

在各种地质灾害勘察中，测绘的内容一般包括岩土体的工程性质、地形地貌、地质构造、新构造运动、地震、水文地质、岩石风化和人类工程经济活动。

1. 岩体工程地质调查

查明区内岩体的地层层序、地质时代、成因类型、岩性岩相特征和接触关系等。各类岩层的描述，一般包括岩石名称、颜色(新鲜、风化、干燥、湿润色)、成分(粒度成分、矿物成分、化学成分)、结构、构造、坚硬程度、岩相变化、成因类型、特征标志、厚度、产状等。注意区分沉积岩、岩浆岩和变质岩的工程地质特征。

2. 土体工程地质调查

鉴别土的颜色、颗粒组成、矿物成分、结构构造、密实程度和含水状况，并进行野外定名。注意观测土层的厚度、空间分布、裂隙、空硐和层理发育特征。重视区内特种成分土和特殊状态土的调查，如淤泥、淤泥质黏性土、盐渍土、膨胀土、红黏土、黄土、易液化的粉细砂层、冻土、新近沉积土、人工堆填土等。

确定土体的结构特征，重视土体特殊夹层或透镜体、节理、裂隙和下伏基岩面岩性形态的调查，分析上述因素对土体稳定性的影响。确定土体的成因类型和地质年代。常见的基本成因类型有残积、坡积、冲积、洪积、湖积、沼泽、海洋、冰川、风积和人工堆积。地质年代的确定，一般应用生物地层学法、岩相分析法、地貌学法、历史考古法，必要时可进行绝对年龄测定。

3. 地貌和斜坡结构调查

以微地貌调查为主，包括分水岭、山脊、斜坡、谷肩、谷坡、坡脚、悬崖、沟谷、河谷、河漫滩、阶地、剥蚀面、岩溶微地貌、塌陷地貌和人工地貌等。调查描述各地貌单元的形态特征(面积、长度、宽度、高程、高差、深度、坡度、形体特征及其变化情况)、微地貌的组合特征、过渡关系及相对时代。重点调查致灾地质体产生的地貌单元，侧重于沟谷地貌和斜坡地貌的调查：应查明斜坡的结构类型与坡面特征的关系；坡高、坡长和坡角等与斜坡稳定性的关系；调查堆积体的地貌特征，初步分析其稳定性及在可能的冲击下的变形情况。

分析岩溶微地貌、流水地貌和暂时性流水地貌等与地质灾害的关系。调查区内人工地貌(如采石场、水库大坝、矿渣、堆土、坑口、道路、人工边坡等)，分析其与地质灾害的关系。

4. 地质构造调查

在分析已有资料的基础上，弄清测区构造轮廓、构造运动的性质和时代、各种构造形迹的特点、主要构造线的展布方向等。

(1) 褶曲的调查：应查明褶曲的形态、轴面的位置和产状、褶曲轴的延伸性、组成褶曲的地层时代和岩性，以及相变情况、褶曲两翼厚度的变化、褶曲的规模和组成形式、褶曲的形成时代和应力状态。重视褶曲的层间错动、核部的张裂、翼部的单斜构造及低序次结构面的调查，查明褶曲与地貌及地质灾害的关系。

（2）断层的调查：断层的位置、产状和规模（长度、宽度、断距），断层在平面上和剖面上的形态特征和展布特征，断层破碎带的宽度和特征，碎裂特征及断层两盘岩体的物理力学变形特征，构造岩特征、断层两边的岩层岩性、破碎情况，错动方向和组合关系，断层形成的时代，应力状态及活动性，应着重调查断层与致灾地质体及其边界的关系。

（3）节理、劈理、片理的调查：节理、劈理、片理的成因类型、形态特征、产状、规模、延伸长度、宽度、密度、张裂及充填情况、组数、各级的切割和组合关系。重视卸荷裂隙的调查，分析节理等与致灾地质体的关系。

（4）岩体结构面的调查：调查岩体中原生结构面、构造结构面和次生结构面的产状、规模、形态、性质、密度及其切割组合关系，进行岩体的分级和岩体结构类型及斜坡组构类型的划分。在此基础上，进行岩体结构、斜坡结构与地质灾害的相关分析。

5. 新构造运动，现今构造活动性和地震调查

新构造运动和地震及地震烈度区划、场地地震烈度等，应以收集地震资料为准。在分析区域构造特征的基础上，调查不同构造单元和主要构造断裂带在新近地质时期以来的活动性及活动特性。分析活动性断裂与地貌单元，地貌景观，微地貌特征，第四纪岩相岩性、厚度和产状，地面标高变化等的关系。搜集大地水准测量资料，编制大地形变剖面，分析现今活动特征。搜集区内断层位移监测资料，分析断层活动规律。搜集历史地震资料，分析地震活动周期，研究区域主要地震构造带各段地震活动规律，评价测区地震活动水平。着重调查本地区历史上七度以上的地震区（含七度区）已产生的震害，如建筑物的破坏、山崩、滑坡、地面开裂、河流堵塞及改道等，重点调查地震型地质灾害。

6. 水文地质调查

（1）地表水体的产出位置及河、湖床地层岩性，水体分布范围、流量、流速、水质、动态特征及其与区域地下水的关系，对可能是冲蚀型和水库型的地质灾害，应重点调查地表水对致灾地质体坡脚的冲刷淘蚀情况。

（2）地质灾害所在的地貌单元内地表产流条件、入渗情况，地表暂时性水流与崩塌裂隙的连通情况，暴雨时裂隙内最大充水高度。

（3）区内地下水露头（泉、井、矿坑等）的产出位置，地貌部位、高程、出露的地层岩性及地质构造，含水层类型（孔隙水、裂隙水、岩溶水）、性质（上升泉、下降泉或永久性、暂时性、间歇性泉），水位、水质、流量、水化学特征、动态和开发利用情况。

（4）含水层的类型、分布、富水性、透水性，地下水水化学特征；主要隔水层

的岩性、透水性、厚度和空间分布；地下水的流向、流速、补给、径流和排泄条件，以及与地表水的关系。

(5) 重点查明致灾地质体内及其上方稳定岩体的地下水的水位及其变化，查明含水层、隔水层、岩溶，地下水的流速、流向、补给、排泄条件以及对致灾地质体的作用。查明致灾地质体内局部的上层滞水的条件与位置，与裂隙或软层的关系及产生局部变形破坏的可能性。查明致灾地质体主要裂隙的充水条件、连通情况和下渗速度。查明滑带及控制性软层处地下水的情况及对危岩体的作用，以及致灾地质体内地下水与地下采空区的连通情况及采空区内地下水的特征及其对危岩体的作用。

(6) 根据需要，调查堆积体内的地下水特征，重点调查在崩积床一带的地下水，分析其与堆积体稳定性的关系。

通过上述调查，综合分析地表水、地下水对地质灾害的作用。

7. 岩石风化调查

调查风化岩的颜色、性质以及次生风化矿物情况、风化层的分布、形态特征和性质，查明风化壳的厚度并进行风化壳垂直分带。通过基坑、路堑、探槽等人工露头调查了解岩石的风化速度。调查分析岩石风化与岩性、地形、地质构造、水文地质、气候、植被及人类活动的关系。查明易风化岩层的岩性、层位和空间分布，分析岩石的风化特点及规律。

8. 人类工程经济活动调查

调查区内人类工程经济活动现状及规划，重点调查与勘察对象有关的工程布局，类型、规模、施工或竣工时间。此外，还应注意由人类活动诱发或造成的不良地质现象或地质灾害，如崩塌、滑坡、泥石流、山体开裂等的调查。

(五) 各类地质灾害地质测绘（调查）的内容

1. 危岩—崩塌体灾害地质测绘（调查）的内容

(1) 查明崩塌体的地质结构：包括地层岩性、地形地貌、地质构造、岩土体结构类型，斜坡结构类型，以及它们对崩塌作用的控制和影响。岩土体结构应重点记录描述软弱夹层、断层、褶曲、裂隙、岩溶、采空区、临空面、侧边界、底界（崩、滑带）等（在此基础上确定填图单位）。

①危岩—崩塌体体内的软岩及层间错动带（如顺层结构面，往往控制了裂隙的发育深度、变形及顺层滑动等），应查明其产状、岩性、厚度、地表出露、起伏差、内部结构、构造、风化、软化、泥化、擦痕及变形等特征。根据软层的厚度、分布和重要性进行软层分级。

②当危岩—崩塌体岩溶发育时，应查明岩溶形态的类型、产出位置、个体形态，

规模、发育规律、形成原因，以及与地表水、地下水的联系。应重点查明垂向岩溶与水平层状岩溶；查明岩溶与崩塌的关系；查明体积岩溶率。根据岩溶的分布高程，进行岩溶与地文期的相关分析。垂向岩溶可能构成崩塌体的侧边界，底部近水平状岩溶可能构成底界产生陷落挤出式崩塌。崩塌体内部的溶洞、溶蚀裂隙，会给防治工程施工带来一定影响。

③对于硐掘型崩塌，应查明危岩—崩塌体陡崖下采空区的面积、采高、分布范围、开采时间、开采工艺，矿柱和保留条带的分布，地压控制与管理办法，采空区顶、底板岩性结构，采空区处理办法，采空区地压显示与变形时间，采空区地压现象（底鼓、冒顶、片帮、鼓帮、开裂、压碎、支架位移破坏等），采空区地压监测数据，采空区与地表开裂隙的时间，空间与强度对应关系，查明采矿对崩塌的作用和影响。

④查明裂隙的产状，地表宽度、长度，展布形态，发育深度、尖灭层位，壁面特征，溶蚀情况，隙内充填情况，两壁相对位错情况，在临空面上发育形态，与构造、裂隙、岩溶、卸荷、冲蚀、爆破、开挖、采空的关系，分析裂隙的成因及裂隙间的关系，进行裂隙分组。重视隐伏裂隙的探查。隐伏裂隙大体有两类：一类是被覆盖层掩埋；另一类是在下部岩体中发育但未达到地表。对于硐掘型崩塌和压致拉裂型滑崩，后一种隐伏裂隙较为常见。

查明裂隙发育规律，注意卸荷裂隙与硐掘型裂隙的区别。后者的主裂隙在时空上与采空区有明显的对应关系。依据裂隙发育的规模、深度，对崩塌体边界的控制作用，以及对稳定性的影响程度，进行裂隙级别划分。

⑤查明边界条件，包括临空面（含先期崩塌的后缘壁构成的临空面）、侧边界和底界（底部崩滑带）等。

（2）崩塌体的水文地质特征：崩塌体的地表入渗及产流情况、崩塌体内地下水特征、地下水水质及侵蚀性。

（3）先期崩塌的运移和堆积：先期崩塌运移斜坡的形态、地形、坡度、粗糙度、岩性、起伏差、崩塌块体的运动路线和运动距离；崩积体的分布范围、高程、形态、规模、物质组成、分选情况、块度（必要时需要进行块度统计和分区）、结构、架空情况和密实度；崩积床形态、坡度、岩性和物质组成、地层产状；崩积体内地下水的分布和运移条件；评价崩积体自身的稳定性和在崩塌冲击荷载作用下的稳定性，分析在暴雨等条件下向泥石流、滑坡转化的条件和可能性。

（4）未来崩塌灾害成灾条件下可能的运移和堆积：崩塌产生后可能的斜坡运移是指在不同崩塌体积条件下崩塌体运动的最大距离。在峡谷区，要重视气垫浮托效应、折射回弹效应的可能性及由此造成的特殊运动特征。

崩塌可能到达并堆积的场地形态、坡度、分布、高程、岩性、产状及该场地的最大堆积容量。在不同崩塌体积条件下，崩塌块石越过该堆积场地向下运移的可能性，最大可能崩塌体的最终堆积场地；划定崩塌灾害的成灾范围和危险区，进行灾区内经济损失等灾害损失的调查和灾情预评估。

(5) 灾害类型调查：调查本次灾害可能派生的灾害类型（如涌浪、断航、冲击形成滑坡、泥石流、破坏水利设施等）和规模，确定其成灾范围，进行灾情预评估。

(6) 地质历史调查：调查历史上该处崩塌发生的次数、发生时间、崩塌前兆、崩塌方向、崩塌运动距离、堆积场所、崩塌规模、诱发因素、变形发育史、崩塌发育史、灾情等。

(7) 相关环境地质体的调查：①调查崩塌体周边和底界以下的地质体。按其产出位置和地质单元分别予以调查。说明它们自身的稳定性及与崩塌体的相互依存、相互作用的关系。②初步选择工程持力岩（土）体，调查持力体的位置、岩性、岩土体结构、自身的稳定性和在工程荷载下的稳定性。

(8) 孕灾因素调查：分别调查与崩塌有关的孕灾因素（如大气降雨、地下水、地表水冲蚀、人工爆破、开挖、地下开采、水渠渗漏和水库作用等）的强度、周期，以及它们对崩塌变形破坏的作用和影响。

2. 滑坡灾害地质测绘（调查）的内容

(1) 观察描述滑坡所处的地貌部位、斜坡形态、沟谷发育情况、河岸冲刷情况、堆积物和地表水的汇聚情况，以确定滑坡产生的时代、发展和稳定情况。

(2) 查明滑坡体及其外围的地层岩性组成并进行对比，特别应查明与滑坡形成有关的基岩软弱夹层的分布及其水理、物理和力学性质特征；岩石风化特征和各风化带及风化夹层的分布情况；覆盖层的成因、岩性及其中软塑性土夹层的空间分布位置、富水程度及密实程度等。

(3) 选定标准岩层，进行滑坡体与其外围同一地层的层位对比，确定滑坡的位移距离。当为顺层滑坡时，则利用具有较明显特点的后缘与两侧岩、土体组合进行对比。

(4) 查明滑坡体及其外围的岩层产状、拉裂后壁、裂隙位置及其性状的变化；滑坡产生与岩层产状、断层分布、断层带特征及裂隙特征的关系；堆积层与基岩接触面的陡度、性状及其与滑坡的关系。

(5) 查明斜坡地段地下水的补给、径流、排泄条件，含水层、隔水层的分布及遭受滑坡破坏的情况，地下水位及泉水的出露位置、动态变化情况。

(6) 详细观察滑坡体的下列特征。

①滑坡的边界特征。后缘滑坡壁的位置、产状、高度及其壁面上擦痕方向；滑坡两侧界线的位置与性状（如果滑坡体与两侧围岩的界线为突变式，要观察和测定

裂面产状、擦痕方向及其与层面、构造断裂面的关系；如果滑坡体与两侧围岩的界线为渐变式拖曳变形带，则要观察和测定拖曳褶皱及羽状裂隙的产状、分布及所造成的两侧岩体的位移情况；前缘出露位置及剪出情况；露头上滑坡床的性状特征等。

②表面特征。滑坡微地貌形态、台坎、裂隙的产状、分布及地物变形情况。

③内部特征。滑坡体内的岩体结构、岩性组成、松动破碎情况及含泥、含水情况。

④活动特征。滑坡发生时间、目前的发展特点及其与降雨、地震、洪水和工程建筑活动之间的关系。

在滑坡调查中，必须重视访问群众的工作。对较新和仍有活动的滑坡的历史和动态，当地居民能提供宝贵的材料；对工程滑坡的发生、发展情况，施工人员能提供详细情况。

3. 泥石流灾害地质测绘（调查）的内容

(1) 泥石流全域地质测绘与调查的内容。

①暴雨强度、前期降雨量、一次最大降雨量、一次降雨总量、平均及最大流量，地下水出水点位置和流量，地下水补给、径流、排泄特征、地表水系分布特征。

②沟谷或坡面地形地貌特征，包括沟谷形态及切割深度、弯曲状况，沟谷纵坡降及坡面的坡角。

③地层岩性及其风化程度、地质构造，不良地质现象，松散堆积物的成因、分布、厚度及组成成分。

④应圈定泥石流形成区、流通区和堆积区的范围及边界，并圈定汇水区范围。

⑤泥石流已造成的危害和可能造成的危害。

(2) 泥石流形成区地质测绘与调查的内容：对于泥石流的形成区调查，主要包括水文条件、地形条件和固体物质三个方面。调查内容有水源类型、汇水区面积和流量、斜坡坡角及斜坡的地质结构、松散堆积层的分布、植被情况，以及现已成为或今后将成为泥石流固态物质来源的滑坡、崩塌、岩堆、弃渣的体积、质量和稳定性。

(3) 泥石流流通区地质测绘与调查的内容：沟床纵横坡度及其变化点、沟床冲淤变化情况、跌水及急弯、两侧山坡坡度、松散物质分布，坡体稳定状况及已向泥石流供给固态物质的滑塌范围和变化状况；已有的泥石流残体特征；当有地下水出水点时，还应调查其流量及与泥石流的补给关系。

(4) 泥石流堆积区地质测绘与调查的内容：堆积扇的地形特征，堆积扇体积，泥石流沟床的坡降和岩、土特征，堆积物的性质、组成成分和堆积旋回的结构、次数、厚度，一般粒径和最大粒径的分布规律，堆积历史，泥石流堆积体中溢出的地下水水质和流量，地面沟道位置和变迁、冲淤情况，堆积区遭受泥石流危害的范围和程度；对黏性泥石流，还应调查堆积体上的裂隙分布状况，并测量泥石流前峰端与前方重要建构筑物的距离。

4. 岩溶塌陷灾害地质测绘（调查）的内容

(1) 自然地理与地质环境组成要素。

①气象要素：全年及多年平均降雨量、月降雨量分配及雨季降雨量特征、一次最大降雨量及暴雨强度等。

②水文要素：地表溪河年总径流量及其分配，平均流量和最大流量，洪、枯、平水期水位高程和变幅。

③地质环境要素：

a. 地形和地貌类型的特征和分布。

b. 地层岩性和地质构造，第四纪沉积物的成因类型、沉积层序和岩性结构及其分布。

c. 含水层的类型、特征与分布，地下水流场特征，岩溶水系统的结构与分布，岩溶泉、地下河的出露条件及其流量与承位动态特征。

d. 古老塌陷及有关现象的遗迹及其他动力地质现象的类型、形态规模、活动性及其分布；如属历史地震区，还应包括地震震中位置、震级、塌陷区场地烈度、震害特征等。

(2) 岩溶塌陷现象及其形成条件。

①岩溶塌陷现象：塌陷的形态特征与分布，其成因、发育过程及稳定状态。

②岩溶塌陷的形成条件：岩溶塌陷点的地质结构特征与水动力条件；可溶岩的岩溶层组类型与岩溶发育程度；第四系覆盖层的岩性结构与厚度；各类土的工程地质性质；地下水类型与埋深及其动态特征。

(3) 岩溶塌陷的动力因素：塌陷点及其附近地表径流的积水、排水状况；地下水含水结构及水位关系；岩溶地下水位埋深与基岩面的关系及其动态变化；抽排水点位置、抽排水过程及抽排水降深与水量；地下水人工流场（如降落漏斗）的范围、最大降深及其动态特征；水库及引水渠道的渗漏特征。

(4) 历次塌陷的灾害情况及其治理历史：调查塌陷所造成的人员伤亡、直接和间接经济损失及社会和环境影响。调查分析以往塌陷的治理措施、治理费用及其效果。

(5) 当地的工程建设和经济开发规划：城市新区建设，拟开发的地下水供水源地、拟建水库和引水渠道、拟建的交通干线和枢纽等。

（六）地质测绘的一般工作程序

工程地质测绘的工作程序大体分为室内准备阶段、踏勘、实测剖面、野外地质测绘和室内作业五个阶段。

地质测绘工作结束后，在全面系统的资料整理和初步分析研究的基础上，应提交下列主要成果。

(1) 野外测绘实际材料图、综合工程地质图或分区图、综合地层柱状图、工程地质剖面图。

(2) 野外地质草图。

(3) 实测地层柱状图。

(4) 实测地层剖面图。

(5) 各类观测点的记录卡片。

(6) 坑探工程记录表及素描图。

(7) 长观记录和监测记录。

(8) 岩土、水样采集统计表，试验成果一览表和其他测试成果表。

(9) 地质照片图册。

(10) 文字总结。

(11) 数据化的资料。

三、地球物理勘探

地球物理勘探（简称“物探”）是指利用不同地质体具有不同的物理性质（密度、磁性、电性、弹性、放射性等）对地球物理场产生的差异为基础，利用各种仪器接收、研究天然的或人工的地球物理场的变化，以了解相关地质资料的勘察技术手段。

物探是当前地质灾害防治工程地质勘察中采用的先进技术手段之一。地质灾害防治工程勘察中常用的物探方法有电阻率法、自然电场法、充电法、激发极化法、地质雷达探测、无线电波透视法、地震勘探、声波探测、放射性法、电磁法、综合测井法等。

（一）物探方法选择的一般原则

在开展物探工作之前，应充分搜集以往的物探资料和遥感资料，研究前人物探工作的方法和成果，与物探人员一起进行现场踏勘，了解工作区的物探工作环境和工作条件。根据地质灾害防治工程勘察的具体需要和勘察区的地形、地质、外部环境和干扰因素等具体条件，根据不同物探方法的原理、应用条件和应用范围，因地制宜地选择物探方法。尽可能采用多种物探手段，充分发挥其特长和互补性，扬长避短，并互相验证。布设一定数量的钻孔和坑探工程对物探成果予以验证，提高其成果的准确性和应用推广价值。同时，考虑测井和透视探测的配合应用。

(二) 物探方法选择的技术要求

根据设计书提出的物探任务，遵照有关物探规范，编制专门的物探设计书或在总体勘察设计中列入物探的专门章节。按审批后的设计进行勘察、资料整理、报告编写和成果验收。物探技术要求按现行的专业标准执行。对专业标准尚未能包容的手段，应根据有关资料或经验等自行编制并报上级主管部门或专业部门审批，审批后作为暂行标准使用，其中有以下七点说明。

(1) 对地质体物性不明、勘察效果有争议的，在开展物探工作之前，应先开展适量的试验工作。

(2) 主要物探剖面应与工程地质剖面和勘探剖面一致，并首先进行物探剖面探测，在数量上物探剖面应多于投入钻探或坑探工程的勘探剖面。

(3) 地面物探的探测深度，应大于崩滑体厚度、裂隙深度、控制性软夹层的深度和钻孔深度。

(4) 物探异常点附近及勘探重点地段，应加大工作量，提高探测精度。

(5) 尽可能利用声波检测来获取岩土体的弹性力学参数和岩土体质量评价参数。

(6) 已施工的钻孔，应进行综合测井，搜集详细的地质资料，准确分层及确定崩滑带及软夹层的位置，为监测仪器的埋设和监测资料的分析提供准确的地质资料。

(7) 当物探成果难解、多解或有争议时，应采用多种方法或其他勘探手段进行综合判断。

(三) 常用物探方法的应用条件及其解决的主要问题

1. 电阻率法 (电剖面法、电测深法)

应用电剖面法的有利条件是：被探测的地质体与围岩的电性差异显著，电阻率稳定或有一定的变化规律，地质体有一定的宽度和延伸长度，接触界面倾角大于30°，覆盖层较薄，地形较平坦。

应用电测深法的有利条件是：一定延伸规模且层位稳定的电性标志层，地电层次不多，相邻电性层间有显著的电阻率差异，水平方向电性稳定，电性层与地质层基本一致，层面与地面交角小于20°，各层厚度相对于埋深不太小，地形较平坦。

应用电阻率法的不利条件是：在探测目的层的上方有电阻率极高或极低的屏蔽层，表层电阻率变化很大且无规律；有严重的工业游散电流和大地电流干扰；地形急剧起伏。

电阻率法可用于解决以下问题：

(1) 第四系覆盖层厚度，划分第四系与下伏基岩界面。

(2) 含水层的埋深、厚度及分布。

(3) 岩溶、裂隙的埋深及分布。

(4) 覆盖层较薄时基岩风化厚度。

(5) 覆盖层较薄时，探查下伏地层中褶皱、岩脉、断层的位置与产状。

(6) 探查崩滑体边界条件（裂隙、隐伏裂隙、断裂面、溶蚀面等）、软夹层、崩滑体底部界面（土体富水带、下伏基岩面、滑带等）。

2. 自然电场法

自然电场法是通过观测和研究自然电场的分布以解决地质问题的一种方法，因为被探测的地质体与围岩必须有一定的电阻率差别和较大的接触电位差，所以可以通过此方法进行找矿勘探等。当地下水埋深较浅、流速较大时，探查的地质对象应是脉状或条带状。在探测中，非目的层的松散覆盖层厚度应小于 4 cm，工作区内无高频电台及不稳定工业电流的干扰。

自然电场法用于解决以下问题：

(1) 探测地下水，寻找富水带、地下水通道。圈定渗漏带，测定地下水流向。

(2) 寻找不同岩性接触带、裂隙带及岩脉。

(3) 寻找裂隙、溶洞等。

(4) 覆盖层较薄时基岩风化厚度。

(5) 覆盖层较薄时，探查下伏地层中褶皱、岩脉、断层的位置与产状。

(6) 探查崩滑体边界条件（裂隙、隐伏裂隙、断裂面、溶蚀面等）、软夹层、崩滑体底部界面（土体富水带、下伏基岩面、滑带等）。

3. 充电法

充电法是将电源的一端接到良导体上，另一端接到无穷远处，供电时良导体成为一个“大电极”，其电场分布取决于几何参数、电参数、供电点的位置等。因此，可以通过研究电场的分布规律来了解岩体（矿体）的分布、产状和埋深。充电法应用条件有以下三个方面。

(1) 含水层埋藏深度不太深（小于 50 m），含水层数不多，地下水流速较大（$>$ 1.0m/d），地下水矿化度微弱的地层。

(2) 要求探测对象的电阻率远远小于围岩电阻率，围岩岩性比较单一，地表介质电性均匀稳定，接地条件良好，没有游散电流的干扰，地形起伏不大。

(3) 岩溶孔洞及裂隙的充填物（或其他地质体）的电阻率远低于围岩的电阻率，且延伸长度大于埋深。埋于地下的充电体必须有露头，或是天然露头或是人工露头（浅井、泉眼、钻孔、坑道等）。

充电法一般用于探测地下暗河、含水层、富水断裂带、地下水流向和流速等。

在崩塌勘察中，可用于探测充水裂隙、岩溶的埋深及形态，探测钻孔充水段及地下水的流向、流速，被低电阻率物质充填的裂隙、岩溶、破碎带，还可用于钻孔中的变形监测，尤其在变形较大的土质滑移式崩塌中具有良好效果。

4. 激发极化法

激发极化法是指根据岩石、矿石的激发极化效应来寻找金属和解决水文地质、工程地质等问题的一组电法勘探方法。探测对象要有足够的规模，要求测区内金属矿物、石墨和炭化岩层较少，无严重的工业电流干扰，测区的背景值变化相对稳定，表层有良好的接地条件。

激发极化法用于寻找地下水，与电阻率法配合可有效地确定含水层的埋深、分布范围及开采价值；也可用于探查古洪积扇、岩溶、充水断层破碎带。在崩塌勘察中，探测危岩体内和裂隙内的地下水及采空区内的地下水。

5. 地质雷达探测

地质雷达探测主要用在平斜硐室、竖井和地面探测，用于调查地层岩性、断层、裂隙、软夹层、滑带、岩溶、采空区和地下水等。探查崩塌体边界、底界、裂隙充水情况，采空区分布和矿渣压密情况等。

6. 无线电波透视法

无线电波透视法探测的对象必须是良导体或其电阻率远小于围岩的电阻率。探测对象对电波的屏截面（垂直于传波路径的地质体的截面）足够大，沿传播方向的厚度大，对电磁波能量吸收大。

无线电波透视法主要用于探测岩溶、富水断裂带、地下水及其主要通道和岩层划分。在崩塌勘察中，主要用于勘察充水裂隙、滞水导滑的软夹层、滑带的分布、危岩体内岩溶、富水断裂带及地下水等。

7. 地震勘探

被探测地质体应有一定的厚度，其波速应大于上覆地质体的波速。对于反射波法，反射界面两侧介质的密度和传播速度的乘积（称为介质的波阻抗）不相等且差异大时，界面倾角与地表地形坡度接近或界面倾角较缓（$3°\sim15°$）时效果较好；对于折射波法，要求被探测界面相对地面的视倾角中$<(90-i)$（i为折射波临界角）。

地震勘探可用于解决以下问题：

(1) 探测第四系厚度、下伏基岩埋深及基岩面的形态。

(2) 探测第四系松散砂砾层中潜水面深度，追索埋藏深槽及古河床。

(3) 查明含水层水平和垂直分布形态。

(4) 探查基岩风化程度及风化壳厚度。

(5) 探测断层、裂隙、裂缝、隐伏裂隙岩溶和软夹层等。

（6）探测崩滑体厚度，岩土体结构、滑带、崩塌体边界、底界、控制性结构面（断层、裂隙、软夹层等）、崩塌体内上层滞水及含水层、地下水位、裂隙充水状况；崩塌堆积体厚度、堆积床形态、埋深、崩积体内地下水。还可利用波速对岩体进行工程地质分类，并提供动态弹性模量和泊松比等测试成果。

8. 声波探测

声波探测在地面、水面、钻孔、竖井和平斜硐室内均可进行测试。跨孔探测孔距可达 70m，地质声波剖面测深可达 100 m。

声波探测可用于以下测试：

（1）岩体动弹性力学参数，如动态弹性模量、动态泊松比、动态剪切模量、动态体积压缩模量。

（2）岩体质量评价参数，如岩体完整性系数、岩体风化系数、裂隙系数、岩体弹性波指标、准岩体抗压强度。

（3）岩体结构的弹性波分类及评价（块状结构、层状结构、碎裂结构、散体结构）。

（4）进行土体的分层及评价。

（5）卸荷带及风化带的测试评价。

（6）断层和断层破碎带的测试。

（7）软弱结构面、滑带的探测及其动弹性力学参数。

（8）硐穴、裂隙定位。

（9）地下硐室及人工边坡开挖松动范围的测定。

（10）地应力测量及岩体内应力变化监测。

（11）岩体灌浆效果检测，混凝土质量检测。

（12）声波地质剖面测制及工程地质单元的划分。

（13）水下地貌及地质结构勘测。

（四）应提交的主要物探成果

物探试验结束后，应提交物探实际材料图，各种物探方法的柱状图、剖面图、平面成果图、解译推断地质平面图和剖面图、物探成果验证地质图，典型曲线解译图等；提交动弹性力学参数，岩土体质量评价参数，物探剖面、点位测量成果和物探成果报告及验证报告。

四、坑探工程

(一) 坑探工程的含义、种类及特点

坑探工程又称为山地工程，简称“坑探”，是指当工作区局部或全部被不厚的表土掩盖时，利用人工方法揭露表土层下地层、地质构造等地质现象的勘察技术手段。坑探分为轻型坑探（试坑、探槽、浅井）和重型坑探（竖井、平斜硐、石门、平巷等）。坑探是地质勘察的重要手段，技术员可直接观测岩土体内部结构、构造、断层软弱夹层、滑带、裂缝、变形和地压等重要地质现象，获取资料直观可靠；还可以进行采样、原位测试，为物探、监测乃至施工创造有利条件。坑探工程施工受地层岩性和其他条件限制，为保证施工安全，要认真研究论证防范措施。

(二) 各类地质灾害防治工程勘察坑探工程的使用

1. 危岩—崩塌灾害防治工程勘察坑探工程的使用

(1) 试坑：试坑是指在地表挖掘的小圆坑，深度小于3m。其特点是简便，便于施工，一般无须支护，常用于剥除浮土揭露基岩、了解岩石及风化情况，或用作荷载试验及渗水试验。

(2) 探槽：探槽是指在地表开挖的长槽形工程，深度一般不超过3m，大多不加支护。探槽用于剥除浮土揭示露头，多垂直于岩层走向布设，以期在较短距离内揭示更多的地层。探槽常用于追索构造线、断层、崩滑体边界，揭示地层露头，了解残坡积层的厚度、岩性等。

(3) 浅井、竖井：垂直向地下开掘的小断面的探井，深度小于15m的称为浅井，深度大于15 m的称为竖井。浅井一般进行简易支护，竖井需进行严格的支护。适用于岩层倾角平缓和地层平坦的地带，多用于探查深部地质现象，如风化岩体的划分、岩土体的结构构造、崩滑体的结构构造、断层、滑带、溃屈带、软夹层、裂隙和溶洞等，以及进行现场原位试验及变形监测。

(4) 平斜硐：平斜硐是指近水平或倾斜开掘的探硐，一般断面为1.8 m × 2 m，进行一般支护或永久性支护。适用于岩层倾角较陡及斜坡地段，常用于勘察地层岩性、岩体结构构造，断层裂隙、滑带、破碎带、溃屈带、裂隙和溶洞等，并用于取样、现场原位试验及现场监测，还可兼顾今后防治工程施工。

(5) 平巷、石门：平巷、石门是指在岩层中开凿的、不直通地面、与岩（煤）层走向垂直或斜交的岩石平巷，一般是与竖井相连接的近水平坑道，往往用于地形平坦、覆土很厚且其下岩层倾角较陡的情况。由于工程复杂，耗资大，一般不常用。

（6）重型坑探工程在危岩—崩塌中的应用：重型坑探工程应布置在主勘探线上，平斜硐方向应与主勘探剖面方向一致，一般宜布设于崩滑体前缘和底部，主要用于揭露底部边界、采空区、崩滑带、溃屈带、变形弯曲带、控制性软夹层、裂隙延伸和地下水等情况。平斜硐纵穿整个崩滑体底部，深度应进入不动体基岩5m，也可在不同高程上或同一高程上分几条布设。采用重型坑探工程时，需编制专门的“重型坑探工程勘察设计”或在总体勘察设计中列入“重型坑探工程设计”的专门章节。设计书的内容应包括：

①坑探工程场地附近地形、地质概况。

②掘进目的。

③掘进断面、深度、坡度。

④施工条件及施工技术要求：岩性及硬度等级、破碎情况、掘进的难易程度、掘进方法及技术要求、支护要求、地压控制、水文地质条件、地下水、掘进时涌水的可能性及地段、防护及排水措施，通风、照明、有毒有害气体的防范。其他施工问题、施工安全及施工巷道断面监测、施工动力条件、施工运输条件、施工场地安排、施工材料、施工顺序、施工进度、排渣及排渣场地与环境保护等。

⑤地质要求：掘进方法的限制、施工顺序、施工进度控制、现场原位试验要求、取样要求、地质编录要求、验收要求及应提交的成果等。

2. 滑坡灾害防治工程勘察坑探工程的使用

坑探工程主要用于查明滑坡的内部特征，如滑坡床的位置、形状，塑性变形带特征，滑坡体的岩体结构和水文地质特征等。一般情况下，对滑坡周界的确定，常采用坑、探槽；为查明滑坡体内部的诸特征，常采用竖井；在滑坡体厚度较大，且地形有利的情况下（如滑坡邻近地段有深陡临空面等），可采用探硐。

（1）剥土、浅坑和探槽等轻型坑探工程，用于了解滑坡体的边界、岩土体界线、构造破碎带宽度、滑动面（带）的岩性、埋深及产状，揭露地下水的出露情况等。

（2）探井（竖井）工程主要布置在土质滑坡与软岩滑坡分布区，直接观察滑动面（带），并采样试验。必要时留作长期观测，其技术要求可参照有关规定执行。

（3）平硐主要用于某些规模较大，成灾地质条件较复杂，滑动面（带）不清楚或复杂的滑坡（如岩质滑坡、堆积层滑坡等）。含地下水较丰富时，可考虑选择适当位置施工1～2条平硐即仰斜坑道，力求查明滑体结构，滑动面（带）性质及其变化，含水层位及其水量等重要问题。如果效果良好，还可在硐内采样测试、定点观测和自然排水，使之一硐多用。

3. 泥石流灾害防治工程勘察坑探工程的使用

轻型坑探工程因不受地形条件的限制，施工快且方便，又能更好地揭示地表以下岩、土的基本特征，在泥石流灾害勘察中是主要手段之一。

(1) 探槽的技术及质量要求：探槽布置应结合勘探点的岩土产状及岩土的物理性质，并考虑影响施工的重要因素，如交通、气候、水文地质等条件。探槽长度以需要为准，深度不超过 3.0m，底宽不小于 0.6m，其两壁的坡度按土质和探槽的深浅合理放坡。

①深 1.0m 的浅槽中，两壁坡度为 90°。

②深 1.0～3.0m 的探槽中，密实土层为 70°～80°，松散土层为 60°～70°，在潮湿、松土层中不应大于 55°。

探槽掘进中，若人工掘进，禁止采用挖空槽壁底部使之自然塌落的方法；禁止采用爆破法，槽壁应保持平整，松石及时清除，严禁在悬石下作业，槽口两边 0.5m 以内不得有堆放的土石和工具。槽内有两人以上工作时，要保持 3m 以上的安全距离，在松散、易坍塌的地层中掘进，两壁应及时支护。凡影响人畜安全的探槽，在取得地质成果后，必须及时回填。

(2) 试坑、浅井的技术要求。在泥石流的形成区、流通区及堆积区需要进行现场试验的试坑，其开口的规格，圆形直径一般为 50 cm，方形为 50cm × 50 cm，深度要求在剥去表层之后不小于 0.5 m。泥石流勘察中，浅井深一般不超过 10 m，其开口规格，圆形直径为 0.8～1.0 m，长方井断面尺寸长乘宽为 1.2 m × 0.8 m 或 1.2 m × 1.0 m。考虑泥石流物质组成颗粒大小差异大，其开口可适当放大，也可采用梯级开挖。

4. 岩溶塌陷灾害防治工程勘察坑探工程的使用

一般采用剥土、试坑、探槽和浅井等，配合钻探工程，其目的是清除浮土，以便更清晰地直接观察探查对象。其任务是了解岩、土层界线，构造形迹，破碎带宽度，岩溶形态（溶沟、溶槽、溶蚀裂隙等），浅部土硐发育情况，包气带岩层的渗透性以及进行采样或现场试验。试坑、探槽的深度一般不超过 3m；浅井在有特殊需要时采用，深度不超过 10 m，需做专门支护。

五、钻探工程

（一）钻探工程的含义

钻探工程（简称“钻探”）是指利用钻探机械，在岩土层中钻进直径小而深度大的圆孔（钻孔）以取得岩芯（粉）进行观测研究得到地质资料的勘察技术手段。钻探用于获得地下和斜坡深部的地质资料。它具有成果（岩芯等）直观准确并能长期保存，还可以进行综合测井、录像和跨孔探测，并可用于长期观测和变形监测等优点。因此，钻探工程是地质灾害工程勘察中普遍采用的技术手段，通过钻探主要可以获取工作区以下地质资料。

(1) 探明地层的岩性、时代、层位、厚度、深度等。

(2) 覆盖层及基岩的特征。

(3) 岩层的倾角、岩芯中裂隙的倾角与性质、断层（带）的位置和倾角与性质、褶曲形态等地质构造特征。

(4) 地下水埋深、含水层类型和厚度及岩溶情况。

(5) 通过钻探的钻孔采取原状岩土样和做现场力学试验。

(二) 钻探机械

钻探中所用的岩芯钻机是用于取芯的专业机械，是由多台设备组成的一套联合机组。主要包括动力机组、动力传动机组、提升设备、旋转设备、循环设备、仪器仪表及控制系统等。起升系统由绞车（主滚筒、辅助滚筒、主刹车、辅助刹车）、游动系统（天车、游动滑车、钢丝绳）、大钩、井架组成，作用是起下钻具，下套管，控制钻进；旋转系统由转盘、水龙头组成，起旋转钻具（在钻压作用下旋转钻具破碎岩石）的作用；循环系统是由钻井泵、高压管汇、钻井液处理系统（泥浆罐、固控设备、泥浆调配设备）组成，其中，钻井液的主要作用是及时清除井底破碎的钻屑并将钻屑携带至地面，冷却钻头，稳定井壁，控制地层压力等；动力系统是柴油机或柴油机发电机或电动机，主要是为绞车、转盘、钻井泵提供动力。

地质灾害防治工程勘察常用简易、轻便的 SH-30 钻机回转钻进，对软土用薄壁取土器；对松散的砂卵石层采用冲击钻进或振动钻进；对软弱地层或破碎带采用干钻法、双层岩芯管法。

钻探的常规口径为：开孔 168 mm，终孔 91 mm。有些工程还采用大口径或小口径钻进方法。

(三) 钻孔

钻孔是通过机械回转或冲击钻进，向地下钻成的直径小而深度大的圆孔。钻杆的直径尺寸为 46 ~ 1500 mm，小于 76 mm 的为小口径钻进。

地质灾害勘察常用钻孔类型如下。

(1) 铅直孔。倾角 90°，在工程地质钻探中这类孔较常用，适于查明岩浆岩的岩性岩相、岩石风化壳，基岩面以上第四纪覆盖层厚度及性质，缓倾角的沉积及断裂等。做压水试验的钻孔一般都采用铅直孔。

(2) 斜孔。倾角小于 90°，且应定出倾斜的方向。当沉积岩层倾角较大（> 60°），或陡倾的断层破碎带，常以与岩层或断层倾向相反的方向斜向钻进。但是斜孔钻进技术要求较高，常易发生孔身偏斜，使地质解释工作产生误差，在软硬相间的岩层中钻进，这种现象尤为严重。

(3) 水平孔。倾角为0°，一般在坑探工程中布置，可作为平硐、石门的延续，用以查明河底地质结构，进行岩体应力量测、超前探水和排水。在河谷斜坡地段用以探查岸坡地质结构及卸荷裂隙，效果也较好。

(4) 定向孔。采用一定的技术措施，可使钻孔随着深度的变化有规律地弯曲，进行定向钻进，如岩层上缓下陡时或在一个孔中控制多个定向分支孔，共同钻探同一目的层。定向钻进的技术措施比较复杂。近年来，国内外广泛采用在一个孔位上钻多个不同方向的定向斜孔的布置方案，效果极佳。

(四) 钻探方法

岩土钻探受地层条件、钻孔深度、口径大小、地下水位及设计要求不同所限，所采用的钻探工艺也各异，有人力和机械两种钻进。人力钻进常见的是洛阳铲和麻花钻，机械钻进有冲击钻探、回转钻探和振动钻探。

1. 人工钻进

岩土钻探中的人力钻进，洛阳铲和麻花钻是两种常见的钻进工具。洛阳铲是一种传统的手工钻探工具，通常用于岩石较硬的地层，操作简单但效率较低。而麻花钻则是一种现代化的钻探工具，结构更加复杂，适用于各种地质条件下的钻探作业，能够提高钻进效率和精度。

2. 机械钻进

(1) 冲击钻进。此法采用底部圆环状的钻头。钻进时将钻具提升到一定高度，利用钻具自重，迅猛放落，钻具在下落时产生冲击动能，冲击孔底岩土层，使岩土达到破碎之目的而加深钻孔。

(2) 回转钻进。此法采用底部嵌焊有硬质合金的圆环状钻头进行钻进。钻进中施加钻压，使钻头在回转中切入岩土层，达到加深钻孔的目的。在土质地层中钻进，有时为有效地、完整地揭露标准地层，还可以采用勺形钻钻头或提土钻钻头进行钻进。

(3) 振动钻进。此法采用机械动力所产生的振动力，通过连接杆和钻具传到圆筒形钻头周围土中。由于振动器高速振动的结果，圆筒钻头依靠钻具和振动器的重量使得土层更容易被切削而钻进，且钻进速度较快。这种钻进方法主要适用于粉土、砂土、较小粒径的碎石层以及黏性不大的黏性土层。

（五）各类地质灾害防治工程勘察钻探工程的应用

1. 危岩—崩塌灾害防治工程勘察钻探工程的应用

（1）查明崩塌（危岩体）岩土体的岩性、地质构造，岩土体结构、节理、断层、褶皱、破碎带、软夹层、风化带，岩溶及崩塌体的边界、底界、崩滑带、溃屈带、形态特征及规模。

（2）查明崩塌堆积体的厚度、结构、形体特征，崩积床的形态、地质构成与崩积体的界面特征。

（3）探查崩塌体（危岩体）和崩塌堆积体的水文地质条件、地下水水位，获取地下水水样。

（4）探测隐伏裂隙和地表裂隙及其深度、发育特征、充填情况、充水情况及连通情况，可进行跨孔物探探测。

（5）钻孔取样进行室内岩土体物理力学试验，水文地质野外测试（钻孔压水、抽水、注水、扩散试验等）和长期观测，确定水文地质参数及查证崩滑带位置及特征。

（6）钻孔物探综合测井和跨孔探测，拓宽物探的勘察范围，验证物探成果，提高其成果的准确性。

（7）崩塌变形长期监测和施工期变形监测。

2. 滑坡灾害防治工程勘察钻探工程的应用

滑坡勘察时，钻探的主要目的是查明滑坡及其邻近地段斜坡的地质结构，评价滑坡的稳定性及其工程建筑物的危害程度，为防治滑坡提供地质依据。钻探的主要任务是：

（1）查明滑坡岩土体的岩性，特别是软弱夹层与软土的层位岩性、厚度及其空间变化规律。

（2）查明滑坡体内透水、含水层（组）的岩性、厚度、埋藏条件，地下水的水位、水量及水质。

（3）采取滑坡床（带）岩、土和水体样品进行室内及野外试验，了解岩土体的工程地质性质及其变化。

（4）利用钻孔进行抽水试验及地下水动态观测，在孔内安装仪器对滑坡体位移及变形进行长期观测。

（5）验证物探异常或争议问题。

3. 泥石流灾害防治工程勘察钻探工程的应用

（1）在泥石流形成区，钻探的任务是在松散物源集中堆积体中（如滑坡、崩塌、岩堆和巨厚的冰水堆积层等）揭露其物质组成、结构、厚度；在基岩地层中揭露岩层的结构、构造、风化程度和风化厚度，为计算物源数量提供可靠的数据。

(2) 在泥石流堆积区，钻探查明堆积物的性质、结构、层次及粒径的大小和分布。成果资料用于分析泥石流的物质来源、搬运的距离、泥石流发生的频率及一次最大堆积量。

(3) 在针对泥石流可能采取防治工程的沟段，钻探工程应划分不同的工程地质单元，查明各类岩土的岩性、结构、厚度和分布，为防治工程的设计和提供岩土的物理力学及水理性质的指标。

(4) 配合完成在钻孔中所需进行的原位测试工作 (如标准贯入试验、动力触探试验和波速测试等)。为了解岩土的渗透系数，在钻孔中进行压水 (注水) 试验和抽水试验。

(5) 在钻孔中采集不同工程地质单元的岩、土、水试样。

4. 岩溶塌陷灾害防治工程勘察钻探工程的应用

钻探工作的目的是揭露地表以下各种地质体的埋藏条件、形态特征与空间分布，为研究岩溶塌陷的发育规律和防治方案的论证提供地质依据。其主要任务是:

(1) 查明第四纪覆盖层的岩性、结构、厚度、空间分布与变化规律，划分土体结构类型，确定第四纪底部缺失黏性土层的“天窗”地段。

(2) 查明可溶岩的层位、岩性、结构、产状及其与非可溶岩的接触关系，划分岩溶层组类型；确定基岩面的起伏与隐伏的溶沟溶槽、洼地、漏斗、槽谷等岩溶形态的分布与特征；查明断裂破碎带的产状、规模、构造岩结构特征与胶结程度。

(3) 查明土硐的发育和分布特征，确定地下岩溶形态、规模、充填及其空间变化规律，包括在水平方向上岩溶发育的不均一性和在垂直方向上岩溶发育随深度减弱的趋势，统计钻孔遇洞率和钻孔线岩溶率，研究判定岩溶强烈发育的区段或地带及岩溶强发育带的深度。

(4) 查明岩溶含水层与上覆松散地层孔隙 (裂隙) 含水层的分布与埋藏条件，富水性与渗透性，水质及其流场特征，确定各含水层之间及与附近地表水体的水力联系，水力坡降或水位差。

(5) 进行岩、土、水取样试验及野外测试，了解岩、土体的工程地质性质和水的化学性质及其空间变化规律。

第四节　地质灾害防治工程勘察勘探线 (点) 的布设

勘探线是指平面地质图上纵贯致灾地质体并与其变形破坏方向或中轴线平行、

重合或垂直、斜交，且具有明显方向性的直线段。勘探点是指根据勘察工作阶段的需要，沿勘探线或离勘探线一定距离布置的钻孔或探井、平硐、斜井等坑探工程。地质灾害防治工程勘察中勘探线、勘探点（钻孔）应把握全局进行布设，使勘探点总体构成能控制重点和全局的勘探线（网），形成一个有机联系的整体，使各勘探点、线所提供的勘察资料能够独立地、关联地、补充地，对比地、互验地、综合地使用和分析，以便能有效地完成勘察所承担的任务，阐明需查明的条件和问题，绘制各种平面图、剖面图、立体图和其他所需的图件。仅就勘探线而言，其在平面地质图上的排列形式有平行式、放射状等。勘探网是平面地质图上同时布设有纵、横或斜勘探线时即构成勘探网。勘探网在平面上有正方形网、矩形网、菱形网等形式。

一、危岩—崩塌灾害勘察勘探线（点）的布设

（一）主勘探线（剖面）的布设

（1）主勘探线（剖面）是整个勘察工作的重点，应在遥感解译和现场踏勘以后，在地面测绘和物探工作的基础上进行布设。

（2）主勘探线应布设在主要变形或潜在崩塌的块体上，纵贯整个崩塌体，与初步认定的中轴线重合或平行，并与变形破坏方向平行，其起点、终点均要进入稳定岩（土）体范围内 10 ~ 20 m。当崩塌方向与块体中线方向有一定交角时，应在其主要变形部位沿其主要变形破坏方向另外布设一条主勘探线，与第一条主勘探线相交。

（3）主勘探线上所投入的工程量及点位布设，应尽量满足本剖面勘察和试验的需要，应达到能进行稳定性评价的要求。用于稳定性计算的主剖面，应投入物探、探槽、钻探。必要时，宜投入平硐、竖井并进行现场试验。

（4）主勘探剖面上投入的工程量和点位布设，应尽量兼顾长期监测的需要，以便充分利用勘探工程立即进行变形监测，或在平斜硐内进行危岩体底部变形监测等。如可能，平斜硐的布设应与防治工程的布置及施工结合起来。

（5）若危岩—崩塌体在两个以上，主勘探线最好布置两条以上。

（6）主勘探线上不宜少于 4 个钻孔。其中，作稳定性分析的块体内至少有 3 个钻孔，危岩—崩塌体后缘边界以外稳定岩（土）体上至少有 1 个钻孔。

（7）对于滑移型崩塌，纵勘探剖面上应尽可能反映每一个滑坡地貌要素，诸如后缘陷落带、横向滑坡梁、纵向滑坡梁、滑坡平台、滑坡隆起带、次一级滑坡等。勘察重点为中部及前缘，根据情况布置平斜硐、钻探、物探和地下水观测等，滑坡横向勘探钻孔布设力求控制滑面横断面形态（圆弧形、平斜面、阶梯状、波状、楔形滑面等），从滑坡中轴线向两侧依据地貌和物探资料进行布设。

(二) 副勘探线(剖面)的布设

(1) 副勘探线一般平行于主勘探线，分布在主勘探线两侧，一般按小于50 m的间距布设。在主勘探线以外还有较小崩塌危岩体时，副勘探线应沿其中心布设，在需要或条件允许的情况下，应尽量达到稳定性计算剖面和监测剖面的勘察要求。

(2) 副勘探线上的勘探点一般应与主勘探线上的勘探点位置相对应，构成垂直于主勘探线的数条横贯危岩—崩塌体的横勘探剖面，以探查崩滑体的横向变化特征，并形成控制整个危岩—崩塌体的勘探网。

(3) 副勘探线上投入的工作量，一般比主勘探线减少1/3 ~ 1/2。

(4) 若应用跨孔(硐)探测手段，主、副勘探线间距应小于物探测线跨度。

(三) 勘探点的布设

(1) 勘探点应布设在勘察对象的关键部位，除反映地质情况外，尽可能兼顾采样、现场试验、监测和防治工程施工。

(2) 勘探点的布设应服从勘探线，尽量布设在勘探线上。若由于地质或其他重要原因必须偏离勘探线时，应尽可能控制在10m范围之内。对于必须查明的重大地质问题，可以单独投入勘探点而不受勘探线的限制。

(3) 主剖面上危岩—崩塌体后缘外稳定岩(土)体上的钻孔深度应穿过对应的崩滑面以下5 m。钻孔位置应在不穿过危岩体后缘边界的情况下尽量靠近后缘，该孔应能查明稳定岩土体的地层层序、地层岩性、岩土体结构、断层、裂隙、岩溶及地下水等情况。同时，应与崩塌体后缘钻孔组成一对跨孔探测孔，用于查明后缘边界的发育深度、充填及充水情况、连通情况等。孔口建标，可作为监测剖面不动端点，有条件时可进行倾斜位移监测。若不作跨孔用，孔位可离开后缘稍远，减少卸荷变形的影响。

(4) 危岩—崩塌体后缘和周界为岩土体内的分割界面(裂隙、断层、节理密集带、层面等)，应先投入物探以求定位；在地表覆盖不太深的情况下，可投入坑探、探槽、浅井揭露；当地表覆盖较厚或裂隙本身发育没达到岩体顶部而成为隐伏裂隙时，需采用跨孔探测，以准确定位，确定发育深度及连通、充填情况。后缘孔应靠近不动体钻孔，布孔时应考虑裂隙的倾角和物探跨孔探测的能力。若裂隙倾角较缓，应考虑用底部平、斜探硐测或三孔连测。

(5) 在一般情况下，危岩—崩塌体常被多条裂隙切割构成次一级危岩体的边界。对于重大、重要块段的边界裂隙应投入跨孔探测予以查明。尤其在硐掘型山体开裂和岩溶区山体开裂条件下，后部楔形断块向底部空区(空硐)陷落可挤出前部岩体，应予以重视。

(6) 对于非滑移型危岩—崩塌体，在地表地形和变形不大的情况下，可等距布孔或按微地貌布孔。对于被切割成多块形的危岩体，应布孔控制其大型块体。

(7) 平行并靠近临空面的第一条深大裂隙必须予以查明。若距临空面太近时，可采用单孔探测或其他手段探测，或在崖脚处布斜孔进行勘察。

(8) 危岩—崩塌体前缘基座为勘探重点，要求查明软基（软层、断层、破碎带、溃屈带等）、变形、破碎、地下水、岩溶、采空区、地压现象或变形特征等。

(9) 在危岩体前缘坡脚处应投入平斜硐和竖井等重型坑探工程及原位试验与深部监测等手段，平斜硐最好纵贯整个危岩体并进入其后缘稳定岩土体，在查明危岩—崩塌体前缘基础变形、滑带、弯曲带情况的同时，探查裂隙发育深度及连通情况。

(10) 对于滑移型崩塌（脱离母体前为滑坡，滑出后即面临陡峭地形而成为崩塌），其勘察可参照滑坡部分。

二、滑坡灾害勘察勘探线（点）的布设

(1) 勘探线的布置视勘察阶段和滑体规模大小而定。沿滑动方向布置一定数量的纵向勘探线，其中，主轴线方向为控制性纵勘探线，在主轴线两侧至少各布置1条副勘探线，其线间距不宜大于200 m，一般为50～100 m；垂直滑动方向，以纵勘探线上的勘探孔（竖井）为基础，根据实际情况布置适量的横勘探线，在滑坡体转折处和可能采取防治措施的地段也应布置横勘探线。

(2) 控制性纵勘探线上的勘探点不得少于3个，点间距一般不超过40 m。其余勘探线上勘探点的数量、点间距应根据勘察阶段及实际情况而定，但点间距不应超过80m。纵横勘探线端点均应超过滑坡周界30～50 m。

(3) 勘探孔的深度应穿过最下一层滑动面（带），进入稳定岩土层，控制性勘探孔必须深入滑动面（带）以下5～10 m，其他一般性勘探孔应达到滑动面（带）以下5 m。勘探孔穿过滑动面（带）的深度，若遇重大地质缺陷，应适当加深勘探孔的深度。在布置滑坡勘探线（网）时，还要考虑滑坡体的平面形状特征（如纵长形、横宽形、三角形、梯形、正方形、尖角形等）、外部因素对滑坡的影响、滑体各部位的变形特征、滑床形态特征及地下水的分布、出露等因素。

三、泥石流灾害勘察勘探线（点）的布设

(1) 勘探线应采用纵向主勘探线和副勘探线相结合的方法，不应采用方格网式布置。

(2) 控制性勘察阶段应沿泥石流主流线布置1条贯穿形成区、流通区和堆积区的主勘探线；在形成区和堆积区各布置1条横向勘探线；在流通区，小型泥石流布置1条横向勘探线，中型及大型泥石流布置2～3条横向勘探线；横向勘探线位置宜选择在泥石流体较厚的地带。

(3) 泥石流详细勘察阶段，形成区和堆积区应在主勘探线两侧增布副勘探线，勘探线间距宜为60～120 m，应视泥石流平面宽度、防治工程等级和地质环境复杂程度而定。当泥石流需要治理时，详细勘察阶段勘探线应沿拟设治理工程支挡线布置，对于拟设的排水构筑物位置，应增布勘探线。

(4) 每条勘探线上的勘探点不应少于3个，泥石流纵勘探线勘探点点距宜为50～100 m，在流通区可取大值，形成区和堆积区宜取小值；横向勘探线勘探点点距宜为40～60 m，可能的治理工程支挡线处宜适当加密。

(5) 对涉及河流或水库的泥石流，最低勘探点应能控制河流枯水位或水库死水位。

四、岩溶塌陷灾害勘查勘探线(点)的布设

(1) 勘探线应垂直于地形地貌和构造线的方向，并控制不同的地貌单元和岩、土体类型及岩溶发育区(段)。勘探线的间距考虑勘查的实际需要和地区的复杂程度，对重点地段一般为50～200 m，一般地段为100～1000 m。钻孔间距一般为50～200 m，并根据具体情况适当加密或减稀。

(2) 对主要塌陷点或密集塌陷地段，应布置钻孔或勘探剖面进行控制，以了解其形成条件，勘探剖面应沿着塌陷的扩展方向布置，如抽、排水降落漏斗的延伸方向，河湖近岸地带垂直岸线的方向等。必要时可增加若干横向短剖面，以提高控制程度。

五、塌岸灾害勘察勘探线(点)的布设

(1) 控制性勘查阶段的主勘探线应垂直岸坡走向布置，勘探线距宜为80～200 m，勘探点距宜为50～80 m。对土质岸坡和建筑物密集的岩质岸坡勘探线线距和点距宜取小值；对建筑物不密集的岩质岸坡宜取大值。但每一库岸段(或亚段)勘探线不应少于1条，每条勘探线上的勘探点数不宜少于3个，勘探线最下面一个勘探点应布置在河流枯水位或水库死水位线附近。

(2) 详细勘查阶段的勘探线应尽量与可能治理工程的构筑物轴线重合，勘探点距宜为25～60m，横向变化大时宜取小值，横向变化小时宜取大值。必要时应布置与治理工程构筑物轴线正交的辅助勘探线。

第八章　岩石边坡地质灾害及其基本防治

第一节　岩体、岩体结构类型及工程地质评价

一、岩体

岩体是在地质作用过程中经受过变形和破坏的，由岩块组成的、通常包含一种以上结构面，赋存于一定地质环境中的原生地质体。岩体是地质体的一部分，是岩石的集合体，通常是非均质的、各向异性的不连续体。岩石的成因决定着岩石的连接类型和岩体的原生结构或产状。

岩体是经过多次、多种、长期的地质作用形成的。岩体在形成过程中经历的地质作用分为建造过程和改造过程。这些过程使岩体和岩体所处的环境受到改变。例如，在建造过程中形成的黏土岩在高温高压作用下，发生变质作用，转变为板岩、千枚岩、片岩等变质岩。又如，岩体在风化作用下隐节理变为显节理，同时还会产生新的节理和卸荷裂隙等，这样的结果使岩体的力学性能发生弱化或恶化。岩体的赋存环境也会因内、外地质作用改变了地应力场和地下水状况而发生变化。

二、岩体结构

（一）岩体结构的概念

岩体结构是岩体内岩块的组合排列形式。岩体结构是岩体在长期的成岩及形变过程中的产物，它是岩体特性的决定因素。岩体结构包含两个基本单元，即结构面和结构体。

岩体结构的突出特点是不连续性。这种不连续性使岩体在力学性质上的各向异性更加增强。在受到力的作用时，岩体结构控制着岩体的变形和破坏。

（二）岩体结构面及其类型

各种地质营力的作用通常在岩体内部保留了各种永久变形的面状形迹和各种各样的地质构造面状遗迹，如假整合、不整合、褶皱、断层、层理、片理、节理、劈理、气泡、空洞以及隐微裂隙等。这类不同成因、不同特性的物质分异面或不连续

面，在地质学上统称为结构面，即结构面是岩体内存在的不同成因、不同特性的各种地质界面的统称，包括物质分异面及不连续面，如层面、节理、断层、裂隙等。

结构面实际上是地质发展历史中岩体内形成的具有一定方向、一定规模、一定形态和一定特征的地质界面。具体来说，在地质发展的历史中，岩体内存在的原生的层理、层面及以后在地质作用中形成的断层、节理、劈理、层间错动面等各种类型的地质界面，统称结构面。结构面不是几何学上的面，而往往是具有一定张开度的裂缝，或被一定物质充填，具有一定厚度的层或带。

1. 结构面的成因类型

(1) 地质成因类型。

①原生结构面：岩体在成岩过程中形成的结构面。

沉积结构面是沉积岩在沉积和成岩过程中形成的，有层理面、软弱夹层、沉积间断面和不整合面等。

岩浆结构面是岩浆侵入及冷凝过程中形成的结构面，包括岩浆岩体与围岩的接触面、各期岩浆岩之间的接触面和原生冷凝节理等。

变质结构面在变质过程中形成，分为残留结构面和重结晶结构面。

②构造结构面：是岩体形成后在构造应力作用下形成的各种破裂面，包括断层、节理、劈理和层间错动面等。

③次生结构面：是岩体形成后在外应力作用下产生的结构面，包括卸荷裂隙、风化裂隙、次生夹泥层和泥化夹层等。

(2) 力学成因类型。

①剪性结构面：是岩体受剪应力作用后形成的，破裂面两侧岩体产生相对滑移，如逆断层、平移断层以及多数正断层等。其特点是连续性好，面较平直，延伸较长并有擦痕镜面等。

②张性结构面：是岩体受由拉应力作用后形成的，如羽毛状张裂面、纵张及横张破裂面、岩浆岩中的冷凝节理等。其特点是张开度大、连续性差、形态不规则、面粗糙，起伏度大及破碎带较宽，易被充填，常含水丰富，导水性强。

2. 结构面的规模类型

按规模（主要是长度），可将结构面分为五级：几公里至几十公里以上；几十米至几公里；几米至几十米；几十厘米至几米；厘米级。

它们分级或共同控制着区域、地区、山体、岩体的稳定性和岩块的力学属性。

Ⅰ级结构面：指大断层或区域性断层，延伸数十公里。控制工程建设地区的地壳稳定性，直接影响工程岩体稳定性。

Ⅱ级结构面：指延伸长而宽度不大的区域性地质界面，如不整合面、假整合面、原生软弱夹层等，延伸数百米至数公里。Ⅱ级结构面控制着工程岩体力学作用的边界条件和破坏方式，往往构成可能滑移岩体的边界面，直接威胁工程安全稳定性。

Ⅲ级结构面：指长度几米至几十米的断层、区域性节理、延伸较好的层面及层间错动等，无破碎带，面内不含泥，有泥膜，在一个地质时代地层中分布。Ⅲ级结构面经常配合Ⅱ级结构面控制着工程岩体力学作用的边界条件和破坏方式，构成可能滑移岩体的边界面，从而直接威胁工程安全稳定性。

Ⅳ级结构面：指延伸较差的节理、层面、次生裂隙、小断层及较发育的片理、劈理面等，是构成岩块的边界面，破坏岩体的完整性，影响岩体的物理力学性质及应力分布状态。Ⅳ级结构面主要控制着岩体的结构、完整性和物理力学性质，数量多且具随机性，其分布规律具统计规律，需用统计方法进行研究，在此基础上进行岩体结构面网络模拟。

Ⅴ级结构面：又称微结构面。常包含在岩块内，主要影响岩块的物理力学性质，控制岩块的力学性质。

3. 结构面的力学属性类型

按接触面的力学属性，结构面可分为硬性（刚性）结构面和软弱结构面。

（1）硬性结构面：硬性结构面属于裂隙型，多数没有充填物，它的摩擦系数较大。其结构面壁越粗糙，起伏度越大，强度越高。

（2）软弱结构面：软弱结构面内普遍充填黏土、泥、岩石碎块等物质，延伸较长，且它的摩擦系数相对较小，强度明显降低。按物质组成和微结构形态，软弱结构面分为原生软弱夹层、断层和层间错动破碎带、软弱泥化带或夹层三种类型。某些充填泥质或黏土薄膜的大节理，也可构成软弱结构面。

软弱夹层一般是指颗粒细，具片状结构，遇水易软化或泥化，力学强度低，比其上、下岩层相对软弱的薄层，按成因分为构造、原生和次生三种类型。泥化的部分称为泥化夹层。

软弱结构面是岩体中最容易产生变形和破坏的部位，常常成为危险的切割面、滑移面或构成有害的压缩变形带，导致岩体产生不允许的变形或失稳。

因此，当工程岩体中存在软弱结构面时，除了要研究它们的几何形态、结合状况、空间分布和填充物质等方面外，还要特别注意对其物质组成、厚度、微观结构、在地下水作用下工程地质性质（潜蚀、软化）的变化趋势、受力条件和所处的工程部位，以及它们的力学性质指标等，进行专门的试验研究，并对其对岩体稳定性的影响作出定量的分析评价，提出工程处理措施。

4. 结构面的贯通类型

(1) 非贯通性结构面：较短，不能贯通，岩块强度降低、变形增大。

(2) 半贯通性结构面：有一定长度，不能贯通，岩块强度降低、变形增大。

(3) 贯通性结构面：长度较长，连续性好，贯通整个岩体，构成岩体边界，它对岩体有较大的影响，破坏常受这种结构面的控制。

(三) 结构体

一系列结构面依其各自的产状彼此组合将岩体切割成形态不一、大小不等以及成分各异的岩块，这些由结构面所包围的岩块统称为结构体，即结构体是由不同产状的结构面组合起来、将岩体切割而成的单元体。

简言之，结构体指岩体中被结构面切割围限的岩石块体。它既不同于岩块的概念，也不同于岩体结构的概念。岩块是指不含显著结构面的岩石块体，是构成岩体的最小岩石单元体。岩体结构主要是指结构面和岩块的特性以及它们之间的组合。

结构体的规模取决于结构面的密度，密度越小，结构体的规模越大。与结构面对应，随着结构面的分级，相应的结构体也可分级，视研究问题的不同，所选取的结构体等级是不一的，几级结构体综合叠加影响居多。由于不同级别、不同性质、不同产状以及不同发育程度的结构面的组合，结构体几何形态、单体大小可迥然不同。岩性的变化，也均关系着岩体的完整性、坚强性，从而决定着岩体的所属介质类型。

结构体规模常用块度模数 (单位体积内的Ⅳ级结构体数) 或结构体体积来表示。结构体常见的形状有柱状、板状、楔形、菱形。

三、岩体结构类型及工程地质评价

组成岩体的岩性遭受的构造变动及次生变化的不均一性，导致了岩体结构的复杂性。为了概括地反映岩体中结构面和结构体的成因、特征及其排列组合关系，将岩体结构类型划分为五大类。下面依次介绍各岩体结构类型及其工程地质评价和可能发生的灾害。

(一) 整体结构

整体结构主要为均质、巨块状岩浆岩、变质岩，巨厚层、厚层沉积岩、正变质岩；主要结构形状为巨块状；以原生构造节理为主，多呈闭合型，裂隙结构面间距大于 1.5m，一般不超过 2 ~ 3 组，无危险结构面组成的落石掉块。

整体性强度高，岩体稳定，可视为均质弹性各向同性体；可能发生的岩土工程问题为不稳定结构体的局部滑动或坍塌，深埋硐室的岩爆，在半坚硬岩层中可能产生微弱的塑性变形。

（二）块状结构

块状结构主要为厚层状沉积岩、正变质岩、块状岩浆岩、变质岩；主要结构形状为块状、柱状；只具有少量贯穿性较好的节理裂隙，裂隙结构面间距大于 0.7 m，一般不超过 3 组，有少量分离体。

块状结构整体性强度高，结构面互相牵制，岩体基本稳定，可视为接近均质弹性各向同性体，压缩变形微量，主要决定于结构面的规模、数量和方位以及结构体的强度。剪切滑移受结构面抗剪强度及岩块刚度、形状、大小所制约，部分岩石抗剪断强度可以发挥作用，滑移面多迁就已有结构面，稳定性较差；可能发生的岩土工程问题为不稳定结构体的局部滑动或坍塌，深埋洞室的岩爆。

（三）层状结构

层状结构主要为多韵律的薄层及中厚层状沉积岩、正变质岩；主要结构形状为层状、板状、透镜体；有层理、片理、节理，常有层间错动。

层状结构接近均一的各向异性体，其变形及强度特征受层面及岩层组合控制，可视为弹塑性体；可能发生的岩土工程问题为不稳定结构体可能产生滑塌，特别是岩层的弯张破坏及软弱岩层的塑性变形。

（四）碎裂状结构

碎裂状结构主要为构造影响严重的破碎岩层；主要结构形状为块状；断层、断层破碎带、片理、层理及层间结构面较发育，裂隙结构面间距为 0.25 ~ 0.5 m，一般在 3 组以上，由许多分离体形成。

碎裂状结构完整性破坏较大，整体强度很低，并受断裂等软弱结构面控制，多呈弹塑性介质，稳定性很差；可能发生的岩土、工程问题为易引起规模较大的岩体失稳，应特别注意地下水加剧岩体失稳的不良作用。

（五）散体状结构

散体状结构主要为构造影响剧烈的断层破碎带、强风化带、全风化带；主要结构形状为碎屑状、颗粒状；断层破碎带交叉，构造及风化裂隙密集，结构面及组合错综复杂，并多充填黏性土，形成许多大小不一的分离岩块。

散体状结构完整性遭到极大破坏，稳定性极差，岩体属性接近松散体介质。可能发生的岩土工程问题为易引起规模较大的岩体失稳，地下水加剧岩体失稳。

第二节　影响边坡稳定性的因素

一、边坡

边坡是指具有倾斜坡面的岩土体，即指地壳表层一切具有侧向临空面的地质体，通常呈斜坡状边缘。

按照成因，边坡分为天然边坡和人工边坡两类。天然边坡是指自然形成的山坡和江河湖海的岸坡。人工边坡是指人工开挖基坑、基槽、路堑或填筑路堤、土坝形成的边坡等。按照物质组成，边坡分为岩体边坡、土体边坡以及岩土体复合边坡三种。按照稳定程度，边坡分为稳定边坡、不稳定边坡以及极限平衡状态边坡。

边坡的描述要素主要有坡体、坡顶面、坡肩、斜坡、坡脚、坡角、坡高。

二、岩石边坡的分类

就岩石边坡而言，研究角度不同，其分类的标准也不同。我们可根据岩层结构、岩层倾向与坡向的关系、边坡的成因等进行划分。

(一) 按岩层结构分

1. 层状结构边坡

层状结构边坡是由相互平行的一组结构面构成（结构体为层状）的边坡。按层次的多少分为：

(1) 单层结构边坡：由一种均一的岩性构成。

(2) 双层结构边坡：由两层不同的岩性构成。

(3) 多层结构边坡：由多层不同的岩性构成。

2. 块状结构边坡

块状结构边坡是指由两组或两组以上产状不同的结构面组合而成（结构体为块状）的边坡。

3. 网状结构边坡

网状结构边坡是指结构面比较紧密，方向不规则（结构体为不规则的块体）的斜坡。

(二) 按岩层倾向与坡向的关系分

1. 顺向边坡

岩层走向与坡向垂直，岩层倾向与坡向一致。

2. 反向边坡

岩层走向与坡向垂直，倾向与坡向相反。

3. 切向边坡

岩层走向与坡向相交。

4. 直立边坡

岩层产状直立，走向与坡向垂直。

(三) 按边坡成因分

1. 剥蚀边坡

主要由地壳上升，外力对岩体表面剥蚀作用而形成。地壳上升速度不同，边坡的形状也不同。例如，直线形边坡说明上升运动与剥蚀作用均等；凹形边坡说明上升运动小于剥蚀作用；凸形边坡说明上升运动大于剥蚀作用。

2. 堆积边坡

岩石分化剥蚀后，碎屑物质堆积在山麓而形成。

3. 侵蚀边坡

受地表水的侵蚀而成，可分岸蚀和沟蚀两种。

4. 滑塌边坡

自然边坡被破坏，产生滑动、崩塌而形成的边坡。

5. 人工边坡

自然边坡受到人为的作用或人工开挖、堆积等而形成的边坡。

三、边坡岩体的变形与破坏

岩体边坡的变形与破坏是边坡发展演化过程中两个不同的阶段。变形属于量变阶段，而破坏则是质变阶段，它们形成一个累进性变形破坏过程。这一过程对天然边坡来说时间往往较长，而对人工边坡则可能较短暂。通过对边坡岩体变形迹象的研究，分析边坡演化发展阶段，是边坡稳定性分析的基础。

(一) 边坡变形的基本类型

边坡岩体变形根据其形成机制可分为卸荷回弹与蠕变变形等类型。

1. 卸荷回弹

成坡前边坡岩体在天然应力作用下早已固结，在成坡过程中，由于荷重不断减小，边坡岩体在减荷方向，即临空面方向，必然产生伸长变形，即卸荷回弹。

天然应力越大，则向临空方向的回弹变形量也越大。如果这种变形超过了岩体的抗变形能力时，通常会产生一系列的张性结构面。

例如，坡顶近于铅直的拉裂面；坡体内与坡面近于平行的压致拉裂面；坡底近于水平的缓倾角拉裂面。另外，由层状岩体组成的边坡，由于各层岩石性质的差异，变形的程度就不同，因而将会出现差异回弹破裂，即差异变形引起的剪破面。这些变形多为局部变形，一般不会引起边坡岩体的整体失稳。

2. 蠕变变形

边坡岩体中的应力对于人类工程活动的有限时间来说，可以认为是保持不变的。在这种近似不变的应力作用下，边坡岩体的变形也将会随时间不断增加，这种变形称为蠕变变形。

当边坡内的应力未超过岩体的长期强度时，则这种变形所引起的破坏是局部的。反之，这种变形将导致边坡岩体的整体失稳。当然这种破裂失稳是经过局部破裂逐渐产生的，几乎所有的岩体边坡失稳都要经历这种逐渐变形破坏过程。

研究表明，边坡蠕变变形的影响范围是很大的，某些地区可达数百米深、数公里长。

(二) 边坡破坏的基本类型

由于边坡表面倾斜，在岩土体自重及其他外力作用下，整个岩土体有从高处向低处滑动的趋势，从而引起边坡的变形，并最终破坏，使边坡丧失其原有稳定性。

边坡破坏的类型包括崩塌、滑坡、倾倒破坏。

1. 崩塌

崩塌是指边坡岩土体被结构面分割的块体，突然脱离母体以垂直运动为主、翻滚跌落而下的现象与过程。

2. 滑坡

当边坡丧失其原有稳定性，一部分岩土体相对另一部分岩土体沿着贯通的剪切破坏面（带）发生滑动，这种现象称为滑坡。实际上，滑坡通常是边坡上的岩土物质沿一定的软弱面或软弱带做整体性下滑的运动，是山区常见的一种地质灾害。

滑坡的孕育和发生与人类活动有密切关系。滑坡发生以后，可以单独成灾而摧毁公路、铁路、村镇、厂房，或堵塞河道、阻断航行；也可以作为其他灾害的次生灾害而加重灾情。

按其自然类别或其与工程的关系，滑坡可以分为自然边坡滑坡、岸坡边坡滑坡、矿山边坡滑坡和路堑边坡滑坡四种。

3. 倾倒破坏

由陡倾或直立板状岩体组成的边坡，当岩层走向与坡面走向近乎平行时，在自重应力的长期作用下，由前缘开始向临空方向弯曲、折裂，并逐渐向坡内发展的现象称为倾倒破坏或弯曲倾倒。

四、影响边坡稳定性的因素

影响边坡稳定性的因素主要有内在因素和外部因素两个方面。

内在因素包括组成边坡的地貌特征、岩土体性质、地质构造、岩土体结构、岩体初始应力等；外部因素包括水的作用、地震、岩体风化程度、工程荷载条件及人为因素。

内在因素对边坡的稳定性起控制作用；外部因素起诱发破坏作用。

（一）内在因素

1. 岩石性质

由坚硬（密实）、矿物稳定、抗风化能力好、强度较高的岩石构成的边坡，其稳定性一般较好；反之，稳定性较差。岩性对边坡的稳定及其边坡的坡高和坡角起重要的控制作用。

2. 岩体结构

岩体的结构类型、结构面性状及其与坡面的关系是岩质边坡稳定的控制因素，据此可以初步判断边坡的稳定性。

（1）当结构面或结构面交线的倾向与坡面倾向相反时，边坡为稳定结构。

（2）当结构面或结构面交线的倾向与坡面倾向基本一致，但其倾角大于坡角时，边坡为基本稳定结构。

（3）当结构面或结构面交线的倾向与坡面倾向之间夹角小于45°，且倾角小于坡角时，边坡为不稳定结构。

3. 地形地貌

地貌条件决定了边坡形态，对边坡稳定性有直接影响。临空面的存在及边坡的高度、坡度等都是直接与边坡稳定有关的因素。对于均质岩坡，其坡度越陡，坡高越大，则稳定性越差。在工程地质条件相似的情况下，平面呈凹形的边坡较呈凸形的边坡稳定。

4. 地质构造

在区域构造比较复杂、褶皱比较强烈、新构造运动比较活跃的地区，边坡稳定性差。断层带岩石破碎，风化严重，又是地下水最丰富和活动的地区，极易发生滑坡。

(二) 外部因素

1. 水的作用

水是诱发岩质边坡失稳的重要因素。地表水、地下水以及降雨沿裂隙渗入岩体，还可以软化破碎带，并起一定的润滑作用，降低了岩土抗剪强度；水的渗入使岩土的质量增大，进而使滑动面的滑动力增大；另外，地下水的渗流对岩体产生动水压力和静水压力。

2. 风化作用

风化作用可使岩体裂隙增多、扩大，透水性增强，抗剪强度降低。

3. 地震作用

由地震波的传播而产生的地震惯性力直接作用于边坡岩体，使边坡岩体的剪应力增大、抗剪强度降低，加速边坡破坏。地震对边坡稳定性的影响表现为累积和触发或诱发两方面效应。

4. 人为因素

近年来，由人工开挖、工程荷载等人为因素影响边坡的稳定性而导致的滑坡、崩塌、泥石流等地质灾害时有发生，造成人民生命财产的巨大损失。

第三节　岩石边坡进行稳定性分析及评价

一、岩石边坡稳定性分析概述

边坡岩体稳定性预测，应采用定性与定量相结合的方法进行综合研究。整个预测工作应在对岩体进行详细的工程地质勘查并收集到与岩体稳定性有关的工程地质资料的基础上进行。

(一) 定性分析

定性分析是在工程地质勘查工作的基础上，对边坡岩体变形破坏的可能性及破坏形式进行初步判断。主要是分析影响边坡稳定性的主要因素、失稳的力学机制、变形破坏的可能方式及工程的综合功能等，对边坡的成因及演化历史进行分析，以此评价边坡稳定状况及其可能的发展趋势。

该方法的优点是综合考虑影响边坡稳定性的因素，快速地对边坡的稳定性作出评价和预测。

常用的方法有：地质分析法 (历史成因分析法)、工程地质类比法、图解法、边坡稳定专家系统。

(二) 定量分析

定量分析是在定性分析的基础上，应用一定的计算方法对边坡岩体进行稳定性计算及定量评价。实质是一种半定量的方法，虽然评价结果表现为确定的数值，但最终判定仍依赖人为的判断。

所有定量的计算方法都是基于定性方法之上的。

目前，运用最为广泛的定量分析方法是块体极限平衡法。

1. 块体极限平衡法的假设条件

(1) 边坡岩体将沿某一结构面（滑动面）产生滑移剪切破坏。

(2) 忽略滑体的变形对稳定性的影响，滑体在滑动过程中相对位置不变化，即为刚体。

(3) 滑动面上的应力分布均匀。

(4) 不考虑滑体两侧的抗滑力。

2. 稳定性系数的计算和安全系数的确定

(1) 稳定性系数及其计算：在上述假设的基础上，对于均质且没有断裂面的岩土坡，在一定条件下可看作平面问题，滑动面可假定为圆弧，那么就可用圆弧法进行稳定分析。大量的实践证明，均质土坡的破坏面都接近于圆弧形。

分析滑动面上抗滑力和滑动力的平衡关系，如果滑动力大于或等于抗滑力，即认为滑动体将可能发生滑动而失稳。

在用圆弧法进行分析时，首先假定滑动面为一圆弧，把滑动岩体视为刚体，求滑动面上的滑动力及抗滑力，再求这两个力对滑动圆心的力矩。当抗滑力和滑动力不在同一直线上时，也可用滑动力矩和抗滑力矩之比，表示该岩坡的稳定性系数。

由于滑动面是根据实际情况假定的，因此就可能不止一个，甚至不一定是圆弧状，这样就要分别计算出每个可能的滑动面所对应的稳定性系数，取其中最小者作为最危险滑动面。圆弧法只是块体极限平衡法的算法之一。

(2) 安全系数及其确定：在多数情况下，计算的稳定性系数都有一定误差。为保险起见，通常还需引入安全系数的概念。最后是以安全系数为标准来评价边坡的稳定性。因此，必须正确理解稳定性系数和安全系数的概念和两者的区别。

所谓安全系数，简单地说就是允许的稳定性系数值，安全系数的大小是根据各种影响因素人为规定的。而稳定性系数则是反映滑动面上抗滑力与滑动力的比例关系，用以说明边坡岩体的稳定程度。

安全系数的选取是否合理，直接影响到工程的安全和造价，但它必须大于 1 才能保证边坡安全。一般来说，当岩体工程地质条件研究比较详细，确定的最危险滑动面比较可靠，计算参数确定比较符合实际，计算中考虑的作用力全面，加上工程规模等级较低时，安全系数可以规定得小一些；否则，应规定得大一些。通常，安全系数在 1.05 ~ 1.5 选取。

二、边坡岩体稳定性分析的步骤

应用块体极限平衡法计算边坡岩体稳定性时，常需遵循如下步骤：可能滑动岩体几何边界条件的分析→受力条件分析→确定计算参数→计算稳定性系数→确定安全系数→进行稳定性评价。

(一) 几何边界条件分析

1. 几何边界条件的概念

所谓几何边界条件是指构成可能滑动岩体的各种边界面及其组合关系。

几何边界条件中的各种界面由于其性质及所处的位置不同，在稳定性分析中的作用也是不同的，通常包括滑动面、切割面和临空面三种，是边坡岩体滑动破坏必备的几何边界条件。

(1) 滑动面：滑动面是指起滑动作用的面，即失稳岩体沿该面滑动，包括潜在破坏面。

(2) 切割面：切割面是指起切割岩体作用的面。由于失稳岩体不沿该面滑动，因而不起抗滑作用，如平面滑动的侧向切割面。因此在稳定性系数计算时，常忽略切割面的抗滑能力，以简化计算。滑动面与切割面的划分有时也不是绝对的，如楔形体滑动的滑动面，就兼有滑动面和切割面的双重作用，具体各种面的作用应结合实际情况作具体分析。

(3) 临空面：临空面是指临空的自由面，它的存在为滑动岩体提供活动空间，临空面常由地面或开挖面组成。

2. 几何边界条件分析的内容

几何边界条件分析的目的是确定边坡中可能滑动岩体的位置、规模及形态，定性地判断边坡岩体的破坏类型及主滑方向。

几何边界条件分析的内容是查清岩体中的各类结构面及其组合关系，确定出可能的滑移面、切割面。为了分析几何边界条件，就要对边坡岩体中结构面的组数、产状、规模及其组合关系以及这种组合关系与坡面的关系进行分析研究。初步确定作为滑动面和切割面的结构面的形态与位置及可能滑动方向。

通常应用岩体结构分析方法，划分边坡岩体结构类型，并根据类型判断边坡破坏形式。块状结构边坡，由多组结构面组合，发生块体或楔形体破坏。层状结构边坡，由单一的层面或断层组成，沿平面发生滑动破坏。碎裂结构边坡，由多组密集的结构面组合，沿多组结构面发生追踪破坏。散体结构边坡，一般是指严重风化岩体，破坏形式近似为圆弧形。

几何边界条件的分析也可通过赤平投影、实体比例投影等图解法或三角几何分析法进行。

通过分析，如果不存在岩体滑动的几何边界条件，而且没有倾倒破坏的可能性，则边坡是稳定的；如果存在岩体滑动的几何边界条件，则说明边坡有可能发生滑动破坏。

（二）受力条件分析

1. 岩体的受力条件

在工程使用期间，可能滑动岩体或其边界面上承受的力的类型及大小、方向和合力的作用点统称为受力条件。

2. 岩体的受力类型

边坡岩体上承受的常见力有：岩体重力、静水压力、动水压力、建筑物作用力及震动力等。在此仅以岩体重力和地震作用力为例进行分析计算。

（三）确定计算参数

计算参数主要指滑动面的剪切强度参数，它是稳定性系数计算的关键指标之一。滑动面的剪切强度参数通常依据以下三种数据来确定，即试验数据、极限状态下的反算数据和经验数据。近年来发展起来的以岩体工程分类为基础的强度参数经验估算方法为计算参数的确定提供了新的途径。

根据剪切试验中剪切强度随剪切位移而变化，以及岩体滑动破坏为一渐进性破坏过程的事实，可以认为滑动面上可供利用的剪切强度必定介于峰值强度与残余强度之间。如何具体取值，则应根据作为滑动面的结构面的具体情况而定。从偏安全的角度考虑，一般选用的计算参数，应接近于残余强度。研究表明，残余强度与峰值强度的比值，大多变化在 0.6 ~ 0.9。因此，在没有获得残余强度的情况下，摩擦系数计算值一般在峰值摩擦系数的 60% ~ 90% 选取，内聚力计算值在峰值内聚力的 10% ~ 30% 选取。

在有条件的工程中，应对采用多种方法获得的各种数据进行对比研究，并结合具体情况综合选取计算参数。

(四) 计算稳定性系数

稳定性系数是可供利用的抗滑力与滑动力的比值。

(五) 确定安全系数，进行稳定性评价

1. 安全系数的确定

根据各种因素规定的允许的稳定性系数。安全系数大小是根据各种影响因素人为规定的，一般为 1.05～1.5。

2. 影响因素的考虑

(1) 岩体工程地质特征研究的详细程度。

(2) 各种计算参数误差的大小。

(3) 计算稳定性系数时，是否考虑了全部作用力。

(4) 计算过程中各种中间结果的误差大小。

(5) 工程的设计年限、重要性以及边坡破坏后的后果。

第四节　边坡加固的一般措施

一、边坡加固措施概述

(一) 边坡加固的原则

边坡加固是为防止边坡、岩体的运动，保证边坡稳定，而布设的坡体加固工程措施。边坡的治理应根据工程措施的技术可能性和必要性、工程措施的经济合理性、工程措施的社会环境特征与效应，并考虑工程的重要性及社会效应来制定具体的整治方案，以防为主，及时治理。

边坡的加固应遵循以下原则：

(1) 应充分利用岩体自身强度，以提高其抗滑能力、加强其整体性为原则。

(2) 消除表面松动块体应采用非爆破法，对软弱岩体或高度破碎的裂隙岩体要进行表面支护。

(3) 清除易风化的软弱层，岩腔应填注渗滤材料，外部应浇筑混凝土或砌石。

(4) 可能失稳部分可用扶垛式挡土墙加固；局部可能不稳岩块可用销钉固定；存在较深滑面 (10～100m) 的不稳定岩体，可用锚杆或钢索加固。

(5) 采取防止地面水进入坡体、冲刷坡面以及排除地下水的措施，对边坡的稳

固能起到良好的作用。可采用排水沟、截水沟、盲沟、植被、坡面铺砌、坡面夯实等措施。

(6) 边坡加固应以安全适用、经济合理、技术先进的原则进行，本着实事求是的原则，具体问题具体分析。

(二) 边坡加固措施的种类

通常采取的边坡加固措施可分为以下三大类。

1. 直接加固

直接加固包括挡墙及护坡、支墩、抗滑桩、土钉墙、滑动面混凝土抗滑栓塞、用混凝土填塞岩石断裂部分、锚栓或预应力锚索加固、挡墙与锚栓相结合等的加固。

2. 间接加固

间接加固包括排水、减载等。

3. 特殊加固

特殊加固包括麻面爆破、压力灌浆。

二、边坡加固的一般措施

固坡工程主要包括削坡开级和反压镇土、抗滑桩、排水工程、滑动带加固工程以及植物固坡措施等方面。

(一) 削坡开级和反压镇土

削坡开级和反压镇土主要用于防止中小规模的土质滑坡和岩质边坡崩塌。削坡可减缓坡度，减小滑坡体体积，减小助滑力，从而保持坡体稳定。

滑坡体可分为主滑部分和阻滑部分。主滑部分一般是滑坡体的后部，它产生下滑力；阻滑部分，即滑坡体前端的支撑部分，产生抗滑阻力。因此，削坡的对象是主滑部分。

开级则是通过开挖边坡，修筑阶梯或平台，达到相对截短坡长，改变坡形、坡度、坡比，降低荷载重心，维持边坡稳定。

石质边坡的削坡开级适用于坡度陡直或坡型呈凸形、荷载不平衡或存在软弱交互岩层，且岩层走向沿坡体下倾的非稳定边坡。

反压镇土是在滑坡体前面的阻滑部分堆土加载，以增加抗滑力，填土可筑成抗滑土堤。

(二) 抗滑桩

抗滑桩是穿过滑坡体将其固定在滑床的桩柱。使用抗滑桩，土方量小，省工省料，施工方便，应用十分广泛。

根据滑坡体厚度、推力大小以及防水要求和施工条件等，选用木桩、钢桩、混凝土桩或钢筋（钢轨）混凝土桩等。抗滑桩的材料、规格和布置必须满足抗剪断、抗弯、抗倾斜、阻止土体从桩间或桩顶滑出的要求。

(三) 排水工程

排水工程可减小地表水和地下水对坡体稳定性的不利影响，包括地表水排水工程和地下水排水工程。

地表水排水工程既可排除地表水，拦截病害边坡以外的地表水，又可防止病害边坡内的地表水大量渗入，将其尽快排走，它可分为防渗工程和水沟工程两种。防渗工程包括整平夯实和铺盖阻水，可以防止雨水、泉水和池水的渗透。水沟工程包括截水沟和排水沟，截水沟布置在病害边坡范围外，拦截旁引地表径流，防止地表水向病害边坡汇集；排水沟布置在病害边坡上，一般呈树枝状，充分利用自然沟谷。在边坡的湿地和泉水出露处，可设置明沟或渗沟等引水工程将水排走。水沟工程可采用砌石、沥青铺面、半圆形钢筋混凝土槽、半圆形波纹管等形式。

地下水排水工程可以排除和截断渗透水，包括渗沟、明暗沟、排水孔、排水洞、截水墙等。

(四) 滑动带加固工程

采用机械的或物理化学的方法，提高滑动带强度，防止软弱夹层进一步恶化，其中包括普通灌浆法、化学灌浆法、石灰加固法和焙烧法等。

普通灌浆法采用由水泥、黏土等普通材料制成的浆液，用机械法灌浆。化学灌浆法较为省工，采用由各种高分子化学材料配制成的浆液，借助一定的压力把浆液灌入钻孔中，浆液充满裂隙后不仅可增加滑动带强度，还可以防渗阻水。我国常采用的化学灌浆材料有水玻璃、铬木素、丙凝、氰凝、脲醛树脂、甲凝等；石灰加固法是根据阳离子的扩散效应，由溶液中的阳离子交换出土体中的阴离子而使土体稳定；焙烧法是利用导洞焙烧滑坡体前部滑动带的沙黏土，使之形成地下挡墙来防止滑坡。

(五) 植物固坡措施

通过采取营造坡面防护林、坡面种草和坡面生物工程等措施，可以在一定程度上防止崩塌和小规模滑坡。由于坡地地形的多样化，植物配置方法必须因地制宜。

第五节　崩塌、滑坡、泥石流等地质灾害及一般防治技术

一、滑坡的一般防治技术

滑坡是边坡岩土体沿着贯通的剪切破坏面所发生的滑移现象。滑坡的机制是某一滑移面上剪应力超过了该面的抗剪强度所致。

(一) 滑坡的种类

1. 根据滑坡体体积，将滑坡分为四个等级

(1) 小型滑坡：滑坡体积小于 $10\times10^4\,m^3$。

(2) 中型滑坡：滑坡体积为 $10\times10^4\sim100\times10^4\,m^3$。

(3) 大型滑坡：滑坡体积为 $100\times10^4\sim1000\times10^4\,m^3$。

(4) 特大型滑坡 (巨型滑坡)：滑坡体积大于 $1000\times10^4\,m^3$。

2. 根据滑坡的滑动速度，将滑坡分为四类

(1) 蠕动型滑坡：人们仅凭肉眼难以看见其运动，只能通过仪器观测才能发现的滑坡。

(2) 慢速滑坡：每天滑动数厘米至数十厘米，人们凭肉眼可直接观察到滑坡的活动。

(3) 中速滑坡：每小时滑动数十厘米至数米的滑坡。

(4) 高速滑坡：每秒滑动数米至数十米的滑坡。

(二) 滑坡的主要组成要素

(1) 滑坡体指滑坡的整个滑动部分，简称滑体。

(2) 滑坡壁指滑坡体后缘与不动的山体脱离开后，暴露在外面的形似壁状的分界面。

(3) 滑动面指滑坡体沿下伏不动的岩、土体下滑的分界面，简称滑面。

(4) 滑动带指平行滑动面受揉皱及剪切的破碎地带，简称滑带。

(5) 滑坡床指滑坡体滑动时所依附的下伏不动的岩、土体，简称滑床。

(6) 滑坡舌指滑坡前缘形如舌状的凸出部分，简称滑舌。

(7) 滑坡台阶指滑坡体滑动时，由于各种岩、土体滑动速度差异，在滑坡体表面形成台阶状的错落台阶。

(8) 滑坡周界指滑坡体和周围不动的岩、土体在平面上的分界线。

(9) 滑坡洼地指滑动时滑坡体与滑坡壁间拉开，形成的沟槽或中间低四周高的封闭洼地。

(10) 滑坡鼓丘指滑坡体前缘因受阻力而隆起的小丘。

(11) 滑坡裂缝指滑坡活动时在滑体及其边缘所产生的一系列裂缝。位于滑坡体上(后)部，多呈弧形展布，称拉张裂缝。位于滑体中部两侧，滑动体与不滑动体分界处者，称剪切裂缝。剪切裂缝两侧，又常伴有羽毛状排列的裂缝，称羽状裂缝。滑坡体前部因滑动受阻而隆起形成的张裂缝，称鼓胀裂缝。位于滑坡体中前部，尤其在滑舌部位呈放射状展布者，称扇状裂缝。

以上滑坡诸要素只有在发育完全的新生滑坡才同时具备，并非任一滑坡都具有。

(三) 滑坡强度的主要因素

滑坡的活动强度，主要与滑坡的规模、滑移速度、滑移距离及其蓄积的位能和产生的动能有关。一般来讲，滑坡体的位置越高、体积越大、移动速度越快、移动距离越远，则滑坡的活动强度就越高，危害程度也就越大。

影响滑坡活动强度的因素如下。

1. 地形

坡度、高差越大，滑坡位能越大，所形成滑坡的滑速越高。边坡前方地形的开阔程度，对滑移距离的大小有很大影响。地形越开阔，则滑移距离越大。

2. 岩性

组成滑坡体的岩、土的力学强度越高、越完整，则滑坡往往就越少。构成滑坡滑面的岩、土性质，直接影响着滑速的高低，一般来讲，滑坡面的力学强度越低，滑坡体的滑速也就越高。

3. 地质构造

切割、分离坡体的地质构造越发育，形成滑坡的规模往往也就越大越多。

4. 诱发因素

诱发滑坡活动的外界因素越强，滑坡的活动强度则越大。如强烈地震、特大暴雨所诱发的滑坡多为大的高速滑坡。

(四) 滑坡的识别办法

在野外，从宏观角度观察滑坡体，可以根据一些外表迹象和特征，粗略地判断它的稳定性。

1. 已稳定的老滑坡体有以下特征

(1) 后壁较高，长满了树木，找不到擦痕，且十分稳定。

(2) 滑坡体平台宽大且已夷平，土体密实，有沉陷现象。

(3) 滑坡体前缘的边坡较陡，土体密实，长满树木，无松散崩塌现象。前缘迎河部分有被河水冲刷过的现象。

(4) 目前的河水远离滑坡体的舌部，甚至在舌部外已有漫滩、阶地分布。

(5) 滑坡体两侧的自然冲刷沟切割很深，甚至已达基岩。

(6) 滑坡体舌部的坡脚有清晰的泉水流出等。

2. 不稳定的滑坡体常具有下列迹象

(1) 滑坡体表面总体坡度较陡，而且延伸很长，坡面高低不平。

(2) 有滑坡体平台、面积不大，且有向下缓倾和未夷平现象。

(3) 滑坡体表面有泉水、湿地，且有新生冲沟。

(4) 滑坡体表面有不均匀沉陷的局部平台，参差不齐。

(5) 滑坡体前缘土石松散，小型坍塌时有发生，并面临河水冲刷的危险。

(6) 滑坡体上无巨大直立树木。

(五) 滑坡的防治措施

滑坡的防治要贯彻“及早发现，预防为主；查明情况，综合治理；力求根治，不留后患”的原则，结合边坡失稳的因素和滑坡形成的内外部条件。治理滑坡可以从以下两个大的方面着手。

1. 消除和减轻地表水和地下水的危害

滑坡的发生常和水的作用有密切的关系，水的作用，往往是引起滑坡的主要因素，因此，消除和减轻水对边坡的危害尤其重要，其目的是降低孔隙水压力和动水压力，防止岩土体的软化及溶蚀分解，消除或减小水的冲刷和浪击作用。

具体做法有：防止外围地表水进入滑坡区，可在滑坡边界修截水沟；在滑坡区内，可在坡面修筑排水沟。在覆盖层上可用砌片石或人造植被铺盖，防止地表水下渗。对于岩质边坡还可用喷混凝土护面或挂钢筋网喷混凝土。排除地下水的措施很多，应根据边坡的地质结构特征和水文地质条件加以选择。

常用的措施有：①水平钻孔疏干；②垂直孔排水；③竖井抽水；④隧洞疏干；⑤支撑盲沟。

2. 改善边坡岩土体的力学强度

通过一定的工程技术措施，改善边坡岩土体的力学强度，提高其抗滑力，减小滑动力。常用的措施有：

（1）削坡减载：用降低坡高或放缓坡角来改善边坡的稳定性。削坡设计应尽量削减不稳定岩土体的高度，而阻滑部分岩土体不应削减。此法并不总是最经济、最有效的措施，要在施工前作经济技术比较。

（2）边坡人工加固常用的方法有：

①修筑挡土墙、护墙等支挡不稳定岩体。

②钢筋混凝土抗滑桩或钢筋桩作为阻滑支撑工程。

③预应力锚杆或锚索，适用于加固有裂隙或软弱结构面的岩质边坡。

④固结灌浆或电化学加固法加强边坡岩体或土体的强度。

⑤ SNS（Soft Net System），即边坡柔性防护网系统，分为主动防护和被动防护。主动防护是防护网系统将有垮塌倾向的岩体覆盖，使之笼络在一起不易发生位移；被动防护是在有垮塌倾向的岩体下架设一道钢丝网，拦截阻挡垮落的石块。

二、认识崩塌及一般防治技术

崩塌，又称崩落、垮塌或塌方，是较陡斜坡上的岩、土体在重力作用下突然脱离山体崩落、滚动，堆积在坡脚（或沟谷）的地质现象。大小不等，零乱无序的岩块（土块）呈锥状堆积在坡脚的堆积物称崩积物，也可称为岩堆或倒石堆。

陡峻山坡上岩块、土体在重力作用下，发生突然的急剧的倾落运动，多发生在大于 60°~70° 的斜坡上。崩塌的物质，称为崩塌体。崩塌体为土质者，称为土崩；崩塌体为岩质者，称为岩崩；大规模的岩崩，称为山崩。

崩塌可以发生在任何地带，山崩限于高山峡谷区内。崩塌体与坡体的分离界面称为崩塌面，崩塌面往往就是倾角很大的界面，如节理、片理、劈理、层面、破碎带等。崩塌体的运动方式为倾倒、崩落。崩塌体碎块在运动过程中滚动或跳跃，最后在坡脚处形成堆积地貌——崩塌倒石锥。崩塌倒石锥结构松散、杂乱、无层理、多孔隙；由于崩塌所产生的气浪作用，使细小颗粒的运动距离更远一些，因而在水平方向上有一定的分选性。

（一）崩塌的特征及类型

1. 崩塌的特征

（1）速度快（一般为 5 ~ 200 m/s）。

（2）规模差异大。

（3）崩塌下落后，崩塌体各部分相对位置完全打乱，大小混杂，形成较大石块翻滚较远的倒石堆。

2. 崩塌的类型

（1）根据坡地物质组成划分。

①崩积物崩塌：山坡上已有的崩塌岩屑和沙土等物质，由于它们的质地很松散，当有雨水浸湿或受地震震动时，可再一次形成崩塌。

②表层风化物崩塌：在地下水沿风化层下部的基岩面流动时，引起风化层沿基岩面崩塌。

③沉积物崩塌：有些由厚层的冰积物、冲击物或火山碎屑物组成的陡坡，由于结构疏散，形成崩塌。

④基岩崩塌：在基岩山坡面上，常沿节理面、地层面或断层面等发生崩塌。

（2）根据崩塌体的移动形式和速度划分：

①散落型崩塌：在节理或断层发育的陡坡，或是软硬岩层相间的陡坡，或是由松散沉积物组成的陡坡，常形成散落型崩塌。

②滑动型崩塌：沿某一滑动面发生崩塌，有时崩塌体保持了整体形态，和滑坡很相似，但垂直移动距离往往大于水平移动距离。

③流动型崩塌：松散岩屑、沙、黏土，受水浸湿后产生流动崩塌。这种类型的崩塌和泥石流很相似，称为泥石流型崩塌。

（二）崩塌体边界的确定

崩塌体的边界条件特征，对崩塌体的规模大小起着重要的作用。崩塌体边界的确定主要依据坡体地质结构。

首先，应查明坡体中所有发育的节理、裂隙、岩层面、断层等构造面的延伸方向，倾向和倾角大小及规模、发育密度等，即构造面的发育特征。通常，平行斜坡延伸方向的陡倾角面或临空面，常形成崩塌体的两侧边界；崩塌体底界常由倾向坡外的构造面或软弱带组成，也可由岩、土体自身折断形成。

其次，调查结构面的相互关系、组合形式、交切特点、贯通情况及它们能否将或已将坡体切割，并与母体（山体）分离。

最后，综合分析调查结果，那些相互交切、组合，可能或已经将坡体切割与其母体分离的构造面，就是崩塌体的边界面。其中，靠外侧、贯通（水平或垂直方向上）性较好的结构面所围的崩塌体的危险性最大。

（三）崩塌体的识别方法

对于可能发生的崩塌体，主要根据坡体的地形、地貌和地质结构的特征进行识别。通常可能发生的坡体在宏观上有如下特征。

1. 坡体大于45°

坡体大于45° 且高差较大，或坡体成孤立山嘴，或凹形陡坡。

2. 坡体内部裂隙发育

坡体内部裂隙发育，尤其垂直和平行斜坡延伸方向的陡裂隙发育或顺坡裂隙或软弱带发育，坡体上部已有拉张裂隙发育，并且切割坡体的裂隙、裂缝可能即将贯通，使之与母体(山体)形成了分离之势。

3. 坡体前部存在临空空间

坡体前部存在临空空间，或有崩塌物发育，这说明曾发生过崩塌，今后还可能再次发生。

具备了上述特征的坡体，即是可能发生的崩塌体，尤其当上部拉张裂隙不断扩展、加宽，速度突增，小型坠落不断发生时，预示着崩塌很快就会发生，处于一触即发状态之中。

(四) 防治崩塌的工程措施

防治崩塌的工程措施主要有以下几种。

1. 遮挡

遮挡即遮挡斜坡上部的崩塌物。这种措施常用于中、小型崩塌或人工边坡崩塌的防治中，通常采用修建明硐、棚硐等工程进行，在铁路工程中较为常用。

2. 拦截

对于仅在雨后才有坠石、剥落和小型崩塌的地段，可在坡脚或半坡上设置拦截构筑物。例如，设置落石平台和落石槽以停积崩塌物质，修建挡石墙以拦坠石；利用废钢轨、钢钎及钢丝等编制钢轨或钢钎栅栏来拦截。这些措施也常用于铁路工程。

3. 支挡

在岩石凸出或不稳定的大孤石下面修建支柱、支挡墙或用废钢轨支撑。

4. 护墙、护坡

在易风化剥落的边坡地段，修建护墙，对缓坡进行水泥护坡等。一般边坡均可采用。

5. 镶补勾缝

对坡体中的裂隙、缝、空洞，可用片石填补空洞、水泥砂浆勾缝等以防止裂隙、缝、洞的进一步发展。

6. 刷坡、削坡

在危石孤石凸出的山嘴以及坡体风化破碎的地段，采用刷坡、削坡技术放缓边坡。

7. 排水

在有水活动的地段，布置排水构筑物，以进行拦截与疏导。

三、泥石流的一般防治

（一）泥石流的定义和种类

1. 泥石流的定义

泥石流是沟谷中由暴雨、冰雪融化等水源激发的、含有大量的泥沙、石块的特殊洪流。其特征是往往突然暴发，浑浊的流体沿着陡峻的山沟前推后拥，奔腾咆哮而下，地面为之震动、山谷犹如雷鸣。在很短时间内将大量泥沙、石块冲出沟外，在宽阔的堆积区横冲直撞、漫流堆积，常常给人类生命财产造成重大危害。

泥石流是介于流水与滑坡之间的一种地质作用。泥石流是一种灾害性的地质现象。泥石流经常突然暴发，来势凶猛，可携带巨大的石块，并以高速前进，具有强大的能量，因而破坏性极大。泥石流所到之处，一切尽被摧毁。泥石流经常发生在峡谷地区和地震火山多发区，在暴雨期具有群发性。它是一股泥石洪流，瞬间暴发，是山区最严重的自然灾害。

2. 泥石流的种类

(1) 泥石流按其物质成分可分为三类。

①泥石流：由大量黏性土和粒径不等的沙粒、石块组成。

②泥流：以黏性土为主，含少量沙粒、石块，黏度大，呈稠泥状。

③水石流：由水和大小不等的沙粒、石块组成。

(2) 泥石流按其物质状态可分为两类。

①黏性泥石流：含大量黏性土的泥石流或泥流。其特征是：黏性大，固体物质占40%～60%，最高达80%。其中的水不是搬运介质，而是组成物质，稠度大，石块呈悬浮状态，爆发突然，持续时间也短，破坏力大。

②稀性泥石流：以水为主要成分，黏性土含量少，固体物质占10%～40%，有很大分散性。水为搬运介质，石块以滚动或跃移方式前进，具有强烈的下切作用。其堆积物在堆积区呈扇状散流，停积后似“石海”。

除此之外还有多种分类方法，如按泥石流的成因分类有：水川型泥石流、降雨型泥石流；按泥石流流域大小分类有：大型泥石流、中型泥石流和小型泥石流；按泥石流发展阶段分类有：发展期泥石流、旺盛期泥石流和衰退期泥石流等。

(二) 泥石流形成的基本条件

泥石流的形成必须同时具备以下三个条件：陡峻的便于集水、集物的地形、地貌；有丰富的松散物质；短时间内有大量的水源。

1. 地形地貌条件

在地形上，具备山高沟深，地形陡峻，沟床纵坡降大，流域形状便于水流汇集。在地貌上，泥石流的地貌一般可分为形成区、流通区和堆积区三部分。上游形成区的地形多为三面环山、一面出口的瓢状或漏斗状，地形比较开阔，周围山高坡陡，山体破碎，植被生长不良，这样的地形有利于水和碎屑物质的集中；中游流通区的地形多为狭窄陡深的峡谷，谷床纵坡降大，使泥石流能迅猛直泻；下游堆积区的地形为开阔平坦的山前平原或河谷阶地，使堆积物有堆积场所。

2. 松散物质来源条件

泥石流常发生于地质构造复杂，断裂褶皱发育，新构造活动强烈，地震烈度较高的地区。地表岩石破碎、崩塌、错落、滑坡等不良地质现象发育，为泥石流的形成提供了丰富的固体物质来源。另外，岩层结构松散、软弱、易于风化、节理发育或软硬相间成层的地区，因易受破坏，也能为泥石流提供丰富的碎屑物来源。一些人类工程活动，如滥伐森林造成水土流失、开山采矿、采石弃渣等，往往也为泥石流提供大量的物质来源。

3. 水源条件

水既是泥石流的重要组成部分，又是泥石流的激发条件和搬运介质（动力来源），泥石流的水源，有暴雨、冰雪融水和水库（池）溃决水体等形式。我国泥石流的水源主要是暴雨、长时间的连续降雨等。

(三) 泥石流的诱发因素

由于工农业生产的发展，人类对自然资源的开发程度和规模也在不断发展。当人类经济活动违反自然规律时，必然引发自然灾害，有些泥石流的发生，就是由于人类不合理的开发造成的。近年来，因为人为因素诱发的泥石流数量正在不断增加。

可能诱发泥石流的人类工程经济活动主要有以下三个方面。

1. 不合理开挖

修建铁路、公路、水渠以及其他工程建筑的不合理开挖。有些泥石流就是因修建公路、水渠、铁路以及其他建筑活动，破坏了山坡表面而形成的。

2. 不合理的弃土、弃渣、采石

这种行为形成的泥石流的事例很多。

3. 滥伐乱垦

滥伐乱垦会使植被消失，山坡失去保护、土体疏松、冲沟发育，大大加重水土流失，导致山坡的稳定性被破坏，崩塌、滑坡等不良地质现象发育，结果很容易产生泥石流。

（四）减轻或避防泥石流的工程措施

减轻或避防泥石流的工程措施主要有以下几种。

1. 跨越工程

它是指修建桥梁、涵洞，从泥石流沟的上方跨越通过，让泥石流在其下方排泄，用以避防泥石流。这是铁道和公路交通运输部门为了保障交通安全常用的措施。

2. 穿过工程

它是指修隧道、涵洞或渡槽，从泥石流的下方通过，而让泥石流从其上方排泄。这也是铁路和公路通过泥石流地区的又一主要工程形式。

3. 防护工程

防护工程是指对泥石流地区的桥梁、隧道、路基及泥石流集中的山区变迁型河流的沿河线路或其他主要工程措施，构建一定的防护建筑物，用以抵御或消除泥石流对主体建筑物的冲刷、冲击、侧蚀（流水拓宽河床）和淤埋等的危害。防护工程主要有护坡、挡墙、顺坝和钉坝等。

4. 排导工程

其作用是改善泥石流流势，增大桥梁等建筑物的排泄能力，使泥石流按设计意图顺利排泄。排导工程，包括导流堤、急流槽、束流堤等。

5. 拦挡工程

拦挡工程是指用以控制泥石流的固体物质和暴雨、洪水径流，削弱泥石流的流量、下泄量和能量，以减少泥石流对下游建筑工程的冲刷、撞击和淤埋等危害的工程措施。拦挡措施有拦渣坝、储淤场、支挡工程、截洪工程等。

对于防治泥石流，常采用多种措施相结合，比用单一措施更为有效。

第九章　勘查方法及技术要求

第一节　依据及基本要求

(1) 地基岩土工程勘察工作的主要依据如下。

①国家或行业、地方现行技术标准:

《岩土工程勘察规范》(GB 50021—2001)。

《建筑地基基础设计规范》(GB 50007—2011)。

《建筑抗震设计规范 (附条文说明)(2016 年版)》(GB 50011—2010)。

《土工试验方法标准》(GB/T 50123—2019)。

《地基旁压试验技术标准》(JGJ/T 69—2019)。

《建筑桩基技术规范》(JGJ 94—2008)。

《铁路工程抗震设计规范》(GB 50111—2006)。

②建设方提供的建筑总平面图及拟建 (构) 筑物的性质。

③场地周边已有的工程地质和水文地质勘查资料成果。

(2) 地基岩土工程勘查应在了解荷载、结构类型、变形要求的基础上进行，其主要工作内容应符合下列规定。

①查明场地与地基的稳定性、地层的类别、厚度和坡度、持力层和下卧层的工程特性、应力史和水利条件等。

②提供满足设计、施工所需的岩土工程技术参数。

③确定地基承载力，预测地基沉降及其均匀性。

④提出地基及基础设计方案建议。

第二节　工程勘察阶段

一、可行性研究勘查阶段

(1) 可行性研究勘查阶段，应对拟建场地的稳定性和适应性作出评价，并应符合下列要求。

①搜集区域地质、地形地貌、地震、矿产、当地的工程地质条件、岩土工程和建筑经验等资料。

②在充分搜集和分析已有资料的基础上，通过踏勘了解场地的地层、构造、岩性、不良地质作用和地下水等工程地质条件。

③对工程地质条件复杂，已有资料不能满足要求，但其他方面条件较好且倾向于选取的场地，应根据具体的情况进行工程地质测绘及必要的勘探工作。

(2) 确定建筑场地时，在工程地质条件方面宜避开下列的地区或区段。

①不良地质现象发育且对场地稳定性有直接危害或潜在威胁的。

②地基土性质严重不良的。

③对建筑物抗震有危险的。

④地下有未开采的有价值矿藏或未稳定的地下采空区。

二、初步勘查阶段

(1) 初步勘察阶段应对场地内建筑物地段的稳定性做出岩土工程评价，主要进行下列工作。

①搜集可行性研究阶段岩土工程勘察报告，取得建筑区范围的地形图及有关工程地质性质、规模的文件。

②初步查明地层、构造、岩土物理力学性质、地下水埋藏条件及冻结深度。

③查明场地下不良地质现象的成因、成分、对场地稳定性的影响与其发展趋势。

④对抗震设防烈度大于或等于Ⅵ度的场地，应对场地和地基的地震效应做出初步评价。

⑤季节性冻土地区，应调查场地土的标准冻结深度。

⑥初步判定水和土对建筑材料的腐蚀性。

⑦高层建筑初步勘察时，应对可能采取的地基基础类型、基坑开挖与支护、工程降水方案进行初步分析评价。

(2) 初步勘查应在搜集分析已有资料的基础上，根据需要进行工程地质测绘或调查及勘探、测试和物探工作。

勘探点、线、网的布置应符合下列要求：

①勘探线应垂直勘探单元边界线、地质构造线及地层界线。

②宜按勘探线布置测点，并在每个地貌单元及其交接部位布置勘探点，在微地貌和地层变化较大的地段，勘探点应予以加密。

③在地形平坦地区，可按方格网布置勘探点。

(3) 控制性勘探孔宜占勘探孔深度总数的 1/5 ~ 1/3，且每个地貌单元或每幢重要建筑物均应有控制性勘探点。

(4) 当遇下列情况之一时，应适当增减勘探孔深度。

①当勘探孔的地面标高与预计整平地面标高相差较大时，应按其差值调整勘探孔深度。

②在预定深度内遇基岩时，除控制性勘探孔仍应钻入基岩适当深度外，其他勘探孔达到确认的基岩后即可终止钻进。

③在预定深度内有厚度较大且分布均匀的坚实土层（如碎石土、密实砂、老沉积土等）时，除控制性勘探孔应达到规定深度外，一般性勘探孔的深度可适当减小。

④当预定深度内有软弱土层时，勘探孔深度应适当增加，部分控制性勘探孔应穿透软弱土层或达到预计控制深度。

⑤对重型工业建筑应根据结构特点和荷载条件适当增加勘探孔深度。

(5) 初步勘查取土试样和原位测试工作应符合下列要求。

①取土试样和进行原位测试的勘探点应结合地貌单元、地层结构和土的工程性质布置，其数量可占勘探点总数的1/4～1/2。

②取土试样或原位测试的数量和竖向间距，应按地层特点和土的均匀程度确定。每层土均应采取土试样或进行原位测试，其数量不少于6个。

(6) 初步勘查时，应进行下列水文地质工作。

①调查含水层的埋藏条件、地下水类型、补给和排泄条件，实测各层地下水位，并初步确定其变化幅度；必要时应设长期观测孔。

②当需绘制地下水等水位线时，应统一观测地下水位。

③当地下水有可能浸没或浸湿基础时，应根据其埋藏特征采取有代表性的水试样进行腐蚀性分析，其取样地点不应少于2处。水、土对建筑物材料和金属的腐蚀性评价，应符合相关规范的规定。

三、详细勘查阶段

(1) 详细勘察阶段，应按单体建筑物或建筑群提出详细的岩土工程资料和设计所需的岩土工程参数，对建筑地基应作出岩土工程分析评价，并应对基础设计、地基处理、基坑支护、工程降水和不良地质作用的防治等提出建议。主要应进行下列工作。

①取得附有坐标及地形的建筑物总平面布置图，各建筑物的地面整平标高，建筑物的性质、规模、结构特点，可能采取的基础形式、尺寸、预计埋置深度，对地基基础设计的特殊要求等。

②查明不同地质现象的成因、类型、分布范围、发展趋势及危害程度，并提出

评价与整治所需的岩土技术参数和整治方法建议。

③查明建筑物范围各层岩土的类别、结构、厚度、坡度、工程特性，计算和评价地基的稳定性和承载力。

④对需进行沉降计算的建筑物，提供地基变形计算参数，预测建筑物的沉降、差异沉降或整体倾斜。

⑤对抗震设防烈度大于或等于Ⅵ度的场地，应划分场地土类型和场地类别；对抗震烈度设防大于或等于Ⅲ度的场地，尚需分析预测地震效应，判定饱和砂土和饱和粉土的地震液化，并应计算液化指数。

⑥查明地下水的埋藏条件。基坑降水设计时尚应查明水位变化幅度与规律，提出地层的渗透性。

⑦按有关规定判定环境水对建筑材料和金属材料的腐蚀性。

⑧判定地基土和地下水在建筑物施工和使用期间可能产生的变化及其对工程的影响，提出防治措施及建议。

⑨对深基坑开挖尚应提供稳定计算和支护设计所需的岩土工程技术参数；论证和评价基坑开挖及对临近工程的影响。

⑩提供桩基设计所需的岩土技术参数，并确定单桩承载力；提出桩的类型、长度和施工方法等建议。

(2) 详细勘察的勘探点布置应按岩土工程勘察等级确定，并应符合下列规定。

①对安全等级为一级、二级的建筑物，宜按主要柱列线或建筑物的周边线布置勘测点；对三级建筑物可按建筑物或建筑群的范围布置勘测点。

②对重大设备基础应单独布置勘探点；对重大的动力机器基础，勘探点不宜少于 3 个。

③在复杂地质条件或特殊岩土地区宜布置适量的探井。

④高耸构造物应专门布置必要数量的勘探点。

(3) 详细勘察勘探孔的深度自基础底面算起，其值应符合下列规定。

①对按承载力计算的基础，勘察孔深度应能控制地基主要受力层。当基础底面宽度不大于 5m 时，勘探孔深度对条形基础应为基础底面宽度的 3 倍；对单独柱基应力为 1.5 倍，但不小于 5m。

②大型设备基础勘探孔深度不宜小于基础底面的 2 ~ 3 倍。

③对需要进行变形验算的地基，控制性勘探孔的深度应超过地基沉降计算深度，并考虑相邻基础的影响。

④当有大面积底面荷载或软弱下卧层时，应适当加深钻探孔的深度。

(4) 详细勘查取样和测试应符合下列要求。

①取土试样和进行原位测试的孔（井）数量，应按地基土的均匀性和设计要求确定，并宜取勘察孔总数的1/2～2/3，对安全等级为一级的建筑物每幢不得少于3个。

②取土试样在原位测试点的竖向间距，在地基主要受力层内宜为1～2 m；对每个场地和每幢安全等级为一级的建筑物，每一主要土层的原状土式样不少于6件；同一土层的孔内原位测试数据不应少于6组。

③在地基土持力层内，对厚度大于50cm的夹层或透镜体应采取土试样或进行孔内原位测试。

④当土质不均或结构松散，难以采取土试样时，可采用原位测试。

四、施工勘察阶段

当遇到下列情况之一时，应配合设计施工单位进行施工勘察。

(1) 对安全等级为一级、二级的建筑物，应进行施工验槽。

(2) 基槽开挖后，岩土条件与原勘察资料不符时，应进行施工勘察。

(3) 在地基处理及深基开挖施工中，宜进行检验和监测工作。

(4) 地基中溶洞或土洞较发育，应查明原因，进行监测并提出处理建议。

(5) 施工中出现有边坡失稳危险，应查明原因，进行监测并提出处理建议。

第三节　高层建筑施工勘察

一、勘探点的布置要求

高层建筑详细勘察勘探点的布置，除应符合上述要求外，还应满足下列要求。

(1) 勘探点应按建筑物周边线布置，角点和中心点应有勘探点。

(2) 勘探点的布置应满足纵横方向对地层结构和均匀性的评价性要求，其间距宜取15～35m。

(3) 高层建筑群可共同勘探点按网格布点。

(4) 特殊体型的建筑物应按其体型变化布置探点。

(5) 单幢高层建筑的勘探点不应少于4个，其中控制性勘探点不少于勘探点总数的1/3且不少于2个。

二、勘探孔的深度要求

高层建筑勘探孔的深度宜按下列要求确定。

(1) 当采用箱形基础或筏板基础时，控制性勘探孔深度应大于压缩层的下限。

(2) 当采用桩基或墩基基础时，勘探孔深度应符合下列规定：

①对于端承桩或以端承力为主的桩（墩），控制性勘探点深度应达到预计桩尖平面以下 3 ~ 5 m 或 6 ~ 10 倍桩身宽度（直径）；一般性勘探点应达到预计持力层内 1 ~ 2 m。对于基岩持力层，控制性勘探点应达到微风化内 3 ~ 5 m；一般性勘探点深入微风化带 1 ~ 2 m；遇断层破碎带应予钻穿，进入较完整岩体 3 ~ 5 m。

②对于摩擦桩或以摩擦桩为主的桩，控制性勘探点的深度应超过预计桩长 3 ~ 5 m；一般性勘探点应超过预计桩长 1 ~ 2 m。当需计算群桩变形时，可将桩群视为假想的实体基础，此时控制性勘探点的深度应超过桩尖平面算起的压缩层深度，需要考虑压缩层深度（b 为假想的实体基础底面宽度），亦可按附加压力与自重压力之比为 20% 计算。在此深度内，如遇到不可压缩的坚硬土层，可终止勘探。

三、相关方案建议

高层建筑的详细勘察应判明深基坑稳定性及其对相邻工程保护的影响，并应提出设计计算所需的岩土工程技术参数和方案建议。

当埋深低于地下水位时，应根据施工降水和临近工程保护的需要，提供降水设计所需的计算参数和方案建议；必要时应进行抽水试验等水文地质测试。

第四节　勘探与取样

一、勘探

（一）基本规定

(1) 当需要查明岩土的性质和分布，在进行采取岩土试样或进行原位测试时，可采用钻探、井探、槽探、硐探和地球物理勘探等。勘探方法的选取应符合勘查目的及岩土的特性。

(2) 布置勘探工作时应考虑勘探对工程及自然环境的影响。钻孔、探井、探槽及探硐完工后宜妥善回填。

(3) 静力触探、动力触探作为勘探手段时应与钻探等其他勘探方法配合使用。

（二）钻探

(1) 钻探方法可根据地层类别及勘查要求选择。

(2) 勘探浅部土层可采用下列钻探方法。

①小口径麻花钻（或提土钻）钻进。

②小口径勺形钻钻进。

③洛阳铲钻进。

(3) 钻探口径及钻具规格符合现代国家标准的规定。成孔径应满足取样、测试以及钻进工艺的要求。

(4) 钻探应符合下列规定。

①钻进深度和岩土分层深度的测量误差范围为 ±0.05 m。

②非连续取芯钻进的回次进尺，对螺旋钻探应在1m以内；对岩芯钻探应为2m以内。

③对鉴别岩土天然性质的钻孔，在地下水位以上应进行干钻。当必须加水或使用循环液时，应采用双层岩芯管钻进。

④岩芯钻探的岩芯采取率，对一般岩石不应低于80%，对破碎岩石不应低于65%。对需要重点查明的部分（滑动带、软弱夹层等）应采用双层岩芯管连续取芯。当需确定岩石质量指标RQD时，应采用75 mm口径（N型）双层岩芯管，且宜采用金刚石钻头。

(5) 钻孔的记录和编录应符合下列要求。

①野外记录应由经过专业训练的人员承担。记录应真实、及时，按钻进回次逐段填写，严禁事后追记。

②钻探现场描述可采用肉眼鉴别和手触方法，有条件或勘察工作有明确要求时，可采用微型贯入仪等定量化、标准化的方法。

③钻探成果可用钻孔野外柱状图表示。岩土芯样可根据工程要求保存一定期限或长期保存，亦可拍摄岩、土芯彩照纳入勘察成果资料。

④野外鉴别地基土要求快速，但又无仪器设备，主要凭感觉和经验。对碎石土和砂土的颗粒大小鉴别方法，常规是利用日常的食品如绿豆、小米、砂糖、玉米面的颗粒物作为标准，来进行对比鉴别；对黏性土和粉土的鉴别方法，可根据手搓滑腻感或砂感等感觉，加以区分和鉴别。土的野外鉴别描述内容如下：

a. 颜色：土样的颜色取决于组成该土的矿物成分和含有的其他成分。描述时次色在前，主色在后。例如，黄褐色，以褐色为主色，黄色为次色。若土中含氧化铁，则土呈红色或者棕色；土中含有有机质，则土呈黑色；土内含较多的碳酸钙、高岭土，则土呈白色。

b. 密度：土层的松密是鉴定土质优劣的重要方面。在野外描述时可根据钻进的速度和难易，来判别土的密实程度。同时可在钻头提取后，在钻头侧面窗口部位用刀切出一个新鲜面来观察，并用大拇指加压的感觉来判定松密。在钻孔记录表上注明每一层土属于密实、中密或者稍密。

c. 湿度：土的湿度分为干燥、稍湿、湿润与很湿（饱和）四种。

通常，地下水位埋藏深，在旱季地表土层往往是干燥的；接近地下水位的黏性土或者粉土因毛细水上升；往往是湿润的；在地下水位以下，一般是饱和的。

d. 黏性土的稠度状态：黏性土的稠度是决定土工程性质好坏的一个重要指标，根据稠度可将黏性土状态分为坚硬、硬塑、可塑、软塑、流塑五种。

e. 充填物：土中含有其他的物质。例如，碎砖、瓷片、炉渣、贝壳、铁锰质结核等。有些地区粉质黏土或粉土中含坚硬的碳酸钙结核（俗称姜结石）。海滨等地区往往含有贝壳。记录表中应注明充填物的大小、颜色和含量。

f. 其他：碎石土与砂土应该描述级配、砾石含量、最大粒径、主要矿物成分。黏性土还应该描述断面形态、孔隙大小、粗糙程度、是否有层理等。邻近设施对土质的影响，如管道漏水则使得黏性土稠度变软、地下水位抬高等。

（三）井探、槽探、硐探

（1）当钻探方法难以准确查明地下情况时，可采用探井、探槽进行勘探。

在坝址、地下工程、大型边坡等勘察中，当需详细调查深部岩层性质及其构造特征时，可以采用竖井或平洞。

（2）探井的深度不宜超过地下水位。竖井和平洞的深度、长度、断面按工程要求确定。

（3）对探井、探槽、探硐除文字描述记录外，尚应以剖面图、展开图等反映井、槽、洞壁及底部的岩性、地层分界、构造特征、取样及原位试验位置，并辅以代表性部位的彩色照片。

二、岩土取样

（1）土试样质量可根据试验目的分为四个等级：Ⅰ——不扰动、Ⅱ——轻微扰动、Ⅲ——显著扰动、Ⅳ——完全扰动。

（2）在钻孔中采取Ⅰ、Ⅱ级土试样时，应满足下列要求。

①在软土、砂土中宜采用泥浆护壁。如使用套管，应保持管内水位等于或稍高于地下水位，取样位置应低于套管底部 3 倍孔径以上的距离。

②采用冲洗、冲击、振动等方式钻进时，应在预计取样位置 1m 以上改用回转钻井。

③下放取土器前应仔细清孔，孔底残留浮土厚度不应大于取土器废土段长度

(活塞取土器除外)。

④采取土试样宜用快速静力连续压入法，亦可采用重锤击方法，但应有导向装置，避免锤击时摇晃。

(3) Ⅰ、Ⅱ、Ⅲ级土试样应妥善密封，防止湿度变化，并避免暴晒或冰冻。在运输中应避免震动，保存时间不宜超过3周。对易于震动液化和水分离析的土试样宜就近进行试验。

(4) 岩石试样可利用钻探岩芯或在探井、探槽、竖井、平硐中采取。采取的毛样尺寸应满足试块加工的要求，试样形状、尺寸和方向由岩体力学试验设计确定。

第五节　原位测试

原位测试是指在岩土体所处的位置，基本保持岩土体原来的结构、湿度和应力状态，对岩土体进行的测试。原位测试也称原位试验或现场试验，目的是获得所测岩土层的物理力学性质指标，进行岩土层的划分以及工程施工质量检测等。原位测试适用的地层包括黏性土、粉土、砂性土、碎石土、软弱岩层、各种岩体以及各种类型人工土等。

原位测试的优点：可在拟建工程场地或现场边坡等岩土体上直接进行测试，基本保持了岩土体的现场原状试验条件，使试验结果更接近于实际；原位测试采用的岩土体试样要比室内试验样品大得多，因此更能反映岩土体的宏观结构（如裂隙、夹层等）对岩土体性质的影响；原位测试技术针对不同的岩土体均有相应的测试手段和方法；岩土体的原位测试，大多具有快速、经济的优点，并且能够与室内试验相互验证补充。

原位测试的缺点：岩土体的原位测试同样具有试样尺寸的局限性，所测参数也只能代表一定范围内的岩土体物理力学性质；有的原位测试方法是间接测试岩土体的物理力学性质，测试机制及应用有待进一步研究，测试参数具有统计意义；部分原位测试方法试验周期长，试验操作程序复杂，试验成本高，工程应用不易推广；目前原位测试自动化技术应用程度相对较低。

原位测试方法是解决大型、复杂岩土工程问题及其技术研究的主要手段之一。随着自动化测试技术和信息化技术的不断应用，原位测试的试验精度和试验进度也不断提高，同时，在原位测试基础上发展的现场在线监测测试技术也得到广泛应用和发展，进而推动了岩土工程技术的不断进步。

岩土工程中的原位测试常用技术包含如下种类：

(1) 载荷试验（平板、螺旋板）；
(2) 静力触探试验；
(3) 圆锥动力触探试验；
(4) 标准贯入试验；
(5) 十字板剪切试验；
(6) 旁压试验；
(7) 扁铲侧胀试验；
(8) 现场剪切试验；
(9) 波速测试；
(10) 岩体原位应力测试；
(11) 激振法测试。

不同的原位测试方法有其适用范围和研究问题的针对性。因此，原位测试方法的选择应充分考虑工程类型或岩土工程问题、岩土条件、设计对参数的要求、地区经验和测试方法的实用性等因素。在选用原位测试方法和布置原位测试时，应注意各原位测试方法之间及其与钻探、室内试验的配合和对比。根据原位测试成果，利用地区经验关系估算岩土的物理力学参数和地基承载力时，应检验其可靠性，并与室内试验和已有的工程反算参数进行对比。分析原位测试成果资料时，应注意仪器设备、试验条件、试验方法等对试验成果的影响，结合地层条件，剔除异常数据。

第六节　室内土工试验

一、基本规定

(1) 岩土性质的室内试验项目和试验方法的确定应符合本章的规定；其具体操作和试验仪器应符合现行国家标准《土工试验方法标准》(GB/T 50123—2019) 和国家有关岩土试验方法的规定。岩土工程评价时所选用的参数值，宜与相应的原位测试成果或原型观测反分析成果比较，经修正后确定。

(2) 试验项目及试验方法，应根据工程和岩土性质的特点确定。当需要时应考虑岩土的原位应力场和应力史，工程活动引起的新应力场和新边界条件，使试验条件尽可能接近实际；并应注意土的非均质性、非等向性和不连续性以及由此产生的岩土体与岩土试验在工程性状上的差别。

(3) 对特种试验项目，应制定专门的试验方案。

二、土的物理性质试验

（一）颗粒分析

试验方法：筛析法、比重计法。

试验目的：测定不同颗粒组在土体的百分含量。

（二）土的密度试验

试验方法：环刀法、蜡封法。

试验目的：测定单位土的质量。

（三）土的含水率试验

试验方法：烘干法。

试验目的：测定土中水分质量与固体颗粒质量的比例。

w 为土中水分质量与固体颗粒质量比例，按下式计算：

$$w=(M_2-M_1)/(M_1-M)\times 100\% \tag{9-1}$$

式中：

M——空盒的质量（g）；

M_2——空盒加湿样的质量（g）；

M_1——空盒加干样的质量（g）。

（四）土的液限（w_L）、塑限（w_P）试验

液限（wL）：由流动状态转向塑性状态时的界限含水量，即保持塑性状态的最高含水量称为液限。

塑限（wP）：由塑性状态过渡到半固体状态时的界限含水量，即保持塑性状态的最低含水量称为塑限。

试验方法：圆锥仪法、搓条法。

试验目的：测定土的界限含水率。

土的塑限指数（I_p）、液限指数（I_L）按式（9-2）、式（9-3）计算。

$$I_P=w_L-w_P \tag{9-2}$$

$$I_L=(w-w_P)/I_P \tag{9-3}$$

(五) 击实试验

试验方法：标准击实法、简易击实法。

试验目的：测定干密度 (ρ_d) 与含水量 (w) 关系，确定最大干密度、最优含水率。

三、土的力学性质试验

(一) 土的压缩变形试验

分为常规法和快速压缩试验两种。

(1) 校正后的总变形量：对于快速压缩试验，应按下式校正各级荷载下的总变形。

$$\sum \Delta h_i = h_{it}\frac{h_{iT}}{h_{nt}} = Kh_{it} \tag{9-4}$$

式中：

$\sum \Delta h_i$ ——某级荷载下校正后的总质量 (mm)；

h_{it} ——某级荷载下压缩 1h 的总变形量减去该荷载下仪器的变形量 (mm)；

h_{nt} ——最后一级荷载下压缩 1h 的总变形量减去荷载下的仪器变形量 (mm)；

h_{iT} ——最后一级荷载下变形结束后总变形量减去荷载下的仪器变形量 (mm)；

Kh_{it}——校正系数。

(2) 初始孔隙比：$e_0 = p_s(1+0.01w_0)/\rho_0 - 1$。

(3) 各级荷载下的单位沉降量：$S_i = \sum(\Delta h_i / h_0)\times 1000$。

(4) 某一荷载范围内的压缩系数：$a = (e_i - e_{i+1})/(P_{i+1} - P_i)$。

(5) 某一荷载范围内的压缩模量：$E_s = (P_{i+1} - P_i)/[(S_{i+1} - S_i)\times 1000]$。

式中：

p_s ——土粒密度 (g/cm^3)；

w_0 ——初始含水率 (%)；

ρ_0 ——初始密度 (g/cm^3)；

$\sum \Delta h_i$ ——某级荷载下校正后的总变形量 (mm)；

h_0 ——试验初始高度 (mm)；

P_i ——某级荷载值 (kg/cm^3)。

以单位沉降量 S 或孔隙比 e 为纵坐标，压力 P 为横坐标，绘制单位沉降量或孔隙比与压力的关系曲线。

(二) 土的直接剪切试验

在不同的法向应力作用下，施加剪切力，求得破坏时的最大剪切力 τ。根据 τ-p 曲线，确定土的抗剪强度参数：内摩擦角 (φ)、黏聚力。

试验仪器：应变控制式、应力控制式直剪仪。试验方法：快剪、固结快剪、慢剪。

按下式计算应变式直剪应变及剪位移：

$$\tau = CR \tag{9-5}$$

$$r = 20n - R \tag{9-6}$$

式中：

τ——剪应力 (kg/cm^3)；

C——量力环率定系数 (kPa/0.01mm)；

r——剪切位移 (0.01mm)；

n——手轮转数；

R——量力环读数 (0.01mm)。

以抗剪强度为纵坐标，法向应力为横坐标，绘制 τ-P 关系曲线。根据各点连一直线，该直线倾角为土的内摩擦角 (φ)，直线在纵坐标轴上的截距为土的黏聚力。

第七节　地下水调查

一、调查内容

(1) 评价水、土对素混凝土、钢筋混凝土结构的腐蚀性，应调查下列内容。

①场地气候条件，或干燥度指数 K 值。

②场地的冰冻区，应根据月平均温度确定，当月平均温度大于 0℃时为不冻区；-4℃ ~ -0℃时为微冻区，-8℃ ~ -4℃为冰冻区；小于 -8℃为严重冰冻区。

③场地标准冻深和地面下水冰的温度梯度。

④场地地层的透水层，分为强透水层和弱透水层。

⑤场地的海拔高度。

(2) 评价水、土对钢结构的腐蚀性，应调查下列内容。

①土质类别的野外鉴别。

②土层剖面均匀性、密实度、干湿度、通气性的定性描述。

③土的硫酸物反应和碳酸盐反应检验。

二、取样

水、土腐蚀性的测试，应按下列规定取样。

（1）混凝土或钢结构处于地下水位以下时，应取土样和地下水水样，并应分别作土、水腐蚀性测试。

（2）混凝土或钢结构处于地下水位以上时，应取土样做土的腐蚀性测试。

（3）混凝土或钢结构处于地表水中时，应取地表水做水的腐蚀性测试。

三、地下水参数测定

（一）基本规定

（1）岩土工程勘察中，凡遇含水地层均应测定地下水位。可在钻孔或探井内直接测量初见水位和静止水位。

（2）静止水中的测量应有一定的稳定时间，其稳定性时间按含水地层的渗透性确定，必要时宜在勘查结束后统一测量静止水位。

（3）当采用泥浆钻进时，测水位前应将测水管打入地层 20 cm 或洗孔后测量。

（4）对多层含水层的水位测量，必要时应采用去止水措施，使测量水层与其他水层隔开。

（5）测量读数单位为 cm，误差不得大于 3 cm。

（二）地下水流速及流量测定

测定地下水流向宜采用几何法，在场地内不应少于 3 个钻孔，孔距按岩土渗透性、水力梯度、地形坡度确定，一般为 50 ~ 100 m。应同时测量各孔内水位，用等水位线的垂线确定流向。

地下水流速测定宜采用指示剂法或充电法。

（三）注水、抽水和压水试验

（1）注水试验可在试坑中或钻孔中进行。对毛细管作用不大的砂土和粉土，宜采用试坑法或单环法；对黏性土宜采用双坑双环法；对于试验深度较大或无地下水的各类岩土宜采用钻孔法。

（2）抽水试验应符合下列规定。

①抽水试验宜进行 3 次降深，最大降深应接近工程设计所需的地下水位标高。

②水位测量应采用同一方法和仪器，其精度对抽水孔单位为 cm，对观测孔单位

为 mm。

③稳定标准为抽水流量和动水位与时间的关系曲线在一定范围内波动，而没有持续上升和下降。

④抽水结束后宜测量恢复水位。

(3) 压水试验应符合下列规定。

①压水试验孔位，应根据工程地质测绘和钻孔资料，并结合工程类型、特点确定。

②压水试验应按岩层的不同特性划分试验阶段，试验段的长度宜为 5 ~ 10 m。

③按需要确定试验的起始压力、最大压力、压力级数。

④每 10 min 记录一次压入水量，当连续 4 次记录的最大值或最小值与最终值之差分别小于最终值的 5% 时，其值即为该级压力下的最终压入水量。

⑤压力应由小到大逐级加载，达到最大压力后再由大到小逐级减小到起始压力，并及时绘制压力与压入水量的相关图。

(四) 毛细水及孔隙水压力测定

(1) 毛细水及孔隙水压力测定方法对黏土、粉土可采用试坑直接观测塑限含水量法；对砂土可采用最大分子含水量法。

(2) 孔隙水压力的测定应符合下列规定。

①孔隙水压力的测定方法可按规范确定。

②孔隙水压力测试点应根据地层岩性、工程性质和基础形式进行布置。

③测压计的安装埋设要符合有关安装技术规定。

④现场测试的数据应及时进行分析整理，出现异常时应找出原因，并采取相关措施。

四、地下水调查过程中水文地质勘查

(一) 拟建地下水环境影响评价的背景

我国幅员辽阔，资源丰富，不同地区的地形地貌存在一定差异，不同地区地质条件分布不同。目前，我国的地下水资源在各个地区都处于不平衡状态，主要原因是地下水资源的保护和开发没有科学规范，很多地区的水资源污染严重。资源的数量也不同。目前，我国地下水资源开发面积正在逐渐减少。为有效提高不同地区地下水资源的保护和开发标准，选择和改进科学合理地推广等方法。

(二) 地下水勘探与水文地质研究相关内容

水文地质研究是地下水勘探的重要组成部分。其主要任务是对地下水的水质、水的理化性质和水的动力学进行必要的研究和检测。接下来，确定地下水是否受到污染，是否腐蚀地下建筑物，是否适合人们的饮用水和生活用水。通过实施该项目，还可以判断该地区的地下水是否会塌陷等各种情况。

1. 水文地质系

项目地质环境复杂。与正常水资源相比，地下水有许多相似之处和特点。地质环境的勘探划分为不同的单元。水文地质类型划分通常遵循向环境和地质结构类别的转变，以促进地质特征的勘探。水文地质分区的原则如下：结合地下水评价开展水文地质类型区划调查，加强岩土成因研究，开展区域水文地质调查。因此，对岩石类型和地下水结构进行分析，确定水文地质类型划定勘探范围。

2. 水文地质工作在地下水勘探中的重要性

尽管水文地质与土木工程地质有着密切的联系，但在一系列工程勘探活动中，水文地质问题往往被忽视。地下水是岩石工程的重要组成部分，对岩石工程有重大影响。它还对建筑物的稳定性和耐用性产生巨大影响。因此，工程研究中的水文地质支持被认为是一项非常重要的活动。

3. 水文地质研究的主要内容

以往的经验表明，如果不按照工程的实际设计和施工要求进行地下水勘探，就会发生很多地下水事故，如建筑裂缝、地面沉降等。因此，需要进行严格的地下水地质勘探来解决这些水文地质问题。在水文地质施工中，建筑物建在地下水位以下，因此应考虑基础桩混凝土和混凝土中钢筋的耐腐蚀性能。如果建筑物的基础支撑层采用了一些不利的岩土结构，如强风化岩土、软岩土、膨胀土，地下水含水层中的持续水源活动会破坏这些结构，导致基础支撑层出现问题，因此研究地下水入渗活动的影响是非常重要的。在地质学中，这会导致这些岩石出现裂缝、体积变化和强度降低。如果勘探区下方的含水层属于压力带，则计算评估压力带含水层开挖后对基坑底板造成破坏的可能性。如果建筑物的深基坑在地下水位以下，则进行渗透和浸水测试，仔细分析由于人工下降地下水位而危及结构的地下水环境变化的可能性。

(三) 地下水勘探水文地质讨论注意的事项

1. 识别相关水文地质资料

开展地下水勘探水文地质作业，需要掌握一定的基础知识。首先要学习的是相关地区的水文地质资料。相关水文局将在其管辖范围内进行必要的地下水勘探，记录相关数据。地下水的水文特性会随着时间的推移而变化，但仍然可以了解一般数据。因此，在地下水勘探的水文地质研究中，首先要找到相关的水文地质资料。

2. 了解水文地质评论内容

不同的水文地质学家对特定地区的地下水有不同的看法。如果想更好地开展地下水水文地质作业，了解相关水文地质审查的内容，这些评论的内容是有意义的，在地下水勘探中开展水文地质作业是有利的。因此，相关运营商在开展研讨会时可以学习和分析相关的水文地质讨论和评论。

(四) 地下水水质调查 / 评价方法

1. 如何从工程角度评价地下水水质

建设项目在基础施工过程中从三个方面进行水文地质研究，以确保及时讨论问题。首先，是地下水对工程的影响，埋在混凝土地下水位以下的建筑物地基水的腐蚀情况，混凝土钢筋是否受到影响。然后选用软岩、加筋土、富余土、膨胀土等。当使用这类基岩或土壤作为基础支撑的施工场地时，强调地下水活动对上述岩石的影响。其次，地基的压缩层具有松散、丰满的细砂，预测钻孔、流沙和管道潜力。如果基础底部有承压含水层，则计算开挖，对承压水进行评价，冲刷基坑。如果基坑开挖低于地下水位，应进行入渗和水浓度测试，并评估人工土壤沉降和边坡失稳的潜在降水，但是这样做会影响斜坡的稳定性。

2. 如何从岩体特征评价地下水水质

基岩水质是指基岩与地下水发生相互作用时的各种水质。岩石和土壤的物理特性之间存在一定的关系。岩石和土壤是酸碱的，水也是酸碱的。假设这些特性可以相互作用，它会影响岩石和土壤的强度并且容易其变形。一些特性也会影响建筑物的稳定性。本文从地下水的存在及其对岩土水力和物理性质的影响入手，讨论了岩土的一些重要水力和物理性质及其研究和试验方法。土壤中储存水质的方法主要是水、毛管水和重力水的组合。检测地球工程土壤水性的主要方法对水文研究有重要意义。

方法 1：软化。所谓软化，是指在水中浸泡后，基岩上部软化，机械强度下降的性质。相应的软化系数通常用来表示软化系数，是确定岩石抵抗洪水和风化能力的重要目标。

方法 2：渗透性研究。所谓渗透性，是指岩石和土壤在重力的影响下允许水通过自身的性质。松散岩石上的颗粒越细、越不均匀，渗透率越低。

方法 3：塌陷研究。所谓塌陷，是指岩石变湿无水后，土粒间的结合力可能减弱或破坏，导致土体分离、塌陷。

方法 4：供水研究。所谓供水，是指肥沃的岩石和土壤在恒水作用下，重力可以从孔隙和缝隙中自由流动的作用。

方法 5：膨胀和收缩的研究。所谓膨胀和收缩是指岩石和土壤的体积在吸水时增加，在失水时减少。岩土的膨胀是指岩土体中含有大量的亲水性黏土矿物成分，在环境湿度变化时有较大的体积变化。

（五）影响地下水环境污染的主要原因

1. 大范围大量开采

由于地下水的长期开采和使用，水质会发生一定程度的变化。由于边界条件的变化和人为影响，其他水位将逐渐流入含水层。一般来说，淹水水质较差，引水工程的水管会沉淀化学物质，影响水质。同时，如果含水层的水动力发生一定程度的变化，溶解在地下水中的物质的化学平衡也会相应发生变化，对水质造成严重影响，会出现新的水化学环境。

2. 地下水污染问题严重

目前，我国大部分地区存在严重的地下水污染问题，污染水环境的因素主要包括工业、农业和人类生活。在工业生产过程中，由于缺乏环保意识，有的企业生产过程中产生的废水不经处理直接排放，如果地下水污染防治措施不够全面，企业排放的废水就会外排，这是造成地下水直接污染的原因之一。更严重的是，如果一些企业排放的废水中含有重金属、油类等污染物，这些污染物进入地下水就会造成水污染的持续性问题，处理难度很大，严重危害水环境。因此，为防止地下水污染，将重点关注工业生产对地下水的污染，不断加强对污水排放的控制，制定更严格的排放标准，防止工业生产对地下水的污染，从根本上解决问题。有效的治理措施能够确保地下水资源之间形成良好的生态环境。

（六）地下水环境影响评价中水文地质调查工作的主要方法

1. 严格整理和确认水文地质资料

在进行水文地质环境调查时，首先要充分了解水文地质基本情况及相关知识理论，通过查阅文献的方法更有效地了解基本情况。然后将区域水文局的相关信息与相关的地下水勘探数据结合起来，进行综合收集和放置，以详细了解该地区地下水的实际变化和趋势。全面详细地参考已有资料，可以更有效地提高水文地质调查研究及相关工程实施的适用性和准确性。

2. 严格深入的水文地质调查

首先，要从根本上有效保障水文地质精度显著提高。在应用该方法的过程中，根据相关领域的特殊情况进行有针对性的调整，以进一步提高调查的准确性。观测路线的科学合理选择也是有效提高勘测精度的必要条件，通常在水文地质勘探工作中放置相应的路线，目标设计为河流和河谷，并结合趋势。同时根据地下水流向做出科学合理的决策。一般情况下，应根据上下游河流的具体情况设置相应的采样点，保证每 5km 设置一个采样点。

3. 勘察钻孔布置

铺设勘探孔的基本目的是全面、详细地分析含水层的具体情况，了解岩石组合和关键特征。在澄清调查结果后，如果含水层暴露出来，将更有效地阻断含水层与下伏含水层的联系，使含水层调查数据更加准确和信息丰富。

4. 如何监测地下水环境

地下水环境监测过程中，须对地下水的流动、化学成分、空间分布等信息有更全面、更详细的了解，重点是对地下水水质、水文等相关情况的动态监测。一些相关内容可通过地下水获得。环评工作取得良好成效，数据基础设施全面整合。如果将地下水等级分为 1 级和 2 级，则应在全区开展相应的低水位、丰度、水位和水质监测。当地下水环境影响评价等级为 3 级时，应对枯水期的水质和水位进行可靠监测。

5. 水的理化性质研究

水文地质勘探侧重于对水的物理化学性质的研究，实际研究过程中成立相关的专家和部门团队，对水体的性质进行全面深入地研究配备检测技术和设备。

6. 有效的渗透测试

首先，水文测量员应选择一个更合适的测试地点。在大多数情况下，所涉及的工作人员将根据建筑物的平面图作出有针对性的选择。在特殊情况下，可以在地下水污染的建筑物中选择一个房间并进行相应的测试。其次，在渗透测试过程中，严格按照一定的规则进行测试，并在测量渗透时进行现场钻孔，使测试更加准确。

第十章　地基岩土工程评价与计算

第一节　地基岩土力学试验参数的数理统计分析

一、划分统计单元体和统计图表

（1）首先按地貌单元、地层层位、成因类型、岩性和堆积年代等对岩石划分工程地质单元。

（2）对各单元体的实验数据，逐一核查校对，对某些离散性明显的异常数据进行复查或将其舍弃。异常数据的舍弃可用3倍标准差方法或用格拉布斯（Grubbs）准则判别。

（3）每一单元中，土的物理力学性质指标应基本相同。试验数值所表现出来的离散性只能是由于土质不均匀或试验误差等随机因素所造成的。野外鉴别时划分为两层土，但指标比较接近，经过差异显著性检验，若其平均值间无明显差异时，才可作为一个力学层合并为一个统计单元。

（4）将同一单元的试验数据编制成统计表。当统计的指标数据较多时，可进行分区段统计，即将试验数据的变化范围分成间隔相等的若干区段，编制区段频数或区段频数统计表。必要时，可绘制频数或频率直方图。

二、标准差与变异系数

（一）标准差和均方差

标准差和均方差都是表示数据离散性的特征值，标准差用 S 表示，均方差用 σ 表示。

（二）变异系数

变异系数是表示数据变异性的特征值，用 δ 或 C_v 表示。

（三）最少试验数量的确定

考虑到试样的不均匀性和试验误差所造成的试验数据离散性，以及不同等级的岩土工程对岩土计算参数的可靠度的不同要求，有必要确定最少试验数量来保证达到预定的要求。

三、岩土参数的选定

(一) 基本要求

岩土参数应根据工程特点和地质条件选用，并按下列内容评价其可靠性和适用性。

(1) 取样方法和其他因素对试验结果的影响。

(2) 采用的试验方法和取值标准。

(3) 不同测试方法所得的结果的分析比较。

(4) 测试结果的离散程度。

(5) 测试方法与计算模型的配套性。

(二) 可靠性估计的理论基础

1. 分位值

与随机变量分布函数某一概率相应的值称为分位值。

2. 区间估计

参数的区间估计就是由样本给出参数估计范围，并使未知参数在其中具有特定的概率。

3. 岩土参数的可靠性的估值

岩土参数的标准值是岩土工程设计的基本代表值，是岩土参数的可靠性估值。由于岩土参数的特征，它是在区间估计理论基础上得到的关于参数母体平均置信区间的单侧置信界限值。

四、岩土工程图的编绘

岩土工程图是综合反映工程建筑场区岩土工程条件，并给予综合评价和预测岩土工程问题的图面资料。它是岩土工程勘察工作 (包括测绘、勘探、长期观测、室内外试验等) 的综合总结性成果。按一定的比例尺将岩土工程条件的各要素的空间分布变化规律，准确而清晰地表现在图面上，结合建筑需要，根据不同的要求和所表达问题的不同，绘制成不同的形式、不同内容、不同性质和不同用途的各种岩土工程图件，以供规划、设计、施工等部门使用。

岩土工程图的内容及其表现形式、编图原则、绘图方法等还很不统一，国内外的相关部门尚在探索。一些国家也编绘了目的不同、格式不一的岩土工程图，但是都还不成熟，更不足以视为典范，只能作为参考。

（一）岩土工程图的特点

岩土工程图是岩土工程测绘、勘探、试验等项工作的综合，是总结性的成果。它不像地质图或地貌图那样主要是通过测绘“制”成的，而是以这些图件为基础图，再把通过勘探获取的对地下地质的了解，以及通过试验取得的数据等综合起来“编”成的。它具有以下几个特点。

（1）具有高度综合性和目的性：它高度综合性地反映场区的岩土工程条件；具有明显的目的性和针对性。适用于国土规划利用、农业地质开发、环境岩土工程条件评价及岩土工程问题预测；具体工程场地（如水库、坝区、地基、线路、港口等）的开发利用和评价。

（2）综合汇编性：以地形图、地貌图、地质图、水文地质图、勘探结果、试验结果和长期观测结果为基础，综合分析归纳后制成的一套图件，附有一系列的说明及文字资料。

（3）实用性：大部分图件为工程施工所利用。

岩土工程图常常是由一整套图组成的，除了最主要的岩土工程平面图之外，还有一系列附件，如单项因素（水文地质、物理地质现象等）的分析图、附有物理力学指标的岩层综合柱状图、剖面图、切面图、立体投影图等。根据图的比例尺以及工程的特点和要求，还可以编绘一些其他的图作为附件。

（二）岩土工程图的分类

1. 按图的内容划分

（1）综合图：把图区的岩土工程条件综合反映在图上，并对其进行总评价，但并不分区、比例尺较小。通常情况下应很好地分析和选择有关资料，做到既有系统又突出重点。

（2）分区图：按岩土工程条件的相近程度和差异，划分为若干区段及亚区等。只有分区代号和分区界限，没有地质资料但有分区说明表。这种图通常与岩土工程综合图并用，以便互相印证。

（3）综合分区图：图上既有岩土工程资料，又有分区，并对各区建筑物的适宜性进行评价。

（4）分析图：图中反映岩土工程条件的某要素，或岩土的某一性质指标的变化规律等。这种图所表示的内容多是对该建筑物具有决定意义；或为分析某一重要岩土工程问题所必需的岩土工程图的附件。

2. 按图的用途划分

（1）通用岩土工程图：是为规划和国土开发服务的小比例尺岩土工程图，区域岩土工程图、环境岩土工程图均属此类。它是为各类建筑服务的，而不是专为某一类建筑服务的。

（2）专用岩土工程图：是为某项专门工程服务的岩土工程图，如城市岩土工程图、水库岩土工程图、线路岩土工程图、厂址岩土工程图、硐址岩土工程图、港口岩土工程图等。它是为某一类建筑服务的，具有专门的性质。所反映的岩土工程条件和作出的评价，都是与该种建筑的要求紧密结合的。这种图适用于各种比例尺，但更多地用于大、中比例尺。故按其比例尺和表示的内容，专用岩土工程图又可分为小、中、大比例尺三种类型。

小比例尺用于某一类建筑的规划阶段，如城市建筑规划，大、中河流流域规划，铁路线路方案比较等；中等比例尺用于初步设计阶段，在选择建筑地址和设计建筑物配置方式时，这种图能够提供充分的依据和必要的岩土工程评价，使主要建筑物建筑在优良的地基上，并使各附属建筑物配置在合理的位置上；大比例尺主要用于勘探、试验和长期观测成果方面。图上反映的内容精确而细致，划分的岩土单元和地貌形态都是小型的，岩土的物理、水理和力学性质指标，可用等值线表示在图上。据此，可进行岩土工程分区并作出具有定量性质的岩土工程评价。

（三）岩土工程图系

岩土工程图系分为主图系列和附图系列。

（1）主图系列包括岩土工程综合图、岩土工程综合分区图、岩土工程分析图、岩土工程实际材料图。

（2）附图系列包括岩土单元综合柱状图、岩土工程剖面图、立体投影图、平切面图、展示图、功能分区图、岩土工程分区说明表 [说明主要岩土工程条件特征、主要岩土工程问题结论、岩土工程评价（适宜性）及岩土工程处理措施]。

（四）岩土工程图的编制原则

在编制岩土工程图时，需要探讨的问题中，突出的是岩土工程制图单元的划分问题和岩土工程分区问题。

岩土工程制图单元的划分问题，实质是在不同用途、不同比例尺的岩土工程图上如何合理地划分岩土单元体，才能既满足工程的需要又不浪费工作量，同时保持图面清晰、简洁。图的比例只与勘察阶段密切相关，图上岩土单元的划分也应与勘察阶段一致。

岩土工程图上常须进行分区，即将图区范围按其岩土工程条件或评价的差异性，划分为不同的区段，绘出分区界线，并对各区段给予命名和代号。不同区段的条件是不相同的，而同一区段之内各处的建筑条件则是相似的，勘察条件也是相似的。划区时可根据差异性的明显程度和实际资料情况作若干区段的划分，即一级划分出的区还可根据区内岩土工程条件的变化再划分为次一级的区。

在岩土工程图的编制原则上，国外及国内有不同的意见，但归纳起来，应该在这样的大原则下进行编制：一种是适应于各个部门，在规划时都有能用的中、小比例尺区域岩土工程图，即通用岩土工程图；另一种是适用于一定建筑物的专用岩土工程图，比例尺为1：50000、1：25000、1：10000、1：5000、1：1000甚至更大。

综上所述，岩土工程图的编制原则有以下几点。

(1) 充分符合地质规律，既反映岩土工程条件，又便于规划设计人员的理解、阅读；

(2) 所有信息都要以与图件比例要求相称的详细程度和精度来反映；

(3) 随着比例尺的增大，图上所反映的信息的侧重点要有所变化，以达到为工程服务的目的；

(4) 界线、符号、物理力学性质不宜过多，要简单明了，说明问题；

(5) 对综合评价图内各分区的岩土工程条件及岩土工程问题，应划分出适宜区段与不适宜区段，以便设计人员确定合理利用场地和保护地质环境的最优方案。

(五) 岩土工程图的内容

岩土工程图所包含的内容，也就是所反映的岩土工程信息。首先，要取决于图的用途和比例尺 (反映勘察阶段)；其次，要看场地岩土工程条件的复杂程度。因此，其内容必然存在差异，但作为岩土工程图总的来讲都应有岩土工程条件的综合表现，并分区进行评价。总之，岩土工程图要综合反映岩土工程条件信息，划分出各级区段，并对其进行岩土工程分区评价和预测，论证修建各类建 (构) 筑物的适用性和限制条件。

岩土工程条件表示的内容主要为：.

(1) 岩土工程条件诸要素。图上应划分地形形态的等级和地貌单元；应表示出地形起伏，沟谷割切的密度、宽度和深度，斜坡的坡度，山脊，洼地，河谷结构，阶地，夷平面及其等级；岩溶地貌形态类型等；岩土类型单元、性质、厚度变化，尤其是软弱夹层的厚度要注明；主要基岩产状、褶皱及断裂，应在图上用产状符号；有明显活动性的断层应作特别表示。

(2) 研究区内存在的主要岩土工程问题（要标注在图上）。

(3) 突出对工程建筑有影响的物理地质现象要素及问题。图上应表示出物理地质现象的类型、形态、发育强度的等级及其活动性。在小比例尺图上应当按主要、次要关系，把各种物理地质现象（如滑坡、岩溶、岩堆、泥石流、地震烈度及其分区、风化壳厚度等）表示出来，一般是用符号在其主要发育地带作笼统地表示，发育强度可用符号的个数加以区别，也可用分区的办法标示（分为发育强烈区、中等区、微弱区等）。地震烈度等级、岩石风化壳厚度等，可用符号表示。

(4) 水文地质条件和等高线等。主要应表示出地下水位、井泉位置、隔水层和透水层的分布，岩土含水性，地下水的化学成分及侵蚀性等，可用符号或等值线表示。地形的等高线也要表示出来，以便供勘察设计、施工单位使用。

(六) 岩土工程分区

岩土工程图实际上都是分区图，没有必要对区域作一般性的岩土工程分区（如库区坝址区图）。岩土工程分区图总的应该是专门性的，用以解决具体建筑物的设计或经济开发过程中发生的特定岩土工程问题的分区。

1. 分区原则

根据设计阶段、比例尺的大小来区划；以建筑物等级作为分区依据；以决定性的地质要素作为分区的标志；以主要岩土工程问题的严重性影响程度作为分区的主要内容；以岩土工程条件的相似性和差异作为分区的准则；以建筑区岩土工程条件评价的差异性作为分区级序的标准；以稳定观点对建筑场地的适宜性作为分区评价的重点。例如，城市规划中，要对建筑适宜性进行分区（适宜的，局部适宜的、不适宜的）；河流利用方案中，要据河谷地质结构进行分区；要根据黄土湿陷性的强弱、多年冻土的特性、地震活动性强弱、岩溶化强度渗透性强弱等进行分区。

2. 具体分区

在进行岩土工程区划时，可根据岩土工程条件差异性的明显程度和实际资料情况，作若干区级的划分，即一级划分出的区还可根据区内岩土工程条件的变化，再划分为次一级的区。在一幅岩土工程图上，一般做 2 ~ 3 级区划，现用的不同区级基本名称，由大到小依次为：区域—地区—区—地段。有的大比例尺图上，地段还可再划分，称为二级地段。

3. 分区界线表示方法

分区界线由高级区向低级区，界线由粗到细。分区的颜色（红、黄、绿）由深到浅；一般是用绿色表示建筑条件最好的区，用黄色表示差一些的区，而条件最差的区则用红色表示。此外，还可以有效地使用各种颜色的线条、符号、代号、等值线等表示一些内容。如活动性断层可用红线表示，活动性的物理地质现象也可用红色符号表示，井泉及地下等水位线可用蓝色符号和线条表示。

（七）岩土工程图编制的发展趋势

随着世界经济的迅速发展，国土的大规模开发利用，矿山事业的大规模建设，高精尖项目的开发，环境保护的重要性日益凸显，岩土工程研究与应用领域不断扩大和发展。因此，相应的岩土工程图的编图也发生了迅速的变化。这主要表现在以下几个方面。

在编图内容上更广泛，增加了建筑物的限制条件和允许条件，资源评价，地质灾害评价，处理废物——垃圾、核废料、污水等的可能性；建筑物对地质环境的影响。在岩土工程单元的划分上，主要考虑岩土体的结构、成因、岩性、岩土工程综合体、岩土工程类型；运用与物理力学性质相似数理指标来代表岩土体的性质；岩土工程图指标逐渐由定性向定量化方向发展。

另外，岩土工程图重视环境地质资料的取得方法，如利用最新手段和技术方法勘察并在岩土工程图上反映不同类型的地质灾害等；注重岩土工程问题的评价；对于通用岩土工程图与专用岩土工程图的编制原则，有待进一步强化；图例表示、编图规范尚有待统一；计算机编图及程序的开发与应用，已得到了大力发展。

第二节　高层建筑场地稳定性评价

（1）高层建筑场地应该避开浅埋的（埋深不超过100m）全新世活动断裂，避开的距离应根据全新世活动断裂的等级、规模和性质、地震基本烈度、覆盖层厚度和工程性质等单独研究确定；高层建筑还应避开正在活动的地裂缝通过地段，避开的距离和应采取的措施可按地区性的有关规定确定。

（2）位于斜坡地段的高层建筑应从以下各点考虑场地稳定性。

①建筑物不应放在滑坡体上。

②位于坡顶或岸边的高层建筑应考虑边坡整体稳定性，必要时应验算整体是否有滑动的可能性。

③当边坡整体稳定时，还应符合现行《建筑地基基础设计规范》（GB50007—2011）的规定，验算基础外边缘至坡顶的安全距离。

④考虑高层建筑物周围高陡边坡滑塌的可能性，确定建筑物离坡脚的安全距离。

（3）高层建筑场地不应选择在建筑抗震的危险地段，应避开对建筑抗震不利的地段，当无法避开不利地段时，应采取防护治理措施。

(4) 在有塌陷可能的地下采空区，或岩溶土洞强烈发育地段，应考虑地基的加固措施，经技术经济分析认为不可取时，应另选场地。

第三节　地基均匀性评价

地基均匀性宜从以下几个方面进行评价并采取相应措施。

(1) 当地基持力层面坡度大于10%时，可视为不均匀地基。此时加深基础埋深，使之超过持力层最低的层面深度，当加深基础不可能时，则可采取垫层等措施加以调整。

(2) 地基持力层和第一下卧层在基础宽度方向上，地层厚度的差值小于0.05b（b为基础宽度）时，可视为均匀地基；当大于0.05b时，应计算横向倾斜是否满足要求，若不能满足，应采取结构或地基处理措施。

(3) 地基的均匀性以压缩层内各土层的压缩模量为评价依据。

①当$\bar{E}_{S1}$、$\bar{E}_{S2}$的平均值小于10MPa时，符合式 (10-1) 要求者为均匀地基。

$$\bar{E}_{S1}-\bar{E}_{S2}<\frac{1}{25}\left(\bar{E}_{S1}+\bar{E}_{S2}\right) \tag{10-1}$$

②当$\bar{E}_{S1}$、$\bar{E}_{S2}$的平均值大于10MPa时，符合式 (10-2) 要求者为均匀地基。

$$\bar{E}_{S1}-\bar{E}_{S2}<\frac{1}{20}\left(\bar{E}_{S1}+\bar{E}_{S2}\right) \tag{10-2}$$

式中：

$\bar{E}_{S1}$、$\bar{E}_{S2}$——基础宽度方向两个钻孔中，压缩层范围内压缩模量按厚度求加权平均值 (MPa)，取大者为$\bar{E}_{S1}$，小者为$\bar{E}_{S2}$。

当不能满足上式要求时，属不均匀地基，应进行横向倾斜验算，采取结构或地基处理措施。

第四节　基础的埋置深度

一、基础的埋置深度

基础埋置深度是指室外设计地坪至基础底面的垂直距离（不含垫层厚度），简称基础埋深。

根据基础埋置深度的不同，人们习惯上把基础分为浅基础和深基础。浅基础是指基础埋深一般小于基础宽度或小于等于 5 m 的基础；深基础一般是指基础埋深大于其基础宽度且大于 5m 的基础。从施工和造价方面考虑，浅基础通常是基坑大开挖，施工方法简单，造价低；深基础需借助于专门的施工机械，施工工艺比较复杂，造价较高。所以，一般民用建筑的基础应优先选用浅基础。但基础埋深最小不能小于 0.5 m，否则地基受到压力后可能将四周土挤走，使基础滑移失稳；同时，易受到各种侵蚀、雨水冲刷、机械破坏而导致基础暴露，造成建筑的安全隐患。

二、基础埋置深度的影响因素

(1) 建筑物的使用要求、基础形式及荷载。当建筑物设置地下室、设备基础或地下设施时，基础埋深应满足其使用要求。一般高层建筑为满足稳定性的要求，其基础埋深为地上部分总高度的 1/10 以上；当建筑物的荷载较大或受到上拔力时，基础应加大埋深。

(2) 工程地质和水文地质条件。基础应尽量选择常年未经扰动且坚实、平坦的土层，俗称“老土层”。而在接近地表的土层内，常带有大量植物根、茎的腐殖质或垃圾等，故不宜作为地基。存在地下水时，基础宜埋置在地下水位以上，这样可以节省造价。当必须埋置在地下水位以下时，应考虑将基础底面埋置在最低地下水位以下不小于 200 mm 处。必要时，基础应采取防止地下水腐蚀的措施，因为避开了地下水位变化的范围，从而减少和避免地下水的浮力对基础的影响。

(3) 土的冻结深度的影响。应根据当地气候条件了解土层的冻结深度。基础应埋置在冰冻线以下不小于 200 mm 处。否则细粒土具有冻胀现象，冬季土冻胀会将基础向上拱起，土层解冻，基础又下沉，使基础处于不稳定状态。冻融的不均匀使建筑物产生变形，严重时产生开裂等破坏情况。

(4) 相邻建筑物的埋深。新建建筑物基础埋深不宜大于相邻原基础埋深。当埋深大于原有建筑物基础时，基础间的净距应根据荷载大小和性质等确定，一般为相邻基础底面高差的 1 ~ 2 倍。如不能满足时应采取加固原有地基或分段施工、设临时加固支撑、打板桩、地下连续墙等施工措施。

(5) 其他方面要求。为保护基础，一般要求基础顶面低于设计地面不少于 0.1 m，地下室或半地下室基础的埋深则应结合建筑设计的要求确定。

第五节 地基承载力

地基承载力是地基土在不发生剪切破坏和不产生过大变形时承受上部荷载的能力。一般通过浅层平板载荷试验或其他原位试验、室内试验参数查表或理论公式计算获得。

地基会由于承载力不足而破坏，因此地基基础设计首先必须保证在避免地基土体剪切破坏和丧失稳定性方面具有足够的可靠度。地基承载力特征值，是在发挥正常使用功能时地基所允许采用抗力的设计值，也是在保证地基稳定的条件下，使建筑物基础沉降计算值不超过允许值的地基承载力。对于离散性较大的岩土介质，它是具有一定保证率的地基承载力的最小值。可取载荷试验测定的地基土压力变形曲线线性变形段内规定的变形所对应的压力值，其最大值为比例界限值。

一、确定地基承载力特征值的方法

确定地基承载力特征值的方法很多，归纳起来有以下四类：浅层平板载荷试验确定；规范推荐方法；查表或经验类比法；根据土的抗剪强度指标以理论公式计算。

(一) 浅层平板载荷试验确定

浅层平板载荷试验是确定浅基础地基承载力特征值的最直接方法。它可以在基础拟放置的地层上直接加载，获得地基土在上部荷载作用时可能的变形和破坏发展趋势，从而获得地基承载力特征值。

试验要求承压板的面积不应小于 0.25 m^2，对于软土则不应小于 0.5 m^2；试坑宽度不应小于承压板宽度或直径的 3 倍；应保持试验土层的原状结构和天然湿度。宜在拟试压表面用粗砂或中砂找平，其厚度不超过 20 mm。加荷分级不应少于 8 级，最大加载量不应小于设计要求的两倍。

当出现下列情况之一时，即可终止加荷：承压板周围的土明显地侧向挤出；沉降急剧增大，荷载—沉降（p-s）曲线出现陡降段；在某一级荷载下，24 h 内沉降速率不能达到稳定标准；沉降量与承压板宽度或直径之比大于或等于 0.06。

当满足前三种情况之一时，其对应的前一级荷载为极限荷载。

根据各级荷载和沉降可获得 p-s 曲线。按下列规定确定承载力特征值。

(1) 对于低压缩性土，当 p-s 曲线上有比例界限时，取该比例界限所对应的荷载值；

(2) 当极限荷载小于对应比例界限的荷载值的 2 倍时，取极限荷载值的一半；

(3) 无法按上述两种方法确定，当压板面积为 0.25 ~ 0.5 m^2 时，可取 0.01 ~ 0.015 所对应的荷载，但其值不应大于最大加荷量的一半。

(二) 规范推荐方法

1. 土类地基承载力特征值的确定

《建筑地基基础设计规范》(GB 50007—2011) 推荐以地基临界荷载 $P_{1/4}$ 为基础的理论公式，结合经验给出当偏心距小于或等于 0.033 倍基础底面宽度时，以土的抗剪强度指标确定地基承载力特征值的计算公式：

$$f_a = M_b \gamma b + M_d \gamma_m d + M_c c_k \tag{10-3}$$

式中：

f_a ——由土的抗剪强度指标确定的地基承载力特征值 (kPa)；

M_b、M_d、M_c——承载力系数；

γ——基础底面以下土的重度 (kN/m^3)，地下水位以下取浮重度；

b——基础底面宽度 (m)，大于 6 m 时按 6 m 取值，对于砂土，小于 3 m 时按 3m 取值；

d——基础埋置深度 (m)；

γ_m——基础底面以上土的加权平均重度 (kN/m^3)，地下水位以下取浮重度；

C_k——基底下一倍短边宽度的深度范围内土的黏聚力标准值 (kPa)。

土的内摩擦角标准值 ϕ_k、黏聚力标准值 c_k 可按下式计算：

$$\phi_k = \psi_\phi \phi_m \tag{10-4}$$

$$c_k = \psi_c c_m \tag{10-5}$$

式中：

ψ_ϕ ——内摩擦角的统计修正系数；

ψ_c ——黏聚力的统计修正系数。

按下列公式计算内摩擦角和黏聚力的统计修正系数 ψ_ϕ、ψ_c：

$$\psi_\phi = 1 - \left(\frac{1.704}{\sqrt{n}} + \frac{4.678}{n^2} \right) \delta_\phi \tag{10-6}$$

$$\psi_c = 1 - \left(\frac{1.704}{\sqrt{n}} + \frac{4.678}{n^2} \right) \delta_c \tag{10-7}$$

根据室内 n 组三轴压缩试验的结果，按下列公式计算某一土性指标的变异系数、试验平均值和标准差：

$$\delta = \sigma / \mu \tag{10-8}$$

$$\mu = \frac{\sum_{i=1}^{n} \mu_i}{n} \tag{10-9}$$

$$\sigma = \sqrt{\frac{\sum_{i=1}^{n} \mu_i^2 - n\mu^2}{n-1}} \tag{10-10}$$

式中：

δ——变异系数；

μ——试验平均值；

σ——标准差。

2. 岩石地基承载力特征值的确定

对于完整、较完整、较破碎的岩石地基承载力特征值，可按岩石地基载荷试验方法确定，也可根据室内饱和单轴抗压强度按下式计算：

$$f_{\mathrm{a}} = \quad {}_{\mathrm{r}} \cdot f_{rk} \tag{10-11}$$

式中：

f_a——岩石地基承载力特征值（kPa）；

f_{rk}——岩石饱和单轴抗压强度标准值（kPa）；

ψ_r——折减系数。根据岩体完整程度以及结构面的间距、宽度、产状和组合，由地方经验确定。无经验时，对完整岩体可取 0.5；对较完整岩体可取 0.2 ~ 0.5；对较破碎岩体可取 0.1 ~ 0.2。

值得说明的是，上述折减系数是对由于结构面发育程度差异而造成的原位岩体强度与岩石块体强度相比的降低程度。未考虑施工因素及建筑物使用后风化作用继续对工程岩体的切割、弱化。

岩石饱和单轴抗压强度标准值，由下式确定：

$$f_{rk} = \psi \cdot f_{rm} \tag{10-12}$$

$$\psi = 1 - \left(\frac{1.704}{\sqrt{n}} + \frac{4.678}{n^2} \right) \delta \tag{10-13}$$

式中：

f_{rm}——由岩石单轴抗压强度试验测得的岩石饱和单轴抗压强度平均值（可由采于钻孔或坑探、槽探中的不少于 6 个岩样经饱和处理后，在压力机上加载直到破坏，获得其抗压强度平均值。对于黏土质岩，确保施工期及使用期不致遭水浸泡时，也可采用天然湿度试样，不进行饱和处理)；

ψ——统计修正系数。

δ——变异系数。

n——试样个数。

对于破碎、极破碎的岩石地基，其工程特性已与土较为接近，因此在无地区经验时，可根据平板载荷试验确定。

(三) 根据土的抗剪强度指标以理论公式计算

地基土的承载能力的丧失多由地基土发生剪切破坏引起。在地基土发生整体剪切破坏的假设前提下，以地基中任意一点的最大最小主应力达到极限平衡或达到整体滑动破坏为条件，可以获得不同的计算地基承载力的理论公式(具体可参见土力学相关知识)。

(1) 临界荷载公式。

(2) 太沙基极限承载力理论计算公式。

(3) 魏锡克极限承载力公式。

临界荷载公式是从条形基础均布荷载作用下推导得出的，矩形和圆形基础也可借用此公式，但结果偏于安全。太沙基和魏锡克极限承载力公式，均是考虑不同的实际情况，以普朗德尔极限理论为基础，作了进一步修正和发展。

(四) 查表或经验类比法

地基土的承载能力是土的强度及变形特性的综合体现。毫无疑问，土的物理力学性质和其承载力之间有密不可分的关系。不同类型的土，其承载力与不同物理力学指标的相关程度不同。对黏性土来说，土的孔隙比越小，承载力可能越高，同时土的液性指数越高，土越软越易压缩变形，因而土的承载能力降低。而对于沙砾类土来讲，影响承载力大小的，除了颗粒成分外则主要是密实度，其密实度一般可用土的动力触探锤击数来确定。因此，可收集各地各类土的浅层平板载荷试验资料，通过回归分析获得承载力与土的其他物理力学指标的对应关系。对于一些非重要的建筑物，可以通过简单的室内或野外指标测试，查相应表格获得其承载力(具体可参阅工程地质手册)。

应用承载力表确定地基土的承载力，具有省时、经济等诸多优点，但某一表格都是针对某一区域、应用一定的试验条件、对应于某一确定的土质情况的。所以，在应用时，一定要了解清楚承载力表适用的地域及土层条件，避免不顾其特有适用条件而乱套乱用，造成失误。

靠已有工程的经验或类比是确定地基承载力的另一种方法。有丰富经验的岩土工程工作者，其自身积累有各种各样的岩土工程特性及载荷水平的工程信息，当目前遇到的工程条件和以往某一类工程具可比性时，便可很容易得出地基承载力量级的推断。另外，邻近建筑物成功修建的经验，可为后续的相近建筑物提供承载力方面的类比依据。如某市西郊，拟修建一五层住宅，经工程地质勘查，场地地层与该场地西南方的已建六层单元住宅基本一致，显然，可通过与已建建筑物的类比获得新建建筑物场地的地基承载力。

值得说明的是，所谓经验和类比，是建立在对事物具有充分认知和把握的基础上，经验来自对长期积累资料的分析、归类、升华，类比来自科学的推断。新的结构形式或新的地质情况出现时，慎用此法。

确定出的地基承载力特征值是否符合实际，是关系基础工程设计是否安全可靠的关键一环。地基基础的设计等级越高，可靠度要求也越高。因此，对于设计等级为甲级的地基基础工程，应按载荷试验、规范承载力计算公式计算，用土的抗剪强度指标根据理论公式计算，经验或类比等方法综合确定；对于设计等级为乙级的建筑物，可按规范公式、经验表格或类比等方法确定；对于设计等级为丙级的建筑物，则可根据提供的触探及必要的钻探和土工试验资料查经验表格或计算确定。

二、地基承载力特征值的深宽修正

在用理论公式计算地基承载时，可知地基承载力是与基础的宽度和埋深有关的。对于由载荷试验或其他原位测试查经验表获得的地基承载力仅为土性指标的反映，并不会考虑基础宽度和埋深的影响。

因此，当基础宽度大于3m或埋置深度大于0.5m时，从载荷试验或其他原位测试、经验值等方法获得的地基承载力特征值，应按下式修正：

$$f_a = f_{ak} + \eta_b \gamma (b-3) + \eta_d \gamma_m (d-0.5) \tag{10-14}$$

式中：

f_a——修正后的地基承载力特征值（kPa）；

f_{ak}——按载荷试验或其他原位测试、经验值等方法获得的地基承载力特征值（kPa）；

η_b、η_d——基础宽度和埋置深度的地基承载力修正系数；

γ——基础底面以下土的重度（kN/m^3），地下水位以下取浮重度；

b——基础底面宽度（m），当基础底面宽度小于3 m时按3 m取值，大于6 m

时按 6m 取值；

γ_m——基础底面以上土的加权平均重度（kN/m^3），位于水位以下的土层取有效重度；

d——基础埋置深度（m）。一般自室外地面标高算起，在填方平整地区，可自填土地面标高算起，但填土在上部结构施工完成时，应从天然地面标高算起。对于地下室，当采用箱形基础或筏形基础时，基础埋置深度自室外地面标高算起；当采用独立基础或条形基础时，应从室内地面标高算起。

第六节　地基强度验算

一、地基承载力特征值的强度验算

各类地基承受上部荷载的能力都有一定限度，如果超过此限度，则地基可能发生事故。地基单位面积所能承受的最大荷载称为地基承载力特征值，以 f_{ak} 表示，单位为 kPa。

地基承载力特征值可由载荷试验或其他原位测试、公式计算，并结合工程实践经验等方法综合确定。

（一）地基承载力特征值的修正

当基础宽度大于 3 m 或埋置深度大于 0.5 m 时，以载荷试验或其他原位测试等方法确定的地基承载力特征值，应按下式修正：

$$f_a = f_{ak} + \eta_b \gamma (b-3) + \eta_d \gamma_m (d-0.5) \tag{10-15}$$

式中：

f_a——修正后的地基承载力特征值（kPa）；

f_{ak}——地基承载力特征值（kPa），可由载荷试验或其他原位测试、公式计算；

γ——基础底面以下土的重度，地下水位以下取有效重度（kN/m^3）；

γ_m——基础底面以上土的加权平均重度，地下水位以下取有效重度（kN/m^3）；

b——基底宽度（m），当基底宽度小于 3 m 时按 3 m 取值，大于 6 m 时按 6 m 取值；

η_b、η_d——基础宽度和埋深的地基承载力修正系数；

d——基础埋置深度（m），一般自室外地面标高算起。在填方整平地区，可自填土地面标高算起，但填土在上部结构施工完成时，应从天然地面标高算起。对于地下室，如采用箱形基础或筏形基础时，基础埋置深度自室外地面标高算起；当采用独立基础或条形基础时，应从室内地面标高算起。

(二) 依据抗剪强度指标确定地基承载力特征值

若基底压力小于地基临塑荷载，则表明地基不会出现塑性区，这时，地基将有足够的安全储备。实践证明，采用临塑荷载作为地基承载力设计值是偏于保守的。只要地基的塑性区范围不超过一定限度，并不会影响建筑物的安全和正常使用。这样，可采用地基土出现一定深度的塑性区的基底压力作为地基承载力特征值。

当偏心距 e 小于或等于 0.033 倍基础底面宽度时，通过试验和统计得到土的抗剪强度指标的标准值后，可按下式计算地基土承载力特征值：

$$f_a = M_b\gamma b + M_d\gamma_m d + M_c c_K \tag{10-16}$$

式中：

f_a——由土的抗剪强度指标标准值确定的地基承载力特征值（kPa）。

M_b、M_d、M_c——承载力系数；

b——基础底面宽度（m），大于 6 m 时按 6 m 取值，对于砂土小于 3 m 时按 3 m 取值；

c_k——基底下一倍短边宽的深度内土的黏聚力标准值（kPa）。

二、软弱下卧层承载力验算

当地基受力层范围内有软弱下卧层时，还应验算软弱下卧层的地基承载力。要求作用在软弱下卧层顶面的全部压应力（附加应力与自重应力之和）不超过软弱下卧层顶面处经深度修正后的地基承载力特征值，即

$$P_{\rm z} + P_{\rm cz} < f_{\rm a}\ f_{\rm az} \tag{10-17}$$

式中：

$P_{\rm z}$——相应于作用的标准组合时，软弱下卧层顶面处的附加应力值（kPa）；

$P_{\rm cz}$——软弱下卧层顶面处土的自重应力值（kPa）；

$f_{\rm az}$——软弱下卧层顶面处经深度修正后地基承载力特征值（kPa）。

当上层土与软弱下卧层土的压缩模量比值大于或等于 3 时，对基础可用压力扩散角方法求土中的附加应力。

第七节　地基变形验算

《建筑地基基础设计规范》(GB 50007—2011) 强制规定，设计等级为甲级、乙级的建筑物，均应按地基变形设计；如有下列情况之一时，仍应作变形验算：

(1) 地基承载力特征值小于 130 kPa，且体型复杂的建筑；

(2) 在基础上及其附近有地面堆载或相邻基础荷载差异较大，可能引起地基产生过大的不均匀沉降时；

(3) 软弱地基上的建筑物存在偏心荷载时；

(4) 相邻建筑距离近，可能发生倾斜时；

(5) 地基内有厚度较大或厚薄不均的填土，其自重固结未完成时。

地基变形验算要求建筑物地基变形计算值，不应大于地基变形允许值，即满足：

$$\Delta \leq [\Delta] \tag{10-18}$$

式中：

Δ ——地基变形特征计算值，可以是沉降量、沉降差、倾斜、局部倾斜等；

$[\Delta]$ ——建筑物的地基变形允许值。

由于建筑地基不均匀、荷载差异很大、体型复杂等因素引起的地基变形，对于砌体承重结构应由局部倾斜值控制；对于框架结构和单层排架结构应由相邻柱基的沉降差控制；对于多层或高层建筑和高耸结构应由倾斜值控制；必要时尚应控制平均沉降量。

在必要情况下，需要分别预估建筑物在施工期间和使用期间的地基变形值，以便预留建筑物有关部分之间的净空，选择连接方法和施工顺序。

不同土性，其沉降的历时不同。据研究，一般多层建筑物在施工期间对于砂土可认为其最终沉降量已完成 80% 以上，对于其他低压缩性土可认为已完成最终沉降量的 50% ~ 80%，对于中压缩性土可认为已完成 20% ~ 50%，对于高压缩性土可认为已完成 5% ~ 20%。

第八节　地基稳定性验算

地基稳定性是指在结构物荷载作用或可预见的环境条件改变时，地基基础自身保持安全稳定而不发生滑动、倾覆、滑移、上浮等稳定性问题。

一、地基稳定性验算

地基基础设计对高层建筑物的基础埋深有严格的限制，在此限制下一般可保证整个建筑物在水平荷载作用下抗倾覆稳定性要求；地基基础设计在防止地基发生剪切破坏和丧失稳定性方面要求的可靠度设计原则，可保证地基土一般不发生剪切破坏而失稳；地基基础设计中对变形特征值的限制一般可保证地基不发生过大变形而失稳。地基基础失稳事故有勘察、设计原因，也有施工责任。地基基础稳定性问题在下列情况下变得较为突出：当基础位于原来稳定边坡的坡缘时，由于环境条件变化，如在坡底开挖切脚，可能造成边坡体局部滑动，并造成建筑物基础整体稳定性降低。

当基础埋置于土岩组合地基上，基岩面倾角较陡，在土岩接触面泥化和弱化条件下，地基有沿弱面滑动的可能。受水平作用较大的结构物，当地基中有与水平力作用方向一致的缓倾结构面或软弱面（层、带）时，注意验算其沿结构面滑动的稳定性。同一基础的地基可以放阶处理，但应满足抗倾覆和抗滑移要求。在以碳酸盐岩为主的可溶性岩石地区，当存在岩溶（溶洞、溶蚀裂隙等）、土洞等现象时，应考虑其对地基稳定的影响。高层建筑当基础埋深受限，如位于岩石地基上，不满足规范对于基础埋深的要求时，必须验算整体稳定性。

《建筑地基基础设计规范》(GB 50007—2011）强制规定，对经常受水平荷载作用的高层建筑、高耸结构和挡土墙等，以及建造在斜坡上或边坡附近的建筑物和构筑物，尚应验算其稳定性；建筑地下室或地下构筑物存在上浮问题时，尚应进行抗浮验算。进行稳定性分析时，应分析最不利工况下地基基础所受到的所有稳定作用（如抗滑动力、抗倾覆力、抗浮力等）和失稳作用（如滑动力，倾覆力、上浮力等）的大小关系，要求满足一定大小的安全系数。

假定地基基础整体滑动时是沿某一圆弧滑面，因此抗滑稳定性分析一般采用极限平衡理论的圆弧滑动面法，其最危险的滑动面上诸力对滑动中心所产生的抗滑力矩与滑动力矩应符合下式要求：

$$M_R / M_S \geq 1.2 \tag{10-19}$$

式中：

M_R——抗滑力矩（kN·m）；

M_s——滑动力矩（kN·m）。

二、抗滑移稳定性

高层建筑在承受地震作用、风荷载或其他水平荷载时，地基基础的抗滑移稳定性应符合下列公式的要求：

$$\frac{F_1+F_2+\left(E_P-E_a\right)}{Q}\geq K_S \tag{10-20}$$

式中：

F_1——基底摩擦力合力（kN）；

F_2——平行于剪力方向的侧壁摩擦力合力（kN）；

E_p、E_a——垂直于剪力方向的地下结构外墙面单位长度上主动土压力合力、被动土压力合力（kN/m）；

Q——作用在筏形或箱形基础顶面的风荷载、水平地震作用或其他水平荷载（kN）；

K_s——抗滑移稳定性安全系数，取 1.3。

三、抗倾覆稳定性

高层建筑在承受地震作用、风荷载、其他水平荷载或偏心竖向荷载时，地基基础的抗倾覆稳定性应符合下式的要求：

$$M_r / M_c \geq K_r \tag{10-21}$$

式中：

M_r——抗倾覆力矩（kN·m）；

M_c——倾覆力矩（kN·m）；

K_r——抗倾覆稳定性安全系数，取 1.5。

四、抗浮稳定性

当建筑物地下室的一部分或全部在地下水位以下时，应进行抗浮稳定性验算。抗浮稳定性应符合下式要求：

$$\frac{F_K'+G_K}{F_f}\geq K_f \tag{2-22}$$

式中：

F_K'——上部结构传至基础顶面的竖向永久荷载（kN）；

G_K——基础自重和基础上的土重之和（kN）；

F_f——水浮力（kN），在建筑物使用阶段按与设计使用年限相应的最高水位计算，在施工阶段，按分析地质状况、施工季节、施工方法、施工荷载等因素后确定的水位计算；

K_f——抗浮稳定安全系数，可根据工程重要性和确定水位时统计数据的完整性取1.0～1.1。

第九节　桩基评价和计算

一、桩型的选择

桩型的选择应根据工程性质、工程地质条件、施工环境、环境与经济分析等因素综合考虑确定。一般可按下述原则选择桩型。

(1) 当持力层层面起伏不大，环境条件允许，可采用预制桩；当荷载较大，桩较长或需穿越一定厚度的坚硬土层，需要较重的锤和锤击应力较大时可采用预应力桩；对一级高层建筑，通过经济分析认为可行时采用钢管桩；当有施工经验时可采用沉管灌注桩。

(2) 当持力层起伏较大、预制桩桩长不易控制，或紧贴原建筑，场地周围环境复杂时，可采用就地灌注桩或扩底墩。

二、桩基持力层的选择

选择桩基持力层宜符合以下规定。

(1) 作为持力层，宜选择层位较稳定的硬塑—坚硬状态的低压缩性黏性土和粉土层，中密以上的砂土和碎石层，微、中风化的基岩。

(2) 第四系土层作为桩尖持力层，其厚度宜超过6～10倍桩身直径或桩身宽度；扩底墩的持力层厚度宜超过2倍墩底直径。

(3) 持力层以下没有软弱地层和可液化地层。当不可避开持力层下的软弱地层时，应从持力层的整体强度及变形要求考虑，保持持力层有足够厚度。

(4) 对于打(压)入桩，应考虑桩能穿过持力层以上各地层顺利进入持力层的可能性。

(5) 地下水对混凝土无腐蚀性。

三、单桩竖向承载力

在勘察期间，当没有进行桩静载荷试验时，单桩竖向承载力可以通过半经验公式和静力触探试验资料进行估算，但应与附近场地的试桩资料或地区经验进行比较后提出；对于一级高层建筑，应通过现场静载荷试验确定。

$$R_k = q_p A_p + \mu_p \sum_{i=1}^{n} q_{si} l_i \tag{10-23}$$

式中：

R_k——单桩的竖向承载力标准值（ kN ）；

q_p——桩端土的承载力标准值（kPa），可按相关规范选用，亦可按地区经验选用；

A_p——桩身横截面积（m^2）；

μ_p——桩身周边长度（m）；

q_{si}——第 i 层土的摩擦力标准值（kPa），可按相关规范选用，亦可按地区经验选用。

l_i——第 i 层岩土层的厚度。

第十节　地下水的腐蚀性

一、地下水的腐蚀性的内容

地下水的腐蚀性主要来自其中溶解的化学物质，通常主要包括以下几种。

（1）硬度物质：地下水中的溶解性盐类，如钙、镁、铁等，会与管道材料发生反应，导致管道的腐蚀。

（2）酸碱物质：地下水中可能含有酸性或碱性物质，如硫酸、硝酸等，会加速金属管道的腐蚀。

（3）溶解气体：地下水中溶解的氧气、二氧化碳等气体，也会对金属管道产生腐蚀作用。

（4）有机物：地下水中可能还含有有机物质，如有机酸、氯气等，也会对金属管道造成腐蚀破坏。

二、地下水的腐蚀性危害

（1）管道腐蚀：地下水中的化学物质可能对管道表面产生腐蚀，使管道金属失去结构强度，导致管道泄漏、破裂甚至坍塌，影响供水、排水等功能。

（2）沉淀堵塞：地下水中携带的溶解物质可能在管道内沉淀，形成铁锈、硫酸盐等堵塞物，影响管道的通畅性，减少水流量，增加运行成本。

（3）水质受污染：管道因腐蚀而受损，可能导致地下水受到污染，影响饮用水质量，对人体健康造成危害。

（4）经济损失：管道腐蚀引起的故障和维修需求会增加运营成本，同时由于管道损坏可能造成的停产、修复费用等也会带来经济损失。

三、地下水的腐蚀性处理

(1) 表面涂层保护：通过在管道表面施加合适的涂层（如防腐漆、涂胶等），可以有效阻断地下水与金属管道的直接接触，减少腐蚀的发生。

(2) 选择合适的管道材料：选择耐腐蚀性能好的管道材料，如不锈钢、玻璃钢、聚乙烯等，可以有效降低地下水的腐蚀性对管道的影响。

(3) 阴极保护：通过设置阴极保护系统，如使用熔渣锌、镁等作为阳极，将金属管道作为阴极，形成电化学反应，保护管道免受腐蚀。

(4) 水质调整：对地下水进行适当的处理，如调整 pH、去除氧气或二氧化碳等，并控制水中溶解物的浓度，以减少对管道的腐蚀作用。

(5) 定期检查维护：定期对管道进行检查和维护，发现问题及时修复，延长管道的使用寿命。

四、地下水的腐蚀性检测

检测地下水的腐蚀性通常包括以下几种方法。

(1) pH 测定：地下水的 pH 是衡量其酸碱性的重要指标，酸性水和碱性水都可能对管道造成腐蚀，通过测试 pH 可以初步判断地下水的腐蚀性。

(2) 溶解氧测定：溶解在地下水中的氧气会加速金属管道的腐蚀，因此测定地下水中的溶解氧含量可以评估其对管道造成的腐蚀影响。

(3) 溶解盐测定：地下水中溶解的盐类，如氯化物、硫酸盐等，也可对管道产生腐蚀作用，因此测定地下水中的溶解盐含量有助于评估其腐蚀性。

(4) 金属腐蚀速率测定：可以在实验室中模拟地下水对特定金属的腐蚀情况，通过监测金属腐蚀速率来评估地下水的腐蚀性。

(5) 地下水样品腐蚀试验：采集地下水样品进行腐蚀试验，将试样暴露在地下水中一段时间后检测其腐蚀程度，从而评估地下水的实际腐蚀性。

五、地下水的腐蚀性评价分析影响因素

在城市勘测的岩土工程勘察过程中水土腐蚀性评价是极其重要的，准确地对水土腐蚀性进行评价是满足规范所要求的数据准确经济合理的前提。

（一）正确采集、封装及运输水土试样

只有依据规范采用正确的方法采集试样，才能保证试样对原始状态的保真程度，才能在试验阶段获取最接近于实际的数据，才能对水土腐蚀性进行准确的分析及评价。

（二）保证试验的规范性

按照试验规程在规定的时间段，采用正确的操作规程、精确的试验仪器、合理的试剂，加上敬业细心的试验精神来进行水土试验，根据建设工程的要求对地基土的试样，进行各种试验项目的测试，提供可靠的物理力学性指标参数，得出的试验数据才具有科学性，才具有价值和说服力。

（三）正确分析评价试验数据

试验所得出的所有数据只是一堆简单的数字，只有按照相关的规范及学科知识，把它们联系起来进行分析、评价，才能得出符合实际的结论，才能为建筑的设计与施工提供真实的依据。工程技术人员，特别是勘察工作人员，应该对“地下水对建筑材料（钢筋和混凝土）的腐蚀性”做出判定，以便设计、施工人员做出相应的处理。

（四）考虑客观环境的影响

在一切操作都规范化的前提下，所得出的分析结果也许会存在一些或大或小的差异，这除了一些系统误差、仪器误差影响外，外界客观条件及宏观环境的影响也很大，在进行分析评价时应该把试验数据还原到原始的环境中，综合分析出来的结论才是真实的。

第十一节　地基的地震效应

一、地基的地震效应与震害

地震作用下地基的失效称为地基震害。产生震害的原因，除地基所处场地的地形地貌、工程地质、水文地质等场地因素的地震效应影响外，主要取决于地基土的动力特性，如地基土在地震作用下强度的降低、变形的增加、孔隙水压力剧升等，从而产生以下几种主要的地基震害效应。

（一）地裂缝

强烈地震发生后，地表会出现大量张开或错动的裂缝，称为地裂缝，其出露的程度与形态，常作为高烈度震害的宏观标志，俗称山崩地裂。地裂缝可能贯穿地基，造成地基的失稳或破坏。地裂缝按其成因可分为构造地裂缝与重力地裂缝。构造地裂缝是在地震作用下，地下断层错动连带引起土层破裂出露至地面危及地基。震级越高，断层错动越剧烈，出露于地表的裂缝越长，错距越大，切割越深，从岩层深处的断层直至地表，地裂缝可延伸数十米甚至数百米。重力地裂缝是在地震作用下，由于重力作用，在堤坝，河岸、路堤、土丘或阶地的顶部，因坡顶下陷引起的地裂缝。这种地裂缝较短、错距小，切割较浅，其形态虽然与地震烈度有关，但受地貌等场地因素的影响更大一些。

(二) 滑坡与地基滑动失稳

有临空面的山坡、河岸、堤坝边坡等，在地震作用下，坡体产生附加惯性力，增加了土坡下滑力，同时由于边坡土体的动力特性，土的抗剪强度降低，削弱了抗滑力，这两个因素相加，则可能加剧破坏土坡的稳定性，发生土坡的滑动。强震时发生大滑坡，往往伴随着地裂、砂土液化与泥石流，造成摧毁性的大破坏。

(三) 砂土的液化

地震时，松散的饱和砂土要增密至更加密实，导致孔隙水压力骤然上升，相应减少了土颗粒间的有效应力，降低了土的抗剪强度。在周期性的地震荷载作用下，孔隙水压力逐渐积累，当达到完全抵消有效应力，使土粒处于悬浮状态，土体接近于液体状态，这种现象称为砂土液化。当地基发生砂土液化，土体内部的超静孔隙水压力会带着土颗粒喷冒出地面，产生“砂沸”(又称“喷水冒砂”)现象，在喷冒孔周围形成圆锥形沉积物，类似“小型火山口”，涌流出的砂土会覆盖整个地面，可造成地面土的砂化。

完全液化的地基，还会产生流滑，液化砂土和覆盖在其上部的土层和建筑物，快速沿着倾斜面流滑。随着会造成次生灾害，即形成泥石流挟走房屋，堵塞河道，摧毁城镇，造成大范围的破坏。地基液化丧失强度，不能支撑上部的结构物，使结构物产生过大的倾斜与沉降，如日本新潟地震，由于液化层减震作用，虽然保持房屋结构完整，但地基土层液化却造成结构完整的房屋发生大倾斜与大沉降(可达1.5m以上)而严重破坏。地基的液化，还会使地下管道、储罐等有空腔结构物，在液化砂土中受上浮力作用，造成变位或断裂破坏。砂土液化是土体所特有的一种重要的动力特性，地基的砂土液化是最严重的地基震害。

(四) 地基的震陷

地震时，地基发生远超静力压缩的附加永久性动力陷落称为震陷。由于各类地基土的动力特点不同，因此发生震陷的机制与效果不同。疏松无黏性土地基，是因振动压密而造成较大的沉陷；松软的黏性土，是由于土体强度降低，地基土发生剪裂性破坏，累积的残留剪应变造成土体形状变化，会发生滑动失稳而产生土体陷落；饱和粉细砂土地基，是由于振动液化，造成水土流失而发生陷落；淤泥与淤泥质软弱土地基，是由于土骨架结构受振动破坏而削弱或丧失承载力，使土骨架变形加大而土体体积缩小造成陷落。

二、基础的地震效应与震害

连接上部结构物与地基的基础，有单独基础、条形基础、筏基、箱基、桩基等多种类型。在地震作用下，基础的震害有两种情况：一种是地震的影响作用（指地震产生的地震加速度形成周期性水平荷载应力）通过地基与上部结构传播给基础，产生附加的作用力，作用于连接处造成断裂破坏；另一种情况是地基的失效，即产生地裂、滑移、液化、震陷等现象，导致基础产生位移与变形，影响上部结构产生次生的应力与变形。这两种情况会使基础产生下列震害形式。

（1）产生基础的沉降与不均匀沉降和倾斜，导致结构物的破坏。

（2）基础的水平位移引起建筑物的位移。

（3）基础与结构物的连接处如柱脚的破坏。

（4）桩基破坏，即桩基产生附加沉降与侧向位移，严重者桩身也遭受弯曲与水平位移而破损。

第十一章　常用地基处理方法

第一节　换填垫层

一、换填垫层的概念

换填垫层是指将基础底面下一定范围内的软弱土层或不均匀土层挖出，换填其他性能稳定、无侵蚀性、强度较高的材料，并夯压密实形成垫层。

换填垫层是一种浅层地基处理方法，通过垫层的应力扩散作用，满足地基承载力设计。

二、换填垫层的作用

（一）提高浅层地基承载力

浅基础的地基承载力与持力层的抗剪强度有关。如果以抗剪强度较高的砂或其他填注材料代替软弱土，可提高地基承载力，并将建筑物基础压力扩散到垫层以下的软弱地基避免地基破坏。

（二）减少地基的变形量

由于砂垫层或其他垫层的应力扩散作用，使作用在下卧层土上的压力较小，会相应减少下卧层土的沉降量。

（三）加速软土层的排水固结

砂垫层和砂石垫层等垫层材料透水性大，软弱土层受压后，垫层可作为良好的排水面，可以使基础下面的孔隙水压力迅速消散，加速垫层下软弱土层的固结并提高其强度，避免地基土塑性破坏。

（四）防止土的冻胀

因粗颗粒的垫层材料孔隙大，不易产生毛细管现象，因此可以防止寒冷地区土中结冰所造成的冻胀。这时，砂垫层的底面应满足当地冻结深度的要求。

(五) 消除地基土的湿陷性、胀缩性或冻胀性

对湿陷性黄土、膨胀土或季节性冻土等特殊土，其处理目的主要是消除或部分消除地基土的湿陷性、胀缩性或冻胀性。

三、换填垫层的材料

(一) 砂石

用砂石料做垫层填料时，宜选用级配良好、质地坚硬的中砂、粗砂、砾砂、圆砾、卵石或碎石等，料中不得有草根、树皮、垃圾等杂物，且含泥量应不超过5%。用粉细砂做填料时，应掺入25%～30%的碎石或卵石，且均匀分布，最大粒径不宜大于50 mm，碾压或夯、振能较大时，亦不宜大于80 mm。用于排水固结地基垫层的砂石料，含泥量不宜超过3%。对于湿陷性黄土地基，不得选用砂石等渗水材料。

(二) 粉质黏土

土料中有机质含量不得超过5%，且不得含有冻土或膨胀土。当含有碎石时，其最大粒径不宜大于50 mm。用于湿陷性黄土或膨胀土地基的粉质黏土垫层，土料中不得夹有砖瓦或石块等。因黏土和粉土均难以夯实，故应避免使用，不得已使用时，应掺入不少于30%的砂石并拌匀后方可使用。采用粉质黏土大面积换填并使用大型机械夯压时，土料中的碎石粒径可稍大于50 mm，但不宜大于100 mm，否则影响夯压效果。

(三) 灰土

灰土的原材料是消石灰和土。消石灰是无机胶结材料，不但能在空气中硬化，在水中也能硬化。石灰宜选用新鲜的消石灰，消解3～4天筛除生石灰块后使用，其最大粒径不得大于5 mm，贮存期不超过3个月。消石灰的性质决定于其活性特质的含量，即CaO和MgO的含量百分率，最佳含灰率为8%。最佳体积配合比宜为2：8或3：7，因消石灰的用量在一定范围内，其强度随灰量的增大而提高，但当超过一定限制后，则强度增加很小。土料宜选用粉质黏土，因为灰土不仅可以作为填料，而且重要的是与消石灰发生化学反应，黏粒含量越多，灰土的强度越高。不宜使用块状黏土，且不得含有松软杂质，土料应过筛且最大粒径不得大于15 mm。

(四) 粉煤灰

粉煤灰可用于道路、堆场，以及小型建筑、构筑物等的换填垫层。粉煤灰垫层

上宜覆土 0.3 ~ 0.5m。粉煤灰垫层中采用掺加剂时，应通过试验确定其性能及适用条件。作为建筑物垫层的粉煤灰应符合有关放射性安全标准的要求。粉煤灰垫层中的金属构件、管网宜采取适当防腐措施。大量填筑粉煤灰时应考虑对地下水和土壤的环境影响。

(五) 矿渣

宜选用分级矿渣、混合矿渣及原状矿渣等高炉重矿渣。矿渣的松散容重不应小于 $11kN/m^3$，有机质及含泥总量不得超过 5%。垫层设计、施工前应对所选用的矿渣进行试验，确认性能稳定并满足腐蚀性和放射性安全的要求。对易受酸、碱影响的基础或地下管网不得采用矿渣垫层。大量填筑矿渣时，应经场地地下水和土壤环境的不良影响评价合格后，方可使用。

(六) 其他工业废渣

在有充分依据或成功试验时，可采用质地坚硬、性能稳定、透水性强、无腐蚀性和无放射性危害的其他工业废渣材料，但应经过现场试验证明其经济技术效果良好且施工措施完善后方可使用。

(七) 土工合成材料加筋垫层

土工合成材料是近年来随着化学合成工业的发展而迅速发展起来的一种新型土工材料，主要由涤纶、尼龙、腈纶、丙纶等高分子化合物，根据工程的需要，加工成具有弹性、柔性、高抗拉强度、低延伸率、透水、隔水、反滤性、抗腐蚀性、抗老化性和耐久性的各种类型的产品。如土工格栅、土工格室、土工垫、土工带、土工网、土工膜、土工织物、塑料排水带等，广泛应用于河岸、海岸护坡、堤坝、公路、铁路、港口、堆场、建筑、矿山、电力等岩土工程。土工合成材料在垫层中主要起加筋作用，能够提高地基土的抗拉和抗剪强度，防止垫层被拉断裂和剪切破坏，保持垫层的完整性，提高垫层的抗弯刚度。垫层材料宜用碎石、角砾、砾砂、粗砂、中砂等材料，且不宜含氯化钙、碳酸钠、硫化物等化学物质。当工程要求具有排水功能时，垫层材料应具有良好的透水性。在软土地基上使用加筋垫层时，应保证建筑物稳定并满足允许变形的要求。

四、《建筑地基处理技术规范》(JGJ 79—2012) 的一般规定

(1) 换填垫层适用于浅层软弱土层或不均匀土层的地基处理。

(2) 应根据建筑体型、结构特点、荷载性质、场地土质条件、施工机械设备及

填料性质和来源等综合分析后，进行换填垫层的设计，并选择施工方法。

(3) 对于工程量较大的垫层，应按所选用的施工机械、换填材料及场地的土质条件进行现场试验，确定换填垫层压实效果和施工质量控制标准。

(4) 换填垫层的厚度应根据置换软弱土的深度以及下卧土层的承载力确定，厚度宜为 0.5 ~ 3.0m。

五、换填垫层的施工

(一) 常用的施工机械

垫层施工应根据不同的换填材料选择施工机械。

1. 机械碾压法

机械碾压法的施工设备有平碾、振动碾、羊足碾、气胎碾、蛙式夯、插入式振动器和平板振动器等。一般粉质黏土、灰土宜采用平碾、振动碾或羊足碾，以及蛙式夯、柴油夯；砂石等宜用振动碾；粉煤灰宜采用平碾、振动碾、平板振动器、蛙式夯；矿渣宜采用平板振动器或平碾，也可采用振动碾。

为了保证有效压实深度，机械碾压速度控制范围为：平碾为 2 km/h，羊足碾 3 km/h，振动碾 2 km/h，振动压实机 0.5 km/h。

2. 重锤夯实法

重锤夯实法的主要设备为起重机械、夯锤、钢丝绳和吊钩等。当直接用钢丝绳悬吊夯锤时，吊车的起重能力一般应大于锤质量的 3 倍；采用脱钩夯锤时，起重能力应大于夯锤质量的 1.5 倍。夯锤宜采用圆台形，锤质量宜大于 2 t，锤底面单位静压力宜为 15 ~ 20 kPa，夯锤落距宜大于 4 m。

3. 平板振动法

振动压实机的工作原理是由电动机带动两个偏心块以相同速度反向转动，由此产生较大的垂直振动力。这种振动机的频率为 1160 ~ 1180 r/min，振幅为 3.5 mm，激振力可达 50 ~ 100 kN。该振动压实机可通过操纵使之前后移动或转弯。

(二) 换填垫层的施工方法

按密实方法和施工机械，换填垫层法有机械碾压施工法、重锤夯实施工法和振动压实施工法。

1. 机械碾压施工法

机械碾压施工法是采用各种压实机械来压实地基土的密实方法。此法常用于基坑底面积宽大、开挖土方量较大的工程。

工程实践中，碾压质量的关键在于施工时控制每层的铺设厚度和最优含水量，其最大干密度和最优含水量宜采用击实试验确定。所有施工参数（如施工机械、铺填厚度、碾压遍数与填注含水量等）都必须由工地试验确定。

2. 重锤夯实施工法

重锤夯实施工法是用起重机将夯锤提升到某一高度，然后自由落锤，不断重复夯击以加固地基。重锤夯实施工法一般适用于地下水位距地表 0.8 m 以上稍湿的黏性土、砂土、湿陷性黄土、杂填土和分层填土。

垫层施工中，增大夯击力或夯击遍数可提高夯击效果，但当土被夯实到某一密度时，再增加夯击功或夯击遍数，土的密度将不再增大，有时反而会降低。因此，应进行现场试验，确定符合夯击密实度要求的最少夯击遍数、最后下沉量（最后两击的平均下沉量）、总下沉量及有效夯实深度等。黏性土、粉土及湿陷性黄土最后下沉量不超过 10 ~ 20 mm，砂土不超过 5 ~ 10 mm 。施工时夯击遍数应比试夯时确定的最少夯击遍数增加 1 遍或 2 遍。实践经验表明，夯实的有效影响深度约为锤底直径的 1 倍。

重锤夯实施工要点：

（1）重锤夯实施工前应在现场进行试夯，试夯面积不少于 10 m × 10 m，试夯的层数不少于 2 层。试验应确定最少夯击遍数、最后两遍平均夯沉量和有效夯实深度等。一般锤夯实的有效深度可达 1 m 左右，并可清除 1.0 ~ 1.5 m 厚土层的湿陷性。

（2）夯前应检查坑（槽）中土的含水量，若需加水，应待水全部渗入土中一昼夜后方可夯击。含水量大，可采用撒吸水料（生石灰、干土等）、换土或其他措施处理。分层填土时，其含水量应控制为最优含水量。

（3）夯实范围，每边应超出基础边缘 0.5m。有地下水时应采取降水措施，冬季施工宜采取防冻措施。

（4）施工夯打方法。重锤夯实第一遍宜一夯挨一夯顺序进行，第二遍应在前一遍的间隙间夯实，如此反复进行（累计夯击 10 ~ 15 次），最后两遍应夯击平均夯沉量，对砂土不应超过 5 ~ 10 mm，对细颗粒土不应超过 10 ~ 20 mm。在独立桩基基坑内，宜按先外后里的顺序夯击。同一基坑底面标高不同时，应按先深后浅的顺序逐层夯实。

（5）注意边坡稳定及夯击对邻近建筑物的影响，必要时采取有效措施。重锤夯实法拟加固土层须高出地下水位 0.8 m 以上，当地下水位埋深在夯击的影响深度范围内时，须采取降水措施，然后再夯击施工。

3. 振动压实施工法

振动压实施工法是利用各种振动压实机将松散土振压密实的方法。此法用于处理无黏性土或黏粒含量少、透水性较好的松散杂填土地基及矿渣、炉渣、砾石、砂砾石等分层回填压实。

振动压实的效果与填土成分、振动时间等因素有关，一般振动时间越长，效果越好，但振动时间超过某一值后，振动引起的下沉基本稳定，再继续振动就不能起到进一步压实的作用。为此，需要施工前进行试振，得出稳定下沉量和时间的关系。对主要由炉渣、碎砖、瓦块组成的建筑垃圾，振动时间在 1 min 以上；对含炉灰等细粒填土，振动时间为 3 ~ 5 min，有效振实深度为 1.2 ~ 1.5 m。施工时若地下水位太高，将影响振实效果。

振实范围应从基础边缘放出 0.6 m 左右，先振基槽两边，后振中间，其振动标准是以振动机原地振实不再继续下沉为合格，并辅以轻便触探试验检验其均匀性及影响深度。振实后的地基承载力宜通过现场载荷试验确定。一般经振实的杂填土地基承载力可达 100 ~ 120 kPa。如果地下水水位太高，则将影响振实的效果。另外，应注意振动对周围建筑物的影响，振动与建筑物的距离应大于 3 m。

（三）砂石垫层施工

（1）砂石料宜采用振动碾和振动压实机等压密，其压实效果、分层铺填厚度、压实遍数、最优含水量等，应根据具体的施工方法及施工机具通过现场试验确定。

（2）砂及砂石料可根据施工方法不同控制最优含水量。用平板式振动器时，最优含水量为 15% ~ 20%；用平碾及蛙式夯时，则最优含水量为 8% ~ 12%；当用插入式振动器时，宜为饱和的碎石、卵石，矿渣则应充分洒水浸透后进行夯压。

（3）铺筑前，应先验槽。浮土应清除，边坡必须稳定，防止塌土。若垫层底部有孔洞、沟、井、墓穴时，应先清理，再用砂石或好土逐层回填夯实，并经检查合格后，方可铺填施工。

（4）严禁扰动垫层下卧的淤泥和淤泥质土等软弱土层，防止践踏、受冻、浸泡或暴晒过久。在卵石或碎石垫层的底部宜设 150 ~ 300 mm 厚的砂层，以防止下卧淤泥和淤泥质土表面的局部破坏。若淤泥和淤泥质土土层厚度较小，在碾压荷载下抛石能挤入该土层底面时，可先在软弱土层面上堆填块石、片石等，然后将其压入以置换或挤出软弱土。

（5）砂石垫层的底面宜铺设在同一标高上。如深度不同时，基底土层面应挖成阶梯或斜坡搭接，各分层搭接位置应错开 0.5 ~ 1.0 m 距离，搭接处应注意捣实，施工时应按先深后浅的顺序进行。

（6）人工级配的砂石垫层，应拌和均匀。用细砂做填料，应注意地下水的影响，且不宜使用平振法、插振法和水撼法。

(7) 地下水位高于基坑底面时，宜采取排、降水措施，注意边坡稳定，以防止塌土混入砂石垫层中。

(四) 素土垫层施工

(1) 素土及灰土料的施工含水量应控制在最优含水量为 ±2% 的范围内，含水量可以通过击实试验确定，也可按当地经验取用。

(2) 土垫层分段施工时，不得在柱基、墙角及承重窗间墙下接缝，上下两层的缝距不得小于 0.5 m，接缝处应夯压密实，灰土应拌和均匀并应当日铺填压实，灰土压实后 3 d 内不得受水浸泡，冬季应防冻。

(3) 其他要求参见砂垫层施工要点。

(五) 粉煤灰垫层施工工艺

(1) 粉煤灰在运输过程中，含水量以 15% ~ 25% 为宜。底层粉煤灰宜选用较粗的灰，并使含水量稍低于最佳含水量。在填筑碾压过程中，含水量宜控制在最优含水量为 ±4% 的范围内。若含水量过多，应将湿灰沥干；含水量过少，应洒水（pH 为 6 ~ 9，不含油质）湿润。

(2) 在软土地基上填筑粉煤灰垫层时，应先铺填 200 mm 左右厚粗砂或高炉干渣，以免表层土体扰动，同时有利于下卧软土层的排水固结，并切断毛细水的上升。

(3) 垫层的质量检验可用环刀压入法或钢筋贯入法。

(4) 施工顺序同砂垫层，其他施工要求也可参照砂垫层进行。

六、换填垫层的质量检验

(一) 室内检测

垫层的质量检验必须分层进行，并应在每层的压实系数符合设计要求后铺填上层。对粉质黏土、灰土、砂石、粉煤灰垫层的施工质量可选用环刀取样、静力触探、轻型动力触探或标准贯入试验等方法进行检验。对碎石、矿渣垫层的施工质量可采用重型动力触探试验等进行检验。压实系数可采用灌砂法或其他方法进行检验。

环刀取样法是将容积不小于 200 cm^3 的环刀压入垫层中取样，测定其干土密度（或压实系数），以达到设计要求的最小干密度（或压实系数）为合格。采用环刀法检验垫层的施工质量时，取样点应选择位于每层垫层厚度的 2/3 深度处。检验点数量，条形基础下垫层每 10 ~ 20 m^2 不应少于 1 个点，独立柱基、单个基础下垫层不应少于 1 个点，其他基础下垫层每 50 ~ 100 m^2 不应少于 1 个点。

（二）室外检测

当采用轻型动力触探或标准贯入试验等方法进行垫层质量检验时，必须首先通过现场试验，在达到设计要求压实系数的垫层试验区内，测得标准贯入深度或击数，然后再以此作为控制施工压实系数的标准，进行施工质量检验。每分层平面上检验点的间距不应大于 4 m。

竣工验收应采用静载荷试验垫层承载力，且每个单体工程不宜少于 3 个点；为保证静载荷试验的有效影响深度不小于换填垫层处理的厚度，静载荷试验压板的面积不应小于 1.0 m^2。对于大型工程应按单体工程的数量或工程划分的面积确定检验点数。在有充分试验依据时，也可采用标准贯入试验或静力触探试验进行检验。

（三）材料检测

加筋垫层中土工合成材料质量应符合设计要求，外观无破损、无老化、无污染；土工合成材料应可张拉、无皱褶、紧贴下承层，锚固端应锚固牢靠；上下层土工合成材料搭接缝应交替错开，搭接强度应满足设计要求。

第二节　预压地基

一、预压地基相关概念

（一）预压地基简介

预压地基法，也称排水固结法，是对地下水位以下的天然地基，或先在地基设置砂井（袋装砂井或塑料排水带）等竖向排水体的地基，通过加载系统在地基土中产生水头差，使土体中的孔隙水排出，逐渐固结，地基发生沉降，同时强度逐渐提高的方法。

经由各类水域沉积而成的饱和软黏土和充填土等软弱土层方法分布在我国许多地区。由于这类土含水量大、压缩性高、强度低、透水性差，将其直接作为天然地基使用，不仅承载力很低，而且在建筑荷载作用下会产生相当大的沉降和差异沉降，且沉降变形持续时间很长，不能满足工程要求而产生地基土破坏。所以这类软土地基通常需要采取加固处理，排水固结法就是处理软黏土地基的有效方法之一。

该法常用于解决软黏土地基的沉降和稳定问题，可使地基的沉降在加载预压期间不致产生过大的沉降和沉降差。同时，可增加地基土的抗剪强度，从而提高地基的承载力和稳定性。

(二) 预压地基的加固机制

在饱和软土地基上施加荷载后，土中孔隙水慢慢排出，孔隙体积不断减小，地基发生固结变形；同时，随着超静孔隙水压力的逐渐消散，有效应力逐渐提高，地基土强度逐渐增长。

土层的排水固结效果和它的排水边界条件有关。排水边界条件，即土层厚度相对荷载宽度（或直径）来说比较小，这时土层中的孔隙水将向上、下透水层排出而使土层固结，这称为竖向排水固结。根据太沙基一维固结理论，土层固结所需时间与排水距离的平方成正比，土层越厚，固结延续的时间越长。因此，可用增加土层的排水途径、缩短排水距离的方法来加速土层的固结。砂井等竖向排水体就是为此而设置的。这时土层中的孔隙水小部分从竖向排出，而大部分从水平向通过砂井排出。

必须指出，预压地基法除了要有砂井（袋装砂井或塑料排水带）的施工机械和材料外，还必须有预压荷载、预压时间及合适的土类等条件，这一点应引起足够的重视。

(三) 加压系统

加压系统是为地基提供必要的固结压力而设置的，它是地基土层因产生附加压力而发生排水固结。如果没有加压系统，预压地基固结就没有动力，即不能形成超静水压力，即使有良好的排水系统，孔隙水仍然难以排出，也就没有土层的固结。

产生固结压力的荷载一般分为三类：一是利用建筑物自身加压；二是外加预压荷载；三是通过减小地基土的孔隙水压力而增加固结压力。

1. 建筑物自身加压

利用建筑物本身的重量对地基加压是一种经济而有效的方法。此法一般应用于以地基的稳定性为控制条件，能适应较大变形的建筑物，如路堤、土坝、贮矿场、油罐、水池等。特别是对油罐或水池等建筑物，先进行充水加压，一方面可检验罐壁本身有无渗漏现象；另一方面可利用分级逐渐充水预压，使地基强度得以提高，满足稳定性要求。对路堤、土坝等建筑物，由于填土高、荷载大，地基的强度不能满足快速填筑的要求，工程上采取严格控制加荷速率、逐层填筑的方法以确保地基的稳定性。

2. 堆载预压

一般以散料为主，如石料、砂、砖等。大面积施工时，通常采用自卸汽车与推土机联合作业。对于超软地基的堆载预压，第一级载荷宜用轻型机械或人工作业。

施工时应注意以下三点。

（1）堆载面积要足够。堆载的顶面积不小于建筑物底面积。堆载的底面积也应适当扩大，以保证建筑物范围内的地基得到均匀加固。

（2）堆载要求严格控制加荷速率，保证在各级荷载下地基的稳定性，同时要避免部分堆载过高而引起地基的局部破坏。

（3）对超软黏性土地基，载荷的大小、施工工艺要精心设计以避免对土的扰动和破坏。利用建筑物自身荷载加压或堆载加压，最为危险的是急于求成，不认真进行设计，忽视对加荷速率的控制，施加超过地基承载力的荷载。特别是对于打入式砂井地基，未待因打砂井而使地基减小的强度得到恢复就进行加载，这样就容易导致工程的失败。从沉降角度分析，地基的沉降不仅仅是固结沉降，由于侧向变形也产生一部分沉降，特别是当荷载大时，如果不注意施加荷载速率的控制，地基内产生局部塑性区而因侧向变形引起沉降，从而增大总沉降量。

3. 真空预压

（1）抽气设备：抽气设备宜采用射流式真空泵。真空泵的设置数量应根据预压面积、真空泵性能指标以及施工经验确定，让每块预压区至少设置两台真空泵。对真空泵性能的一般要求是：抽真空效率高，能适应连续运转，工作可靠等。

①膜上管道：一端与出膜装置相连，另一端连接真空设备。主管与薄膜连接处必须妥善处理，以保证密封的气密性。

②膜外管路：膜外管路连接射流装置的回水阀、截水阀、管路。过水断面应能满足排水量，且能承受 100 kPa 径向力而不变形破坏的要求。

③膜内水平滤水管：设置真空预压系统时，应埋设水平向分布滤水管。滤水管的主要作用是使真空度在整个加固区域内均匀分布。滤水管在预压过程中应能适应地基的变形，特别是差异变形。滤水可用钢管或塑料管，其外侧宜缠绕铅丝，外包尼龙砂网或土工织物作为滤水层。滤水管在加固区内的分布形式可采用条状、梳子状或羽毛状等形状。滤水管一半埋设在排水砂垫层中间，其上应有 100 ~ 200 mm 砂层覆盖。对滤水管设置量的基本要求是分布适当，以利于真空度的均匀分布，其滤水层渗透系数应与砂相当，一般要求不小于 3×10^3 m/a。

（2）密封系统：密封系统包括密封膜、密封沟、辅助密封措施。一般用聚乙烯或聚氯乙烯膜。密封膜铺设质量是真空预压法成功的关键。密封膜应选用抗老化性能好、韧性大、抗穿刺能力强的不透气材料。普通聚氯乙烯薄膜虽可使用，但性能不如线性聚乙烯等专用膜好。密封膜热合时宜用双热合线平搭接，搭接长度应大于 15 mm。密封膜宜铺设三层，以确保自身密封性能。膜周边可采用挖沟折铺、平铺并用黏土压边，围埝沟内覆水以及膜上全面覆水等方法进行密封。当处理区内有充足水源补给的透水层时，应采用封闭式板桩墙、封闭式板桩墙加沟内覆水或其他密封措施隔断透水层。

4. 降水预压

井点降水，一般是先用高压射水将井管外径为 28 ~ 50 mm、下端具有长约 1.7 m 的滤管沉到所需深度，并将井管顶部用管路与真空泵相连，借真空泵的吸力使地下水位下降，形成漏斗状的水位线，井管间距视土质而定，一般为 0.8 ~ 2.0 m，井点可按实际情况进行布置。滤管长度一般取 1 ~ 2 m，滤孔面积应占滤管表面积的 20% ~ 25%，滤管外包两层滤网和棕皮，以防止滤管被堵塞。

当降水深度为 5 ~ 6 m 时，降水预压荷载可达 50 ~ 60 kPa，相应于堆高 3m 左右的砂石料。如果采用轻型多层井点或喷射井点等其他降水方法，则效果将更加明显。

降水预压法优于堆载预压法的一个优点是：降水预压使土中孔隙水压力降低，所以不会发生土体破坏，因而无须控制施加荷载速率，可一次降至预定深度，从而加速固结时间。

(四) 排水系统

排水系统是为了改善地基原有的天然排水系统的边界条件，增加孔隙水排出路径，缩短排水距离，从而加速地基土的排水固结进程的一种装置。若没有排水系统，土层排水途径少，排水距离长，即使有加压系统，孔隙水排出速度仍然慢，预压期间难以完成设计要求的固结沉降量，地基强度也就难以及时提高。

1. 竖向排水体

竖向排水体常采用普通砂井、袋装砂井或塑料排水板。

(1) 普通砂井：普通砂井直径一般为 300 ~ 50 0mm。宜选用中粗砂，含泥量不超过 3%。

(2) 袋装砂井：袋装砂井在工程中的应用，基本上解决了砂井的成井缩径、不连续以及不便于在很软弱的地基上大面积施工和材料消耗大等问题，是一种比较理想的竖向排水体。袋装砂井直径 7 ~ 12 cm；袋装砂井直径小，长细比大，井阻效应较为显著。

袋装砂井的砂料含泥量要求小于 3%。装沙袋材料应具有良好的透水性，不易漏失袋内砂料，有足够的抗拉强度能承受袋内砂料自重及弯曲所产生的拉力，有一定的抗老化和耐环境水腐蚀性能，便于加工制作，价格低廉等。目前普遍采用聚丙烯编织袋，其各种性能均较优良，仅抗老化性能差，但只要避免紫外线直接照射，仍是一种比较理想的沙袋材料。

(3) 塑料排水板：塑料排水板法是在纸板排水法基础上发展起来的，它有效弥补了纸板在饱水强度、耐久性、适水性等方面的不足。塑料排水板因其所用材料不同，结构也各异。

为保证塑料排水板在土体侧压力下不产生断面压缩变形，板芯材料多采用聚丙烯或聚乙烯塑料板心。而多孔型板芯，一般采用耐腐蚀的涤纶丝无纺织布。滤膜材料一般采用耐腐蚀的涤纶布，它既能保证饱水强度，又有较好的透水性。

2. 水平排水体

水平排水垫层材料宜采用透水性好的中粗砂，黏粒含量不应大于3%，砂料中可含有少量粒径不大于50mm的砾石，砂垫层的干密度应大于1.5 t/m^3，渗透系数应大于1×10^{-2} cm/s。

砂层的厚度一般不小于500mm（水下砂垫层厚度不小于1.0 m）。砂垫层的宽度应大于堆载宽度或建筑物的底宽，并伸出砂井区外边线2倍砂井直径。在砂料缺乏地区，也可采用连通砂井的纵横砂沟代替整面砂垫层。

（五）《建筑地基处理技术规范》（JGJ 79—2012）的一般规定

（1）预压地基适用于处理淤泥质土、淤泥、冲填土等饱和黏性土地基。预压地基按处理工艺可分为堆载预压、真空预压、真空和堆载联合预压。

（2）真空预压适用于处理以黏性土为主的软弱地基。当存在粉土、砂土等透水、透气层时，加固区周边应采取确保膜下真空压力满足设计要求的密封措施。对塑性指数大于25且含水量大于85%的淤泥，应通过现场试验确定其适用性。加固土层上覆盖有厚度大于5m以上的回填土或承载力较高的黏性土层时，不宜采用真空预压处理。

（3）预压地基应预先通过勘察，查明土层在水平和竖直方向的分布、层理变化，查明透水层的位置、地下水类型及水源补给情况等。并应通过土工试验确定土层的先期固结压力、孔隙比与固结压力的关系、渗透系数、固结系数、三轴试验抗剪强度指标，通过原位十字板试验确定土的抗剪强度。

（4）对重要工程，应在现场选择试验区进行预压试验，在预压过程中应进行地基竖向变形、侧向位移、孔隙水压力、地下水位等项目的监测并进行原位十字板剪切试验和室内土工试验。根据试验区获得的监测资料确定施加载速率控制指标，推算土的固结系数、固结度及最终竖向变形等，分析地基处理效果，对原设计进行修正，指导整个场区的设计与施工。

（5）对堆载预压工程，预压荷载应分级施加，并确保每级荷载下地基的稳定性；对真空预压工程，可采用一次连续抽真空至最大压力的加载方式。

（6）对主要以变形控制设计的建筑物，当地基土经预压所完成的变形量和平均固结度满足设计要求时，方可卸载。对以地基承载力或抗滑稳定性控制设计的建筑物，当地基土经预压后其强度满足建筑物地基承载力或稳定性要求时，方可卸载。

(7) 当建筑物的荷载超过真空预压的压力，或建筑物对地基变形有严格要求时，可采用真空和堆载联合预压，其总压力宜超过建筑物的竖向荷载。

(8) 预压地基加固应考虑预压施工对相邻建筑物、地下管线等产生附加沉降的影响。真空预压地基加固区边线与相邻建筑物、地下管线等的距离不宜小于 20 m，当距离较近时，应对相邻建筑物、地下管线等采取保护措施。

(9) 当受预压时间限制，残余沉降或工程投入使用后的沉降不满足工程要求时，在保证整体稳定条件下可采用超载预压。

(六) 预压地基的质量检验

施工过程中，质量检验与监测应包括：

(1) 对塑料排水带应进行纵向通水量、复合体抗拉强度、滤膜抗拉强度、滤膜渗透系数和等效孔径等性能指标现场随机抽样测试。

(2) 对不同来源的砂井和砂垫层砂料，应取样进行颗粒分析和渗透性试验。

(3) 对以地基抗滑稳定性控制的工程，应在预压区内预留孔位，在加载不同阶段进行原位十字板剪切试验和取土进行室内土工试验；加固前的地基土检测，应在打设塑料排水带之前进行。

(4) 对预压工程，应进行地基竖向变形、侧向位移和孔隙水压力等监测。

(5) 真空预压、真空和堆载联合预压工程，除应进行地基变形、孔隙水压力监测外，还应进行膜下真空度和地下水位监测。

预压地基竣工验收检验应符合下列规定：排水竖井处理深度范围内和竖井底面以下受压土层，经预压所完成的竖向变形和平均固结度应满足设计要求。应对预压的地基土进行原位试验和室内土工试验。原位测试可采用十字板剪切试验或静力触探，检验深度不应小于设计处理深度。原位试验和室内土工试验，应在卸载 3 ~ 5d 后进行。检验数量按每个处理分区不少于 6 点进行检测，对于堆载斜坡处应增加检验数量。

二、堆载预压

软黏土地基由于具有高含水量、低渗透性以及低强度、高压缩性且变形持续时间较长等不良工程地质性质，因此地基承载力和稳定性往往难以满足工程要求，常需要采取某种工程措施予以处理。预压地基是处理软黏土地基最基本的有效方法之一。

堆载预压是通过增加总应力来加速完成地基固结过程的主要技术方法。一般常用填土、砂石等散粒材料及油罐充水等对地基进行堆载预压。

(一) 堆载预压现场监测设计

堆载预压现场监测项目一般包括地面沉降观测、水平位移观测和孔隙水压力观测，如有条件时可布设径向地基中深层沉降和水平位移观测。根据现场资料分析，地基在堆载预压过程中和竣工后需要有固结、强度和沉降变化的资料，其不仅是发展理论和评价处理效果的依据，也利于防止因设计和施工不完善而引起的意外工程事故。

地面沉降观测是最基本、最重要的观测项目之一。观测点应沿场地对称轴线上布置，场地中心、坡顶、坡脚和场地外 10m 范围内均需设置，以掌握荷载作用范围内地基的总沉降、荷载外地面沉降或隆起等。利用沉降观测资料可推算最终沉降量和估算地基的平均固结度以及堆载对邻近建筑物的可能影响。一般情况下，沉降速率应控制在 10 ~ 20 mm/d 范围内。

地面水平位移观测点一般布置在堆载的坡脚，并根据荷载情况，在堆载作用面外再布置 2 ~ 3 排观测点。这是控制堆载预压施加荷载速率和监视地基稳定性的重要手段之一。一般情况下，水平位移值应控制在 4 mm/d。

孔隙水压力观测点一般布置在堆载中心线和边线附近堆载面以下地基不同深度处。通过孔隙水压力观测资料可以反算土的固结系数，推算该点不同时间的固结度，从而推算强度增长，并控制施加荷载速率。

深层沉降观测点一般布置在堆载轴线下地基的不同土层中，孔中测点位于各土层的顶部。通过深层沉降观测可以了解各层土的固结情况，有利于更好地控制施加荷载速率。

深层侧向位移测点一般布置在堆载坡脚附近。通过深层侧向位移观测可更有效地控制施加荷载速率，保证地基稳定。

(二) 堆载预压的施工

1. 砂井施工

砂井施工要求：保证砂井连续和密实，并且不出现颈缩现象；尽量减少对周围土的扰动；砂井的长度、直径和间距应满足设计要求。砂井施工一般先在地基中成孔，再在孔内灌砂形成砂井。砂井成孔的典型方法有套管法、射水法、螺旋钻成孔法和爆破法。

(1) 套管法：该法是将带活瓣管尖或套用混凝土端靴的套管沉到预定深度，然后在管内灌砂、拔出套管形成砂井。根据沉管工艺的不同又分为静压沉管法、锤击沉管法、锤击静压联合沉管法和振动沉管法等。

静压、锤击及联合沉管法提管时易将管内砂柱带起来，造成砂井缩颈或断开，影响排水效果，辅以气压法虽有一定效果，但工艺复杂。

采用振动沉管法，是以振动锤为动力，将套管沉到预定深度，灌砂后振动、提管形成砂井。该法能保证砂井连续，但其振动作用对土的扰动较大。此外，沉管法的一个缺点是：击土效应产生一定的涂抹作用，影响孔隙水排出。

(2) 射水法：该法是通过专用喷头、依靠高压下的水射流成孔，成孔后经清孔、灌砂形成砂井。射水成孔工艺，对土质较好且均匀的黏性土地基较适用，但对土质很软的淤泥，因成孔和灌砂过程中容易缩孔，很难保证砂井的直径和连续性，对夹有粉砂薄层的软土地基，若压力控制不严，宜在冲水成孔时出现串孔，对地基扰动较大。

射水成孔的设备比较简单，对土的扰动较小，但在泥浆排放、塌孔、缩颈、串孔、灌砂等方面都存在一定的问题。

(3) 螺旋钻成孔法：该法以螺旋钻具干钻成孔，然后在孔内灌砂形成砂井。此法适用于陆上工程，砂井长度在 10 m 以内，土质较好，不会出现缩颈和塌孔现象的软弱地基。该法所用设备简单而机动，成孔比较规整，但灌砂质量较难掌握，对很软弱的地基也不适用。

(4) 爆破法：此法是先用直径 73 mm 的螺旋钻钻成一个砂井所要求设计深度的孔，在孔中放置由传爆线和炸药组成的炸药包，爆破后将孔扩大，然后往孔内灌砂形成砂井。这种方法施工简易，不需要复杂的机具，适用于深为 6 ~ 7 m 的浅砂井。

以上各种成孔方法，必须保证砂井的施工质量，以防缩颈、断颈或错位现象。制作砂井的砂宜用中砂，砂的粒径必须能保证砂井具有良好的渗水性。砂井粒度要不被黏土颗粒堵塞。砂应是洁净的，不应有草根等杂物，其含泥量不超过 3%。

砂井的灌砂量，应按砂在中密状态时的干容重和井管外径所形成的体积计算，其实际灌砂量按质量要求控制，不得小于计算值的 95%。

为了避免出现砂井断颈现象，可用灌砂的密实度来控制灌砂量。灌砂时可适当灌水，以利密实。砂井位置的允许偏差为该井的直径，垂直度的允许偏差为 1.5%。

2. 袋装砂井施工

(1) 机械就位。打桩机械沿路线方向自外向内施打，机械就位后，套管应对准桩位，缓慢放下。套管底端应有可开闭底盖或有预制桩尖。

(2) 施打或沉入套管。井孔定位后，沉入或施打到土基内，直至设计深度。施打时，开动振动锤后应缓慢进行，并随时检查套管的垂直度。

（3）穿入砂袋。扎好沙袋下口后，在其下端放入20cm左右的砂，作为压重，将袋子放入套管中沉至要求的深度。

（4）就地灌砂。将袋口固定在装砂用的漏斗上灌入砂。灌砂时应边落砂边向砂袋内注水，并振动以利灌砂顺畅密实，直至砂溢出沙袋。

（5）检查砂袋中砂的饱满程度，当发现不饱满时，应继续二次灌砂，直至砂满为止。然后把压缩空气送进套管，一边缓慢提升套管，直至拔出。

（6）用铁锹将露出的沙袋桩头埋入砂垫层中。

（7）也可用预制沙袋沉放，先在袋内装满砂料，扎好上口，成为预制沙袋，运往现场，弯成圆形，成圈堆放，成孔后将砂袋立即放入孔内。

3. 塑料排水法施工

用塑料排水板插板机将塑料排水板插入土中，该机械基本上可与袋装砂井打设机械共用，只是将圆形导管改为矩形导管。施工时平面井距偏差应不大于井径，垂直度偏差宜小于1.5%，拔管后带上塑料排水板的长度不宜超过500 mm。塑料排水板需要接长时，应采用滤膜内芯板平搭接的连接方式，搭接长度宜大于200 mm。

4. 排水砂垫层施工

（1）若地基承载力较好，能承受一般建筑机械时，可采用机械分堆摊铺法，即先堆成若干砂堆，然后用推土机或人工摊平。

（2）当硬壳层承载力不足时，可采用顺序推进铺筑法，避免机械进入未铺垫层场地。

（3）若地基表面非常软，若为新沉积或新吹填不久的超软地基，首先要改善地基表面的持力条件，可先在地基表面铺设筋网层，再铺砂垫层。筋网可用土工聚合物、塑料编织网或竹筋网等材料。但对水平力作用的地基，应注意当筋网腐烂形成软弱夹层时对地基稳定性的不利影响。

（4）尽管对超软地基表面采取了措施，但持力条件仍然很差，一般不能进入轻型机械。在这种情况下，通常采用人工或轻便机械顺序推进铺设。

应当指出，无论采用何种方法施工，在排水垫层的施工过程中都应避免过度扰动软土表面，以免造成砂土混合，影响垫层的排水效果。此外，在铺设砂层前，应清除干净砂井表面的淤泥或其他杂物，以利于排水。

三、真空预压

（一）真空预压法的概念

真空预压系统由抽真空系统和排水排气系统两部分组成，膜上下压差一般可维持在610～730 mmHg，即80～95 kPa，一般取85 kPa作为设计真空度。真空预压法处理地基施工步骤为：首先在原地基表面铺垫一定厚度（通常为50 cm）的砂垫层，再在土体中打入砂井、袋装砂井或塑料排水板（以下如不特殊说明，一律称为砂井）作为竖向排水体。将不透气的薄膜铺设在砂垫层顶面上，薄膜四周埋入不透水土中，借助埋设于砂垫层中的管道，通过抽真空装置将薄膜下砂垫层中的空气抽出，使其形成相对负压，由于砂井渗透性较大，该负压能够快速传递到砂井深部，从而在砂井和砂井周围土体之间形成孔压差，使土体中的孔隙水流入砂井并被排出，以达到固结。

真空排水预压法加固软土地基的方法属于排水固结法的一种，由加压系统、排水排气系统以及密封系统三部分组成。

(1) 加压系统：主要是起固结作用的荷载，使地基土的有效固结压力增加而产生固结。

(2) 排水排气系统：设置排水系统主要在于改变地基原有的排水边界条件和借助于排水系统来传递真空压力，增加孔隙水排出的途径，缩短排水距离，减少加固时间。

(3) 密封系统：是施加真空荷载成功与否的关键，也是真空排水预压法能够显著改善地基条件的保障。

(二) 特点及适用范围

1. 真空预压法的特点

(1) 不需要大量堆载，可省去加载和卸载工序，节省大量原材料、能源和运输能力，缩短预压时间。

(2) 真空法所产生的负压使地基土的孔隙水加速排出，可缩短固结时间；同时由于孔隙水排出，渗流速度增大，地下水位降低，由渗流力和降低水位引起的附加应力也随之增大，提高了加固效果；且负压可通过管路送到任何场地，适应性强。

(3) 孔隙渗流水的流向及渗流力引起的附加应力均指向被加固土体，土体在加固过程中的侧向变形很小，真空预压可一次加足，地基不会发生剪切破坏而引起地基失稳，可有效缩短总的排水固结时间。

(4) 适用于超软黏性土以及边坡、码头、岸边等地基稳定性要求较高的工程地基加固，土越软，加固效果越明显。

(5) 所用设备和施工工艺比较简单，无须大量的大型设备，便于大面积使用。

(6) 无噪声、无振动、无污染，可做到文明施工。

(7) 技术经济效果显著，根据国内在天津新港区的大面积实践，当真空度达到600 mmHg，经60d抽气，大部分井区土的固结度达到80%以上，地面沉降达57 cm，同时能耗降低 1/3，工期缩短 2/3，比一般堆载预压降低造价 1/3。

2. 真空预压适用范围

真空预压法适于饱和均质黏性土及含薄层砂夹层的黏性土，特别适于新淤填土、超软土地基的加固。但不适于在加固范围内有足够的水源补给的透水土层，以及无法堆载的倾斜地面和施工场地狭窄的工程进行地基处理。

（三）真空预压法的加固机制

真空预压法系将不透气的薄膜铺设在需要加固的软土地基表面的砂垫层上，然后打设垂直排水通道，借助埋设于砂垫层中的管道，将膜下土体间的空气抽出，使其形成真空，利用真空作用，使土体加速排水而压密。

在真空作用下土体的固结过程可以认为是孔隙水压力消散的过程，即抽真空时先后在地表砂垫层及竖向排水通道内逐步形成负压，使土体内部与排水通道、砂垫层之间形成压差，在此压差作用下，土体中的孔隙水不断由排水通道排出，从而使土体固结。根据固结理论，土骨架变形过程就是孔隙水排出过程，当总应力保持不变时，有效应力随着孔隙水压力的减少而增加，因而使土体排水固结。

（四）机具设备

真空预压主要设备为真空泵，一般宜用射流真空泵，它由射流箱及离心泵组成。射流箱规格为 φ48 mm，效率应大于 96 kPa，离心泵型号为 3BA-9、φ50 mm，每个加固区宜设两台泵为宜（每台射流真空泵的控制面积为 1000 m^2）。配套设备有集水罐、真空滤水管、真空管、止回阀、阀门、真空表、聚氯乙烯塑料薄膜等。滤水管采用钢管或塑料管材，应能承受足够的压力而不变形。滤水孔一般采用 φ8 ~ 10 mm，间距 5 cm，梅花形布置，管上缠绕 3 mm 铁丝，间距 5 cm，外包尼龙窗纱布一层，最外面再包一层渗透性好的编织布或土工纤维或棕皮即可。

第三节　压实地基和夯实地基

压实地基适用于处理大面积填土地基。浅层软弱地基以及局部不均匀地基的换填处理应符合换填垫层法的有关规定。夯实地基可分为强夯和强夯置换处理地基。强夯处理地基适合于碎石土、砂土、低饱和度的粉土与黏性土、湿陷性黄土、素填土和杂填土等地基；强夯置换适用于高饱和度的粉土与软塑—流塑的黏性土地基上对变形要求不严格的工程。

一、压实地基

近年来，城市建设和城镇化发展迅速，人口规模和用地规模不断增长，开山填谷、炸山填海、围海造田、人造景观等大面积填土工程越来越多。大面积大厚度填方压实地基的工程实践成功案例很多，但工程事故也有很多，不仅后果严重，还带来很多环境问题。

(一) 高填方工程的地基处理问题

随着沿海地区和山区经济建设的发展，近十多年来，利用“填海造地”“开山填谷”解决沿海地区和山区高速公路、石油石化仓储、住宅小区及民航机场工程等建设用地的项目日趋增多。由此带来了“填海造地”“开山填谷”所形成的大面积、大土石方量、大挖方、高填方、极松散且不均匀的工程场地地基处理问题，即高填方工程的地基处理问题。具体有以下几种：

(1) 截水与排水渗水导流问题；

(2) 高填方工程原地面土基和软弱下卧层处理问题；

(3) 填挖交界面的处理问题；

(4) 填料搭配及分层填筑施工方法问题；

(5) 高填方工程的分层填筑地基处理设计问题；

(6) 挖方和填方高边坡加固系列问题；

(7) 地基加固效果检测及评价方法问题；

(8) 高填方的工后沉降量估算问题。

地基的填筑方法是高填方地基加固处理的关键工序，在填筑时，必须采用分层堆填，绝对禁止抛填。分层堆填的厚度可根据运输吨位，取 1 ~ 1.5 m。大面积填方是选用压实方法还是夯实方法，要根据项目具体情况（填料类型、设备资源、工期要求等）进行经济技术对比后综合确定。

(二) 压实机的分类与特性

对填方地基实施机械压实，密实度每提高 1%，其承载能力可提高 10% 左右。压实机械通常分为压路机（以滚轮压实）和夯实机（以平板压实）两类。按施力原理不同，压路机又分为静力作用压路机、轮胎压路机、振动压路机和冲击式压路机四个系列，夯实机械有振动夯实机、施加冲击力夯实机和蛙式夯实机。

1. 按压实原理分类

按工作原理分类基本上能体现出压实机械各自的技术特性，这为压实机械的设计与使用提供了依据。静碾压路机和轮胎压路机都是以其自身质量产生的静电力迫使土颗粒相互靠近的，从而提高土壤的密实度。

与静碾压路机相比，轮胎压路机的优越性在于能使被压实材料有良好的封闭性和揉搓作用。它除了用于压实沥青混凝土铺装层外，几乎还能完成所有的压实工作。自行式轮胎压路机的机动性好，便于运输和转移工地。

振动压路机发出的振动荷载使土颗粒处于高频振动状态，使颗粒间的内摩擦力丧失，同时压路机的重力对土壤产生的压应力和剪应力迫使土颗粒重新排列而得到压实。

最早是在振动平板压实机的基础上发明了拖式振动压路机。随着对振动技术的深入研究，振动轴承和减振器的性能及制造工艺不断提高，先后研制成功了轮胎驱动（铰接式）振动压路机和串联式振动压路机。冲击式压路机使用多边形方滚，具有静压、冲击、振动、捣实和揉搓的综合作用，适用于大型填方、塌陷性土壤和干砂填筑工程的压实。振动平板夯实机与振动冲击夯实机同属于振动压实机械。蛙式夯机是我国特有的一种小型压实设备，目前仍被广泛使用。振动夯实机械通常用于小型工程的压实或作为压路机的补充。

2. 按工作质量大小分类

按工作质量大小，压路机分为小型、轻型、中型、重型和超重型。

3. 按压路机用途分类

压实路面用的压路机要求有光整封层作用，不破坏铺层材料中的粗骨料，并且不黏结沥青混合料。因此，路面型的压路机应以大滚轮串联式为主，对于振动压路机要求高频率低振幅，要有洒水或喷水功能，最好是全轮驱动。柔性压轮更能起到封层和保存粗骨料的作用，此外还有加铺沥青混凝土路面专用的薄层振动压路机。

压实地基用的压路机要求压实能力强，牵引力大，越野性能好，应取大吨位的重型或超重型，振动压路机要大振幅低频率，驱动轮胎要宽基、低压、带花纹，压路机横向稳定性要好，并且应有带锁止机构的差速器。对堤坝和河槽斜坡的压实，可用履带式拖拉机绞车牵动的拖式或自行式振动压路机施工，还可选用专用的斜坡压实机。对于管道或电缆埋设沟槽填土，可用专门的沟槽压实机压实。

（三）冲击压实

冲击压实技术是继静碾压、振动碾压之后的又一次重大技术革新，它是采用拖车牵引三边形或五边形双轮来产生集中的冲击能量达到压实土石料的目的。冲击压实在路基和大面积填筑中的应用越来越广，尤其在以不良土作为填料的路基压实中有突出的优点。冲击压实技术是一种利用非圆形、大功率、连续滚动的轮碾进行路面和路基冲击压实的技术。冲击压实利用动力固结原理，冲击压路机对路基产生的强烈冲击波向地下深层传播，使原土体结构被破坏，土颗粒在强大的冲击挤压力下孔隙被压缩挤密，孔压力急剧上升，土体形成树状裂隙，使土体中原有的水分和空气逸出，形成二次沉降。地基的压缩性降低，压实度大大提高。

(四) 压实地基的有关规定

(1) 地下水位以上填土，可采用碾压法和振动压实法，非黏性土或黏粒含量少、透水性较好的松散填土地基宜采用振动压实法。

(2) 压实地基的设计和施工方法的选择，应根据建筑物体型、结构与荷载特点、场地土层条件、变形要求及填料等因素确定。对大型、重要或场地地层条件复杂的工程，在正式施工前，应通过现场试验确定地基处理效果。

(3) 以压实填土作为建筑地基持力层时，应根据建筑结构类型、填料性能和现场条件等，对拟压实的填土提出质量要求。未经检验，且不符合质量要求的压实填土，不得作为建筑地基持力层。

(4) 对大面积填土的设计和施工，应验算并采取有效措施确保大面积填土自身稳定性、填土下原地基的稳定性、承载力和变形满足设计要求；应评估对邻近建筑物及重要市政设施、地下管线等的变形和稳定的影响；施工过程中，应对大面积填土和邻近建筑物、重要市政设施、地下管线等进行变形监测。

二、夯实地基

(一) 强夯法的特点

强夯法在国际上又被称为动力固结法，或称动力压实法。这种方法是使用起重设备，将大质量 (10 ~ 400 kN) 和一定外形结构规格的夯锤起吊至某一高度 (一般为 10 ~ 40 m) 后，自由下落，给地基土以强大的冲击能量进行夯击，使地基土产生强烈的振动和很高的动应力，从而在一定范围内使土体的强度提高，压缩性降低。

虽然强夯法应用的土类很广，但对饱和度较高的黏性土，一般来说处理效果不显著。尤其是淤泥和淤泥质黏土地基，处理效果更差，应慎用。近些年来，对这类土也有采用强夯法加袋装砂井 (和塑料排水带) 进行综合处理的，但其处理效果并不理想。针对上述情况，国内外相继采用了在夯坑内回填块石、碎石、砂或其他粗颗粒材料，通过夯击排开软土，从而在地基中形成块石墩，这种方法称为强夯置换法。

强夯法加固地基的特点如下：

(1) 加固效果显著，可取得较高的承载力，一般地基强度可提高 2 ~ 5 倍，变形沉降量小，压缩性可降低 50% ~ 10%，加固影响深度可达 6 ~ 10 m。

(2) 施工设备、施工工艺操作简单。

(3) 工效高、施工速度快 (一套设备每月可加固 5000 ~ 10000 m^2 地基)，比换土回填和桩基施工缩短一半工期。

(4) 节省加固原材料，施工费用低，节省投资，比换土回填费用节省 60%，与预制桩加固地基相比节省 50% ~ 70%，与砂桩相比节省 40% ~ 50%。

(5) 适用范围十分广泛，不但能在陆上施工，而且可在水下夯实;

(6) 施工时噪声和振动较大，因而不宜在人口密集的城市内使用。

强夯法适用于处理碎石土、砂土、粉土、黏性土、杂填土和素填土等地基。经过处理后的地基，既提高了地基土的强度，又降低其压缩性，同时能改善其抗震动液化的能力和清除土的湿陷性。所以这种处理方法还常用于可液化砂土地基和湿陷性黄土地基。

(二) 强夯法加固原理

1. 动力密实 (非饱和土加固原理)

采用强夯加固多孔隙、粗颗粒、非饱和土是基于动力密实的机制，即用冲击型动力荷载，使土体中的孔隙减小，土体变得密实，从而提高地基土强度。非饱和土的夯实过程，就是土中气相 (空气) 被挤出的过程，其夯实变形主要是由土颗粒的相对位移引起的。在冲击动能作用下，地面会立即产生沉降，一般夯击一遍后，其夯坑深度可达 0.6 ~ 1.0 m ，夯坑底部形成一层超压密硬壳层，承载力可比夯前提高 2 ~ 3 倍。非饱和土在中等夯击能量 1000 ~ 2000 kN · m 的作用下，主要产生冲切变形。在加固深度内，气相体积大大减少，最大可减少 60%。

2. 动力固结 (饱和土加固原理)

用强夯法处理细颗粒饱和土时，则是借助于动力固结的理论，即巨大的冲击能量在土中产生很大的应力波，破坏了土体原有的结构，使土体局部发生液化并产生许多裂隙，增加了排水通道，使孔隙水顺利逸出，待超孔隙水压力消散后，土体固结。由于细颗粒土的触变性，强度得到提高。

3. 动力置换 (强夯置换加固原理)

动力置换可分为整式置换和桩式置换。整式置换是采用强夯将碎石整体挤入淤泥中，其作用机制类似于换土垫层。桩式置换是通过强夯将碎石填筑于土体中，部分碎石桩 (或墩) 间隔地夯入软土中，形成桩式 (或墩式) 的碎石墩 (或桩)。其作用机制类似于振冲法等形成的碎石桩，它主要是靠碎石内摩擦角和墩间土的侧限来维持桩体的平衡，并与墩间土起复合地基作用。

第四节 复合地基

复合地基的含义随着其实践的发展有一个发展过程。初期，复合地基主要是指在天然地基中设置碎石桩而形成的碎石桩复合地基，人们将注意力主要集中在碎石桩复合地基的应用和研究上。随着深层搅拌法和高压喷射注浆法在地基处理中的推广应用，人们开始重视水泥土桩复合地基的研究。随着土工合成材料在工程建设中的广泛应用，又出现了水平向增强体复合地基的概念。在我国应用的复合地基类型主要有：由多种施工方法形成的各类砂石桩复合地基，水泥土桩复合地基，低强度桩复合地基，土桩、灰土桩复合地基，钢筋混凝土桩复合地基，薄壁筒桩复合地基，加筋土地基等。复合地基技术在房屋建筑（包括高层建筑）、高等级公路、铁路、堆场、机场、堤坝等土木工程建设中得到广泛应用。

复合地基是指天然地基在地基处理过程中部分土体得到增强，或被置换，或在天然地基中设置加筋材料，加固区是由基体（天然地基土体或被改良的天然地基土体）和增强体两部分组成的人工地基。在荷载作用下，基体和增强体共同承担荷载的作用。根据地基中增强体的方向又可分为水平向增强体复合地基和竖向增强体复合地基。如何设置增强体以保证增强体与天然地基土体能够共同承担上部结构荷载是有条件的，这也是在地基中设置增强体能否形成复合地基的条件。在荷载作用下，增强体与天然地基土体通过变形协调共同承担荷载作用是形成复合地基的基本条件。

一、复合地基的常用形式

(1) 按增强体设置方向分类，可分为竖向、水平向和斜向。

(2) 按增强体材料分类，可分为（碎）砂石桩、水泥土桩、土桩、灰土桩、渣土桩等，各类低强度混凝土桩和钢筋混凝土桩等。

(3) 按基础刚度和垫层设置分类，可分为刚性基础，设垫层；刚性基础，不设垫层；柔性基础，设垫层；柔性基础，不设垫层。

(4) 按增强体长度分类，可分为等长度和不等长度。

二、复合地基的基本类型

(1) 砂碎石桩复合地基；

(2) 水泥搅拌桩复合地基；

(3) 旋喷桩复合地基；

(4) 土桩与灰土桩复合地基；

(5) 水泥粉煤灰碎石桩复合地基；

(6) 夯实水泥土桩复合地基；

(7) 柱锤冲扩孔复合地基；

(8) 多桩型复合地基。

第五节　注浆加固

一、注浆材料

注浆材料的发展具有悠久的历史，早期人们使用黏土、水泥为主要注浆材料，19 世纪后期，注浆材料从水泥浆材发展到以水玻璃类浆材为主的化学浆材。第二次世界大战后，化学浆材得到飞速发展，尤其是近 40 年来，有机高分子注浆材料发展迅速。至今国内外各种注浆浆材达上百余种。我国基本上拥有国外的所有注浆浆材，也研制出新的浆材品种。

灌浆加固离不开浆材，而浆材品种和性能的好坏，又直接关系着灌浆工程的成败、质量和造价，因而灌浆工程界历来对灌浆材料的研究和发展极为重视。现在可用的浆材越来越多，尤其在我国，浆材性能和应用问题的研究比较系统和深入，有些浆材通过改性使其缺点消除后，正朝理想浆材的方向演变。灌浆工程中所用浆液是由主剂（原材料）、溶剂（水或其他溶剂）及各种外加剂混合而成。通常所说的灌浆材料是指浆液中所用的主剂。外加剂可根据在浆液中所起的作用，分为固化剂、催化剂、速凝剂、缓凝剂和悬浮剂等。

（一）浆液性质评价

1. 浆液性质评价指标

灌浆材料的主要性质评价指标包括分散度、沉淀析水性、凝结性、热学性、收缩性、结石强度、渗透性和耐久性。

2. 浆液材料要求

(1) 浆液应是真溶液而不是悬浊液。浆液黏度低，流动性好，能进入细小裂隙。

(2) 浆液凝胶时间可在几秒至几小时范围内随意调节，并能准确地控制，凝胶一经发生应瞬间完成。

(3) 浆液的稳定性好。在常温常压下，长期存放不改变性质，不发生任何化学反应。

(4) 浆液无毒无臭。对环境无污染，对人体无害，属非易爆物品。

(5) 浆液应对注浆设备、管路、混凝土结构物、橡胶制品等无腐蚀性，并容易清洗。

(6) 浆液固化时无收缩现象，固化后与岩石、混凝土等有一定的黏结性。

(7) 浆液结石体有一定抗压和抗拉强度，不龟裂，抗渗性能和防冲刷性能好。

(8) 结石体老化性能好，能长期耐酸、碱、盐、生物细菌等腐蚀，且不受温度和湿度的影响。

(9) 材料来源丰富、价格低廉。

(10) 浆液配制方便，操作容易。

现有灌浆材料不可能同时满足上述要求，一种灌浆材料只能符合其中几项要求。因此，在施工中要根据具体情况选用某一种较为合适的灌浆材料。

(二) 粒状浆液特性

水泥浆是以水泥砂浆为主的浆液，在地下水无侵蚀性条件下，一般都采用普通硅酸盐水泥，它是一种悬浊液，能形成强度较高和渗透性较小的结石体，既适用于岩土加固，也适用于地下防渗。在细裂隙和微孔隙地层中虽可灌性不如化学浆材好，但若采用劈裂灌浆原理，则不少弱透水地层都可以用水泥浆进行有效的加固，故成为国内外常用的浆液。

水泥浆配比采用水灰比表示，水灰比指的是水的质量与水泥质量之比。水灰比越大，浆液越稀，一般变化范围为 0.6 ~ 2.0，常用的水灰比是 1 : 1。为了调节水泥浆的性能，有时可加入速凝剂或缓凝剂等附加剂。常用的速凝剂有水玻璃和氯化钙，其用量为水泥质量的 1% ~ 2%，常用的缓凝剂有木质素磺酸钙，其用量为水泥质量的 0.2% ~ 0.5%。

水泥浆材属于悬浮液，其主要问题是析水性大，稳定性差。水灰比越大，上述问题就越突出。此外，纯水泥浆的凝结时间较长，在地下水流速较大的条件下，灌浆时浆液易受冲刷和稀释等。

黏土类浆液采用黏土作为主剂，黏土的粒径一般极小，而比表面积较大，遇水具有胶体化学特性。黏土颗粒越细，浆液的稳定性越好，一般用于护壁或临时性的防护工程。

由于黏土的分散性高，亲水性强，因而沉淀析水性较小。在水泥浆中加入黏土后，兼有黏土浆和水泥浆的优点，成本低，流动性好，稳定性高，抗渗压和冲蚀能力强，是目前大坝砂砾石基础防渗帷幕与充填注浆常用的材料。

水泥砂浆由于是由水灰比不大于 1.0 的水泥浆掺砂配成，与水泥浆相比具有流动性小，结实强度高和耐久性好，节省水泥的优点。地层中有较大裂隙、溶洞，耗浆量很大或者有地下水活动时，宜采用该类浆液。

二、水泥浆液注浆加固

（一）特点及适用范围

水泥注浆地基是将水泥浆通过压浆泵、灌浆管均匀地注入土体中，以填充、渗透和挤密等方式，驱走岩石裂隙中或土颗料间的水分和气体，并填充其位置，硬化后将岩土胶结成一个整体，形成一个强度大、压缩性低、抗渗性高和稳定性良好的新的岩土体，从而使地基得到加固，可防止或减少渗透和不均匀沉降，在建筑工程中应用较为广泛。

水泥注浆法的特点：能与岩土体结合形成强度高、渗透性小的结石体；取材容易，配方简单，操作易于掌握；无环境污染，价格便宜等。

水泥注浆适用于软黏土、粉土、新近沉积黏性土、砂土等土体提高强度的加固和渗透系数大于 10^{-2}cm/s 的土层的止水加固以及已建工程局部松软地基的加固。

（二）机具设备

灌浆设备主要是压浆泵，其选用原则：能满足灌浆压力的要求，一般为灌浆实际压力的 1.2 ~ 1.5 倍；应能满足岩土吸浆量的要求；压力稳定，能保证安全可靠地运转；机身轻便，结构简单，易于组装、拆卸、搬运。

水泥浆泵多用泥浆泵或砂浆泵代替。国产泥浆泵、砂浆泵类型较多，常用于灌浆的有 BW-250/50 型、TBW-200/40 型、TBW-250/40 型、NSB-100/30 型泥浆泵以及 100/15（C-232）型砂浆泵等。配套机具有搅拌机、灌浆管、阀门、压力表等，此外还有钻孔机等机具设备。

（三）材料要求及配合比

1. 水泥

用强度等级为 325 或 425 的普通硅酸盐水泥；在特殊条件下也可使用矿渣水泥、火山灰质水泥或抗硫酸盐水泥，要求新鲜无结块。

2. 水

用一般饮用淡水，但不应采用含硫酸盐大于 0.1%、氯化钠大于 0.5% 以及含过量糖、悬浮物质、碱类的水。

灌浆一般用净水泥浆，水灰比变化范围为 0.6 ~ 2.0，常用水灰比从 8∶1 到 1∶1；要求快凝时，可采用快硬水泥或在水中掺入水泥用量 1% ~ 2% 的氯化钙；如要求缓凝剂时，可掺加水泥用量 0.1% ~ 0.5% 的木质素磺酸钙；也可掺加其他外加剂以调节水泥浆性能。在裂隙或孔隙较大、可灌性好的地层，可在浆液中掺入适量细砂，或按1：0.5～1：3的比例掺入粉煤灰，以节约水泥，更好地充填，并可减少收缩；对不以提高固结强度为主的松散土层，也可在水泥浆中掺加细粉质黏土配成水泥黏土浆，灰泥比为1：3～1：8（水泥：土，体积比），可以提高浆液的稳定性，防止沉淀的析水，使填充更加密实。

三、硅化浆液注浆加固

（一）特点及适用范围

硅化法的特点是：设备工艺简单，使用机动灵活，技术易于掌握，加固效果好，可提高地基强度，消除土的湿陷性，降低压缩性。根据检测，用双液硅化的砂土抗压强度可达1.0～5.0 MPa；单液硅化的黄土抗压强度达0.6～1.0 MPa；压力混合液硅化的砂土强度达1.0～1.5 MPa；用加气硅化法比压力单液硅化法加固的黄土的强度高50%～100%，可有效减少附加下沉，加固土的体积增大1倍，水稳性提高1～2倍，渗透系数可降低数百倍，水玻璃用量可减少20%～40%，成本降低30%。

各种硅化方法的适用范围应根据被加固土的种类、渗透系数而定。硅化法多用于局部加固新建或已建的建（构）筑物基础、稳定边坡以及作为防渗帷幕等。但硅化法不宜用于沥青、油脂和石油化合物浸透的地下水pH大于9.0的土。

（二）机具设备及材料要求

硅化灌浆主要机具有振动打拔管机（振动钻或三角架穿心锤）、注浆花管、压力胶管、φ42mm连接钢管、齿轮泵或手摇泵、压力表、磅秤、浆液搅拌机、储液罐、三角架、倒链等。

灌浆材料有：水玻璃，模数宜为2.5～3.3，不溶于水的杂质含量不得超过2%，颜色为透明或稍带浑浊；氯化钙溶液，pH不得小于5.5～6.0，每1L溶液中杂质不得超过60g，悬浮颗粒不得超过1%；铝酸钠，含铝量为180g/L，苛性化系数2.4～2.5；二氧化碳，采用工业用二氧化碳（压缩瓶装）。

采用水玻璃水泥浆注浆时，水泥用强度等级325的普通水泥，要求新鲜无结块；水玻璃模数一般用2.4～3.0，浓度以30～45波美度合适。水泥—水玻璃配比为：水泥浆的水灰比为0.8：1～1：1，水泥浆与水玻璃的体积比为1：0.6～1：1。对孔隙较大的土层也宜采用“三水浆”，常用配合比为水：水玻璃：细砂=1：（0.7～0.8）：适量：0.8。

参考文献

[1] 姚远 . 矿床学与矿山工程地质概论 [M]. 长沙：中南大学出版社，2023.

[2] 李风华，张飞天，王俊 . 矿山地质 [M]. 北京：北京理工大学出版社，2021.

[3] 白玉娟，陈彦，谢文欣 . 水文地质勘查与环境工程 [M]. 长春：吉林科学技术出版社，2022.

[4] 沈铭华，王清虎，赵振飞 . 煤矿水文地质及水害防治技术研究 [M]. 哈尔滨：黑龙江科学技术出版社，2019.

[5] 鲁海峰，孙尚云，姚多喜 . 两淮（极）复杂水文地质类型煤矿防治水现状研究 [M]. 合肥：中国科学技术大学出版社，2021.

[6] 陈雄 . 煤矿开采技术 [M]. 重庆：重庆大学出版社，2020.

[7] 秦喜文，封文茂，徐晓亮 . 煤矿开采与安全技术研究 [M]. 哈尔滨：哈尔滨出版社，2023.

[8] 焦长军，吴守峰，李泽卿 . 煤矿开采技术及安全管理 [M]. 长春：吉林科学技术出版社，2021.

[9] 霍丙杰，李伟，曾泰，等 . 煤矿特殊开采方法 [M]. 北京：煤炭工业出版社，2019.

[10] 赵景昌 . 露天煤矿数字化开采模型构建及应用 [M]. 徐州：中国矿业大学出版社，2022.

[11] 宋子岭 . 露天煤矿生态环境恢复与开采一体化理论与技术 [M]. 北京：煤炭工业出版社，2019.

[12] 付恩三，刘光伟 . 智能露天矿山理论及关键技术 [M]. 沈阳：东北大学出版社，2022.

[13] 邢旭东，高峰，王波，等 . 煤矿智能化综采技术研究及应用 [M]. 北京：应急管理出版社，2022.

[14] 霍丙杰 . 煤矿智能化开采技术 [M]. 北京：应急管理出版社，2020.

[15] 肖蕾 . 绿色矿山智慧矿山研究 [M]. 银川：宁夏阳光出版社，2020.

[16] 高德彬，郝建斌 . 工程地质学及地质灾害防治 [M]. 北京：冶金工业出版社，2022.

[17] 谢湘平 . 地质灾害泥石流及其防治措施 [M]. 西安：陕西科学技术出版社，2022.
[18] 王沙沙 . 矿山地质灾害与防治 [M]. 徐州：中国矿业大学出版社，2019.
[19] 王念秦 . 地质灾害防治技术 [M]. 北京：科学出版社，2019.
[20] 刘传正 . 突发性地质灾害防治研究 [M]. 北京：科学出版社，2021.
[21] 霍志涛，张业明，付小林 . 常见地质灾害防治应知应会一本通 [M]. 北京：科学出版社，2023.
[22] 冯状雄，胡传宏，刘海洋 . 探矿工程与地质灾害防治技术 [M]. 长春：吉林科学技术出版社，2020.
[23] 李林 . 岩土工程 [M]. 武汉：武汉理工大学出版社，2021.
[24] 朱志铎 . 岩土工程勘察 [M]. 南京：东南大学出版社，2022.
[25] 曹方秀 . 岩土工程勘察设计与实践 [M]. 长春：吉林科学技术出版社，2022.
[26] 丰培洁 . 地基与基础 [M]. 北京：北京理工大学出版社，2022.
[27] 唐小娟，胡杰，郑俊 . 岩土力学与地基基础 [M]. 长春：吉林科学技术出版社，2022.
[28] 俞建霖，周建 . 地基处理技术 [M]. 杭州：浙江大学出版社，2022.